化学化工中的试验设计与数据处理

栾春晖　刘旭光　编

科学出版社

北京

内 容 简 介

本书是太原理工大学本科和研究生课程改革计划的组成部分。本书以经常使用的 Excel 为操作平台，对化学、化工的学习和生产中常见的各种数据处理及试验设计方法（包括误差分析、方差分析、回归分析、数值分析、分峰、拟合、基线扣除、优选法、正交试验、均匀试验、因次分析和化工数学模型、单变量求解、多变量非线性方程求解、微分方程数值解等）进行了详尽且深入的讲解，内容由浅入深，帮助读者逐步掌握以上各种数据处理方法。

本书可作为高等学校化学、化工、食品、制药等专业本科生及研究生的教材，还可作为从事相关领域研究的技术人员的参考书。

图书在版编目（CIP）数据

化学化工中的试验设计与数据处理/栾春晖，刘旭光编. —北京：科学出版社，2017.1

ISBN 978-7-03-051688-6

Ⅰ. ①化… Ⅱ. ①栾… ②刘… Ⅲ. ①化学–试验设计 ②化学–数据处理 ③化学工业–试验设计 ④化学工业–数据处理 Ⅳ. ①O6-39 ②TQ-39

中国版本图书馆 CIP 数据核字（2017）第 014397 号

责任编辑：陈雅娴 李丽娇 / 责任校对：彭珍珍
责任印制：张 伟 / 封面设计：迷底书装

科学出版社 出版
北京东黄城根北街 16 号
邮政编码：100717
http：//www.sciencep.com

北京九州迅驰传媒文化有限公司 印刷
科学出版社发行 各地新华书店经销
*
2017 年 1 月第 一 版 开本：B5（720 × 1000）
2019 年 3 月第三次印刷 印张：16 1/8
字数：320 000

定价：46.00 元

（如有印装质量问题，我社负责调换）

前　言

在自然科学研究中，无论是观测试验，还是理论研究，无论是从感性认识上升到理论认识，还是运用科学理论指导实践，数学方法的应用都是不可忽视的重要环节。“一种科学，只有当它达到了能够运用数学时，才算是真正发展了”（马克思）。

化学、化工领域的科学研究经常面临两方面的问题：一方面是如何合理进行试验规划，以尽可能少的试验量获得尽可能多、尽可能全面的试验数据；另一方面是如何解析试验数据，最大限度地挖掘试验数据背后隐藏的科学规律。这两方面的问题都涉及数学方法在化学、化工领域的具体运用。

归纳和演绎是逻辑学研究的两种方法，归纳是由个别性知识推出一般性结论的推理，演绎则是从一般性的前提出发，通过推导即“演绎”，得出具体陈述或个别结论的过程。化学、化工的生产研究中也常用到这两种推理方法。我们学习中遇到的经验公式是通过归纳法得到的，通常是先进行大量的试验，得到试验数据，再从中找到规律性的东西，这些都是从化学到数学的过程；热力学定律的得出，通过数学推导推出各种公式、定理，这些都是从数学到化学的过程，即先进行数学推导，再用化学试验证明，属于演绎方法。归纳和演绎不是对立的，二者相辅相成，各有各的使用范围，各有各的使用条件。归纳和演绎各得其宜，各尽其妙。

本书对化学化工中常用的归纳和演绎方法进行分类讲述，归纳部分包括回归分析、寻优、正交试验设计、均匀试验设计等内容，演绎部分包括因次分析、化工数学建模等内容。学习这两部分内容需要一定的 Excel 知识和数学知识。按照以上思路，本书分为基础知识、归纳、演绎三部分内容。

本书第 1 章～第 7 章由栾春晖副教授执笔，第 8 章、第 9 章由刘旭光教授执笔。全书的编写思想、各章节内容的确定及统稿工作由刘旭光教授完成。

20 多年来，编者一直从事本科生和研究生的化工数学、试验设计与数据处理等课程的教学活动，了解化学化工类专业本科生尤其是研究生在试验规划和数据处理等方面的学习情况，并在相应的教学和科研中积累了丰富的经验，由此形成了本书的编写基础。本书编写过程中参考了国内外有关数据处理方面的教材及专著，在参考文献中已一一列举，在此向各位作者表示感谢。本书相关内容承蒙太原理工大学数学学院教授张宝玉老先生审阅，特致谢忱。本书的出版得到“太原理工大学研究生课程改革计划”的资助，在此一并表示感谢。

由于编者水平有限，书中不妥之处在所难免，望广大读者批评指正。

栾春晖　刘旭光

2016 年 9 月于太原理工大学

目　　录

第 1 章　Excel 基 础

1.1　Excel 界面及基本操作

本书主要使用 Excel 工具进行数据处理，首先对 Excel 进行简要介绍。Excel 是美国微软公司开发的用于处理图表的软件，能帮助人们完成各种图表文件。本书以 Excel 2010 为主要工作平台。

按照开始→程序→Microsoft Office→Excel 的顺序，或双击桌面快捷方式均可以启动 Microsoft Excel（为了叙述简洁，本书采用“→”代替部分语言描述）。

启动 Excel 后，出现 Excel 工作窗口，称为工作簿。新打开文档的缺省名为 Book1，工作簿的第一页工作表称为 Sheet1，依次类推。工作簿从上到下依次为标题栏、功能区、编辑栏、工作簿窗口、状态栏五部分，如图 1-1 所示。

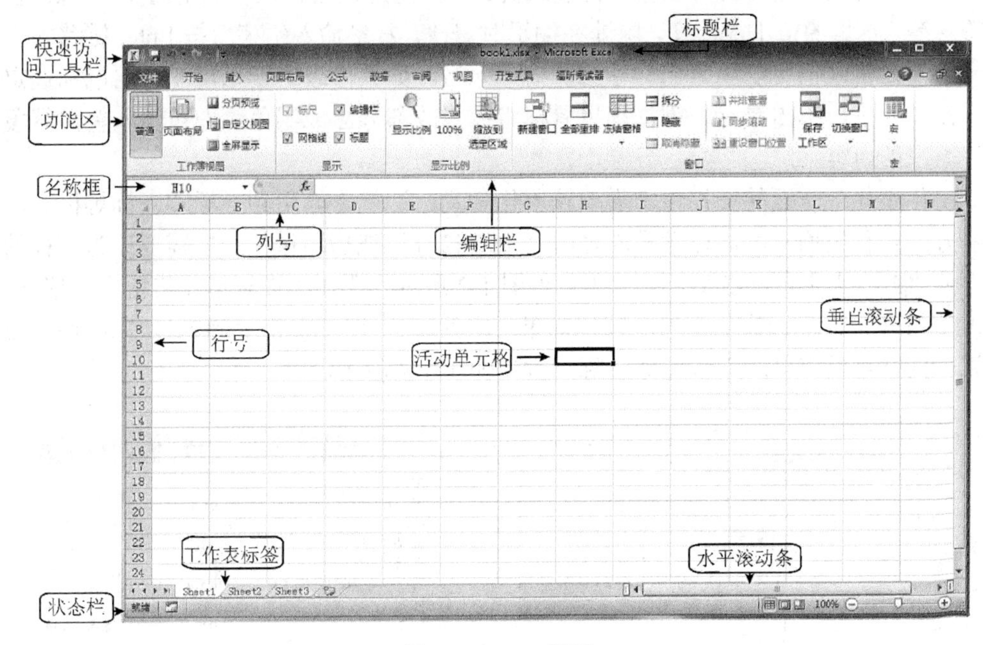

图 1-1　Excel 界面

1.2　输 入 资 料

资料的输入需要使用键盘和鼠标。鼠标指针在 Excel 界面上有几种不同状态，对应不同功能：①空心箭头“↖”，鼠标指针位于菜单栏、工具栏、状态栏等时的状态，表

示准备选择指定目标；②空心十字“✣”，鼠标指针位于工作簿窗口及单元格时的指针状态，用以选定单元格或单元格区域；③闪烁的竖直光标“|”，鼠标在编辑栏、名称栏或在单元格内双击鼠标左键时变为闪烁的竖直光标，表示在此可以进行输入、删除等操作；④黑十字“+”，鼠标指针指向填充柄时的状态，按下左键拖曳或双击鼠标左键可以自动填充。熟悉鼠标指针变化是快速、灵活地在 Excel 界面工作的关键之一。

1.2.1　选定单元格

输入资料前应选定输入资料的位置：单元格或单元格区域。若只向一个单元格内输入，则只需用鼠标空心指针指向欲选定的单元格，单击鼠标左键即可进行输入，或用键盘上的方向键（←、↑、→或↓）移至所需单元格位置。选定相邻单元格区域的方法是指向区域中的第一个单元格，按下鼠标左键，拖曳到最后一个单元格时放开。选定不相邻单元格区域需要用 Ctrl 键：先选定一个单元格区域，按下 Ctrl 键，用鼠标选定其他单元格区域。

1.2.2　输入常量

单元格选定之后就可以输入常量或公式。常量是直接键入单元格的文字、数值、符号等，常量的值不能改变，除非在编辑时修改。常量输入结束后按 Enter 键移入下一个单元格，也可以用方向键移至所需单元格。如欲修改所输入内容，用鼠标选定所需单元格，单击鼠标左键，拖曳鼠标将欲修改部分涂成黑色，即可输入新内容覆盖原来的内容。

化学化工方面的文档中常需要输入化学式，这就需要用到上标和下标等格式，其方法是首先输入所需化学式内容如“c(SO42–)”，然后用鼠标选取需要改为下标的部分“4”，点击鼠标右键，弹出菜单如图 1-2 所示，选择“设置单元格格式”选项，弹出图 1-3 所示内容，选择“特殊效果”中的“下标”，单击“确定”，完成格式设置。同样可以将“2–”设置成上标，效果如图 1-4 所示。

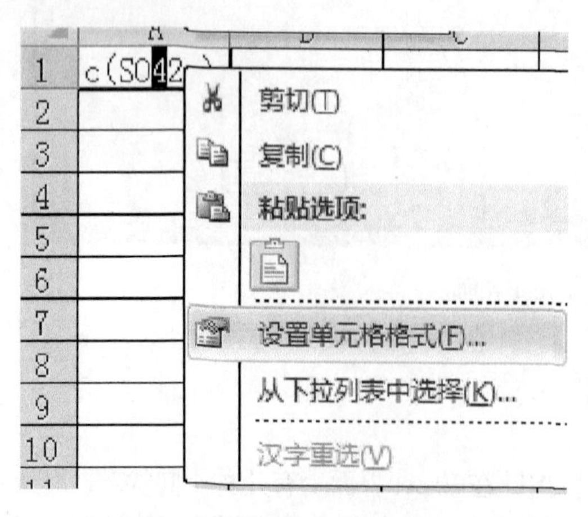

图 1-2　设置单元格格式菜单

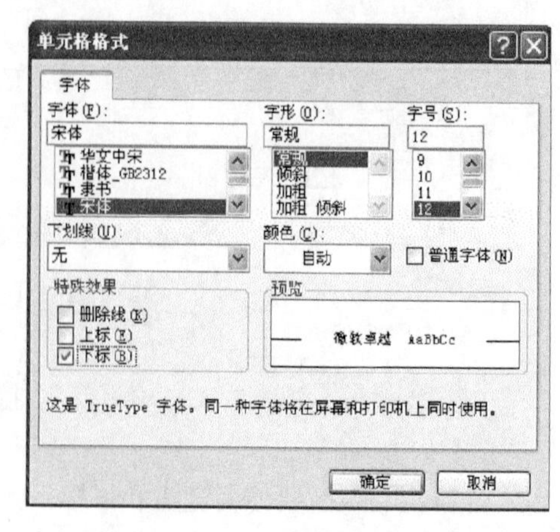

图 1-3　单元格格式对话框

1.2.3　输入公式

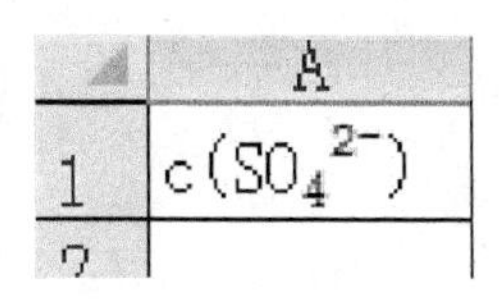

图 1-4　调整上下标以后的效果

Excel 规定公式必须以等号开头，公式内容最长为 1024 个字符。Excel 公式是由常量、单元格引用、计算符、函数等构成的一串序列。利用公式可以从工作表已有值产生所需值。算数计算符及其优先级别见表 1-1。

表 1-1　算数计算符及其优先级

运算符	用途	优先级	说明
( )	括号	1	最内层所围的运算先执行
:、,、␣	引用范围、合并引用、交叉引用	2	“A1：A5”、“A1，A5”、“A1：D7 C3：C8”
–	正负号	3	“=–2^2” 结果为 4
%	百分数	4	“=15%” 的结果为 0.15
^	指数	5	“=3^2” 的结果为 9
*、/	乘、除	6	“=5*6/3” 结果为 10
+、–	加、减	7	“=5*(2+4)/3+2” 结果为 12
&	连文本	8	= “A” & “B” 结果为 “AB”
=、<>、<、>、<=、>=	等于、不等于、小于、大于、小于等于、大于等于	9	=5<>3 结果为 TRUE，=5<=3 结果为 FALSE

Excel 具有自动填充功能，用此功能可以方便地输入具有一定变化规律（递增或递减）的一系列数据。填充功能通过用鼠标拖曳来实现，当需要自动填充列的左侧列已经填好数据，也可以通过用鼠标指向填充柄鼠标指针变为黑十字后，然后双击鼠标左键实现公式自动填充。如图 1-5 所示，第一行输入各列名称后，A3 和 A4 单元格分别输入 0.01、0.02，然后同时选中 A3、A4，鼠标指针指向填充柄，按住左键不放，向下拖曳直到 A12，则 A5～A12 单元格自动填入相应的数值。B3 单元格内输入公式 “=A3/（100.09*0.025）”，单击 Enter 键，B3 单元格内给出计算结果 0.003996。选中 B3 单元格，移动鼠标指针到单元格右下角，鼠标指针变为黑十字，向下拖曳到 B12，或双击鼠标左键，则 B4～B12 自动填入相应的计算结果（注意：双击鼠标左键的自动填充方式要求其左边相邻列不为空，且填充长度与左边相邻列取齐）。从图 1-5 的编辑栏中可以看到 B4 单元格的公式已经自动改为 “=A4/（100.09*0.025）”。

引用单元格的地址分为绝对引用、相对引用和混合引用。如图 1-5 中对 A3 单元格的引用即为相对引用，所以在自动填充公式时会自动改变为 A4、A5、…，而如果想将公式中的常数也输入工作簿，如图 1-5 中的第一行，这时 B3 单元格内的公式如果写为 “=A3/(B1*D1/1000)”，则公式向下自动填充时就会出现错误。B4 单元格内结果为 “#VALUE!”，公式为 “=A4/(B2*D2/1000)”，由于 B2 单元格内不是数字，

B4 f_x =A4/(100.09*0.025)

	A	B	C	D	E
1	M(CaCO3)=	100.09	V=	25.00	
2	m($CaCO_3$)	C($CaCO_3$)			
3	0.01	0.003996			
4	0.02	0.007993			
5	0.03	0.011989			
6	0.04	0.015986			
7	0.05	0.019982			
8	0.06	0.023978			
9	0.07	0.027975			
10	0.08	0.031971			
11	0.09	0.035968			
12	0.1	0.039964			
13					

图 1-5 自动填充公式

故出现错误结果。B5 单元格内结果为“#DIV/0!”，公式为“=A5/(B3*D3/1000)”，由于 D3 单元格内未填数字，默认值为 0，出现除数为零的错误结果。因此必须使公式自动填充时，B1、D1 单元格不应被自动替换，这时需要用绝对引用，形式为“$B$1”及“$D$1”，B3 单元格内公式应变为“=A3/($B$1*$D$1/1000)”。混合引用的形式是“$B1”或“B$1”，拖曳时只改变在前面未加符号$的部分。

1.2.4 输入数据文件

现代大型仪器的测试结果，有一些可以保存为 Excel 文档或文本文档等形式，处理这些数据时可以通过“打开”指令直接读入数据。

打开Excel格式的文件，点击常用工具栏的“ ”则弹出“打开”对话框(图1-6)，

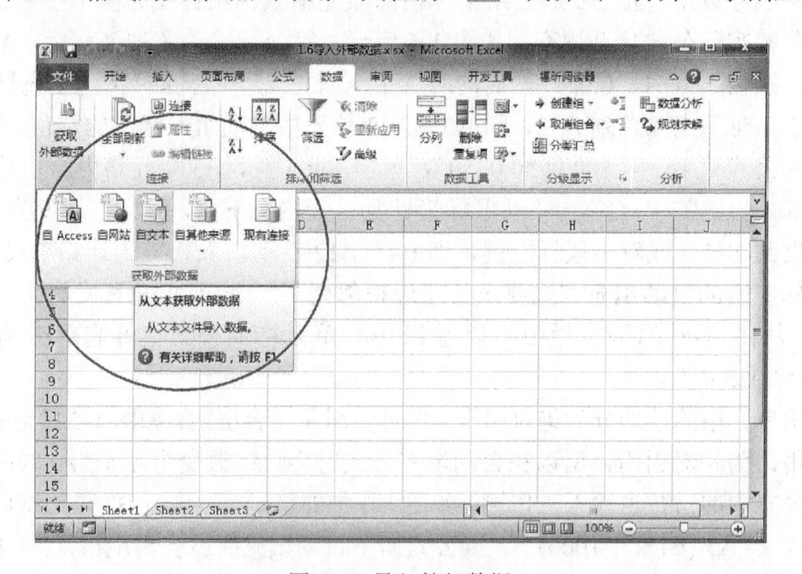

图 1-6 导入外部数据

选择打开路径，点击“确定”可以直接打开 Excel 格式文件。当文件是以非 Excel 形式保存时，则需要在一个 Excel 文件导入数据。点击标题栏中“数据”选项，会出现“获取外部数据”对话框，选取数据来源（本例为来自储存在硬盘的文本文件，如图 1-7 所示），弹出“文本导入向导”窗口，文本导入向导帮助将数据分列输入工作表中。

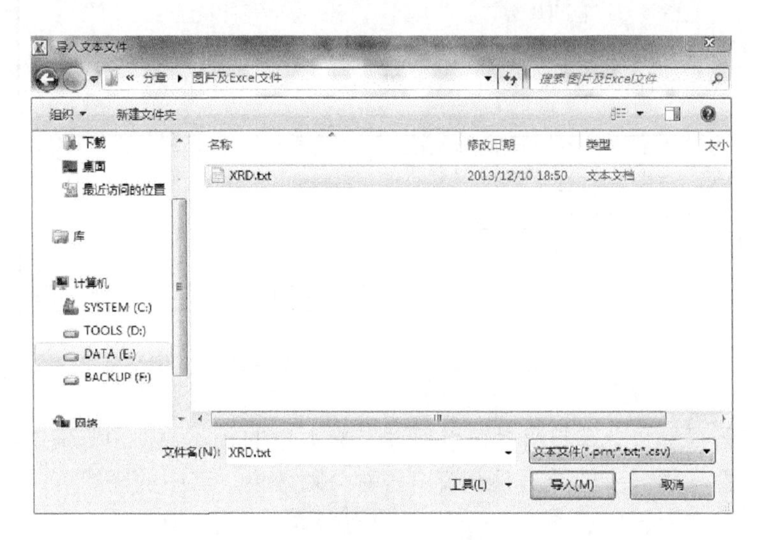

图 1-7　打开数据文件

“文本导入向导”第一步要求选择描述数据分隔形式（图 1-8），并可预览输入的文本文件。文本文件有两种分隔情况：①用分隔符号逗号（，）、分号（；）及 TAB 键分隔；②用固定列宽的方式分隔。有固定列宽的数据之间通常用空格分隔，Excel 能够自动区分用空格分隔还是用分隔符分隔，并显示在对话框里，一般不用改变。点击“下一步”出现步骤 2 对话框（图 1-9）。

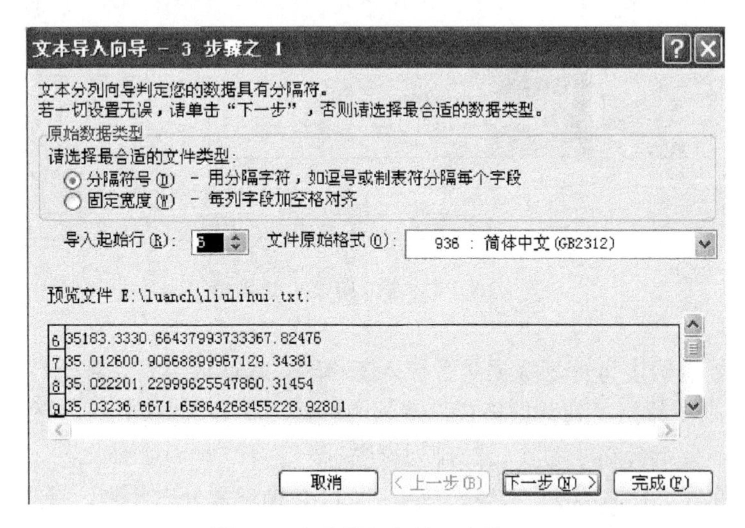

图 1-8　文本导入向导（步骤 1）

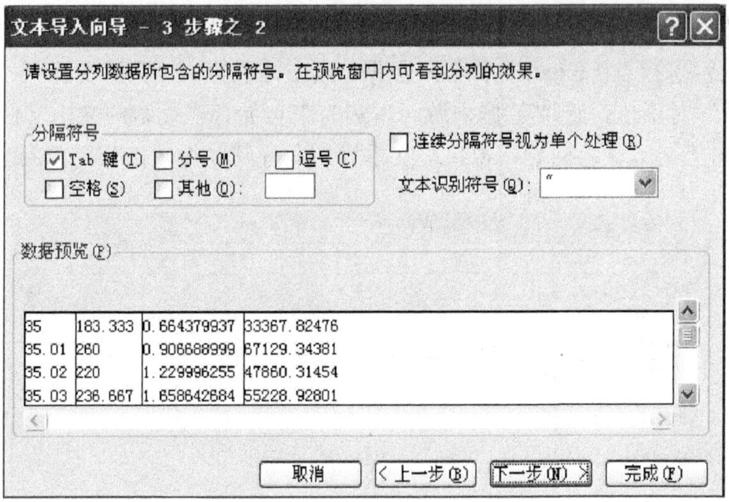

图 1-9 文本导入向导（步骤 2）

第二步需要选择分隔符号，可以通过步骤 1 中的输入数据预览确定原文件中的分隔符号，并在第二步的数据预览窗口查看分隔效果。其中的竖线可以移动，改变分隔宽度。确定无误后点击“下一步”，出现步骤 3（图 1-10）。

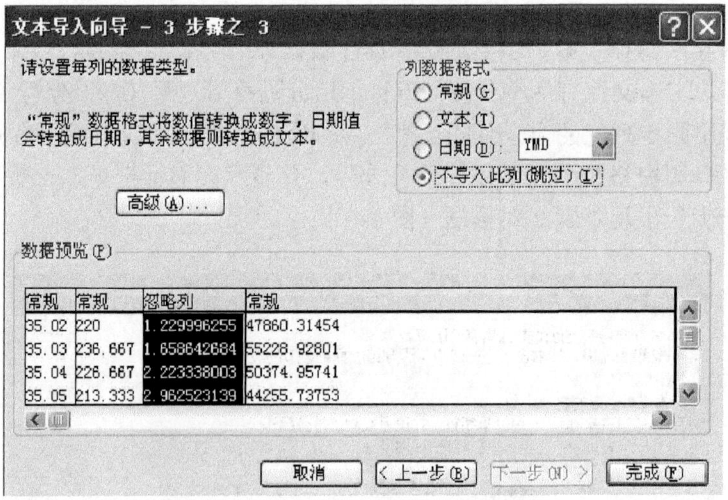

图 1-10 文本导入向导（步骤 3）

步骤 3 要求确定每一列数据是否导入工作表，其默认值是“常规”，如果不想导入第 3 列，则在数据“列数据格式”选项中选择“不导入此列”。另外，如果是日期格式，还需要选择年、月、日的排列次序。

如此，原本 txt 文档的数据转换成了 Excel 数据，并分占几列，将文件保存后可以进行进一步处理。

1.2.5　文件保存

输入工作表中的数据、公式等文件需要保存，以便于以后调用。保存文件的一般过程是：点击菜单栏中的“保存”（），若是未保存过的文件，则弹出“另存为”对话框。“另存为”对话框第一行“保存位置”为下拉列表框，要求选定保存路径，其默认地址是“我的文档”。对话框下面文件名可以修改为便于记忆的、与表格内容有关的名字。最后一行“保存类型”一般不变，则自动存为 Excel 2010 形式文档，扩展名为“.xlsx”，也可以根据需要保存为其他格式的文档。最后点击“保存”，则文件以规定的名字和格式保存在指定的位置。以后再次调用打开修改后，再点击“保存”时，则仍按原来名称、格式、位置保存并覆盖原来的旧文档。

1.3　图 表 绘 制

1.3.1　制表

下面以制作学生成绩统计表为例，学习如何完成 Excel 表格。

要求：制作一个含有 5 页的学生成绩统计表，分别统计某班学生的 5 门课程成绩，按学号排列名单。成绩包括 6 次平时成绩、1 次期中考试成绩和 1 次期末考试成绩，总评成绩=6 次平时成绩的平均值×10%+期中成绩×20%+期末成绩×70%，并按照总评成绩给出该学生在全班的名次。制作过程如下所述。

（1）打开一个新的 Excel 文档，由于默认的新文档只有 3 页，故应在表格名称栏点击插入新工作表标签，可以看见在工作表“Sheet3”后面加入了一页新的工作表页“Sheet4”（图 1-11），需要增加几页就进行几次。

（2）选中表格名称，如“Sheet5”，单击鼠标右键选“重命名”，或双击鼠标左键，直接重新给此页工作表命名为“数据处理”。同样地，给其他几页工作表命名为“物化”“有机”“分析”“结构”，效果如图 1-12 所示。

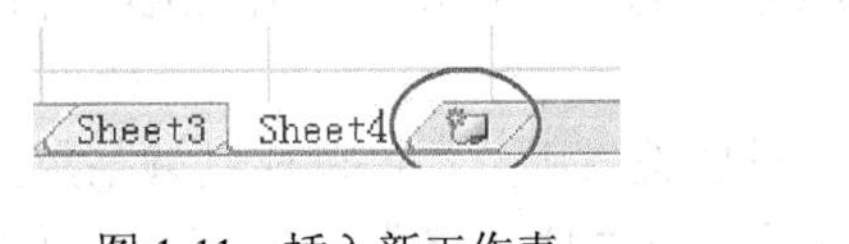

图 1-11　插入新工作表

图 1-12　为工作表命名

（3）按 Ctrl 键的同时点击 Excel 工作表名称，“数据处理”“物化”“有机”“分析”“结构”五张工作表同时被选中，此时输入的内容为五张表格同时输入相同的内容。在 A1 单元格内输入“应化 2012-1 班成绩统计表”，A2 单元格内输入“学号”，B2 单元格内输入“姓名”；C2 单元格内输入“平时 1”，选中 C2 单元格，鼠标变为黑十字状态时，按住鼠标左键，横向拖曳鼠标至 H2 单元格，C2～H2 填入“平时 1”～“平时 6”，再在 I2～L2 单元格内依次输入“期中”“期末”“总评”“名次”。

（4）固定表格标题的位置。由于一般表格标题应位于表格上方中间，故需对表格标题位置进行调整。先选中A1单元格，横向拖动鼠标至L1单元格，选择菜单栏中的“格式”→“单元格”→“对齐”,选下拉菜单中最后一项:跨列居中(图1-13)。同时还可以更改字体为“楷体”，更改字号为“16号”。

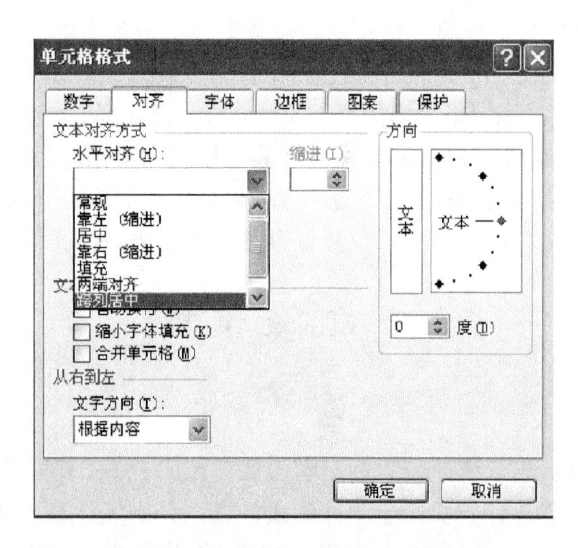

图1-13　改变标题对齐格式为跨列居中

K3单元格内输入公式“=average(C2：H2)*0.1+I2*0.2+J2*0.7”，L3单元格内输入公式“=rank(K3，K$3：K$22)”。然后同时选中K3和L3单元格，按住鼠标左键拖曳到名单最后一行（本例为第22行）。此处“average”和“rank”为Excel函数，关于函数的应用，详见1.4.1节。

（5）输入学号、姓名后点击表格名称，分别查看每页工作表，发现所选工作表内输入了相同内容（注意：当输入身份证号、银行卡号等超过15位数时，只能显示出前15位，此时需要将输入列调成文本格式进行输入）。

（6）选择其中一张工作表，填入相应的成绩，“总评”列会计算出相应的总评成绩，L列则自动给出排名。

（7）总评列给出的成绩为小数形式，若想只要整数部分，可以通过调整数据格式得到。选中K列，点击菜单栏中的“格式”→“单元格”，选择第一项“数字”→“数值”，调整小数位数为“0”。

（8）由于A列宽度不够，学号都显示为科学计数法，可以通过下列几种方式调整列宽：①鼠标置于列号A、B的交界处，会出现一个“✛”，按下鼠标左键向右拖曳到合适的位置；②选中A列，在菜单栏中选择“格式”→“列”→“列宽”，会弹出列宽对话框，在窗口内输入合适的值即可；③鼠标置于列号A、B的交界处，双击鼠标左键，会自动调整为最合适列宽。

工作表完成后效果如图1-14所示。

	A	B	C	D	E	F	G	H	I	J	K	L
1	应化2013-1班数据处理成绩统计表											
2	学号	姓名	平时1	平时2	平时3	平时4	平时5	平时6	期中	期末	总评	名次
3	20060101	安　然	88	85	87	64	90	69	72	65	68	15
4	20060102	郭　渭	85	85	85	78	90	80	72	70	72	11
5	20060103	韩　猛	77	95	81	68	85	71	68	68	69	13
6	20060104	胡红霞	77	95	81	86	85	86	68	89	84	4
7	20060105	李　亮	81	95	84	71	90	75	72	95	89	2
8	20060106	董志平	79	80	79	76	90	79	72	96	90	1

图 1-14　成绩统计表

1.3.2　绘制 Excel 图

Excel 具有生成图形的工具，它能够更加直观、形象地将复杂的数据表现出来。一张好的数据图胜过冗长的文字叙述，可以直观地看出数据的变化特征和规律。有一些要素是绘图时必不可少的，这些要素是图表标题、坐标轴 *X*、坐标轴 *Y*、数据系列、图例等。Excel 提供的图形种类很多，根据图形形状可以分为柱形图、散点图、饼图、面积图、气泡图等。不同的图形有不同的适用范围，下面介绍试验数据处理中常用的图形。

1. 柱形图与条形图

柱形图（histogram）是用等宽长条的高低来表示数据的大小，柱形图也可以横置，称为条形图（bar diagram）。柱形图用来反映一段时间内数据的变化，或者不同项目之间的对比。不论是条形图还是柱形图都有一个特点，就是两个坐标轴的性质不同，其中一条轴为数值轴，用于表示数量性的因素，另一条是分类轴，常表示属性因素。柱形图分为并列柱形图和堆积柱形图，前者用于表示多组数据的对比，后者则能显示出每个数值在总数中所占份额的大小。堆积柱形图又分为一般堆积柱形图和百分比堆积柱形图两种，如图 1-15 所示。

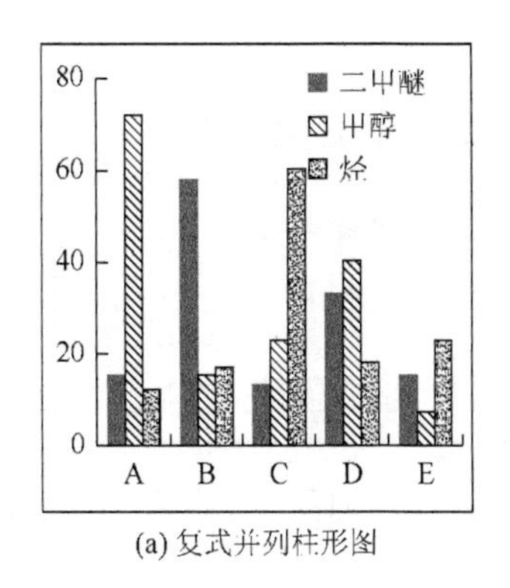

(a) 复式并列柱形图

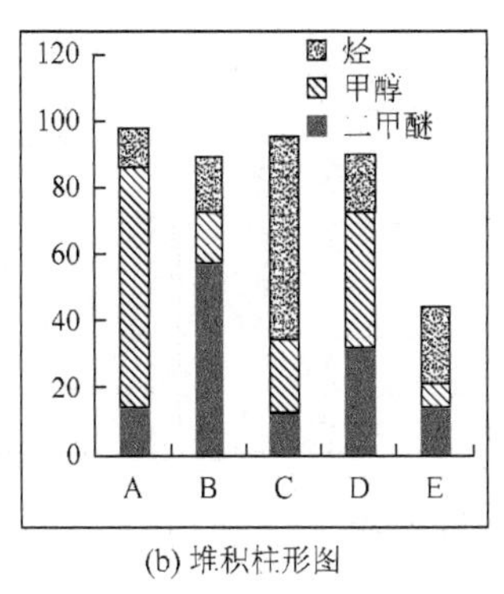

(b) 堆积柱形图

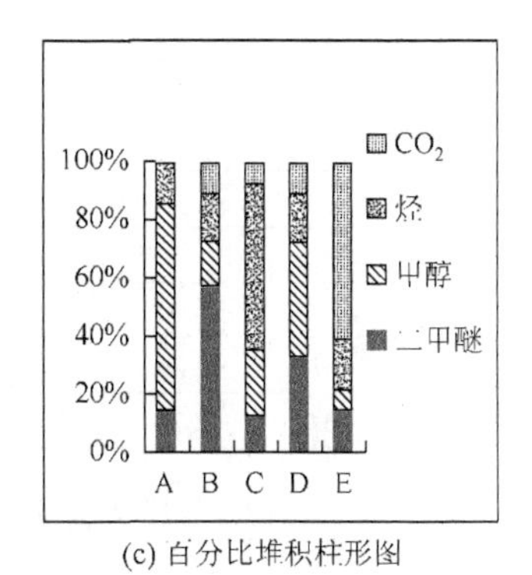

(c) 百分比堆积柱形图

图 1-15　柱形图示意图

2. 散点图

散点图（scatter diagram）用于表示两个变量之间的关系，从中可以看出变量关系的统计规律，是试验数据最常用的表示方式。散点图的绘制有以下几个步骤：

（1）在工作表中输入数据时，一般数据按列输入。

（2）绘制 *X-Y* 散点图。用鼠标选中欲绘图的数据区域，单击工具栏中的图表向导按钮“ ”，或点击工具栏中的“插入”→“ ”，即可打开图表向导对话框。

选择图表类型。Excel 提供了标准类型和自定义类型两大种类的图表类型。一般标准类型即可以满足要求。标准类型选项卡中有 14 种标准图可供选择［图 1-16（a）］，每种选择还有若干子类型，点击图表类型后它们显示在相应图表类型下方[图 1-16(b)]。点击“散点图”→“仅带数据标记的散点图”，则弹出一张由所选数据绘制的散点图（图 1-17）。

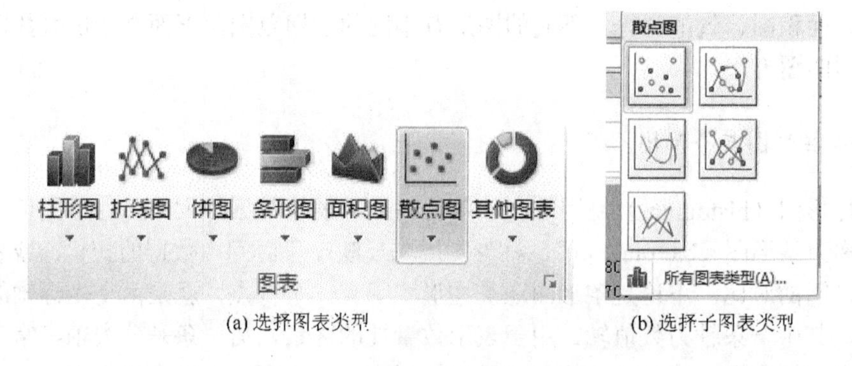

(a) 选择图表类型　　(b) 选择子图表类型

图 1-16　绘制 *X-Y* 散点图的过程

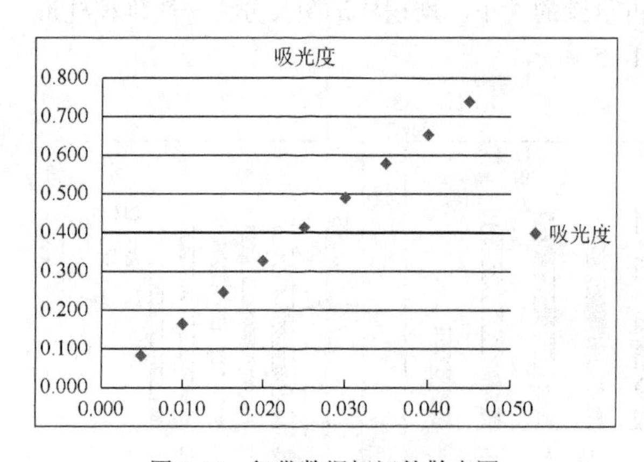

图 1-17　仅带数据标记的散点图

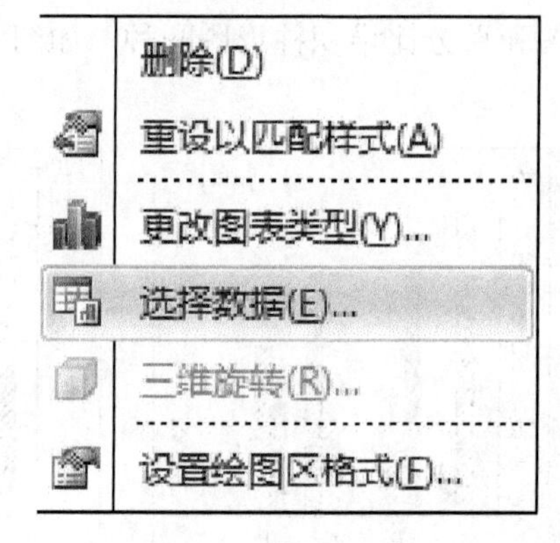

图 1-18　对图进行编辑

点击数据标志，单击鼠标右键，可以弹出编辑图的菜单，如图 1-18 所示，点“选择数据”。

然后，开始“选择数据源”（图 1-19）。

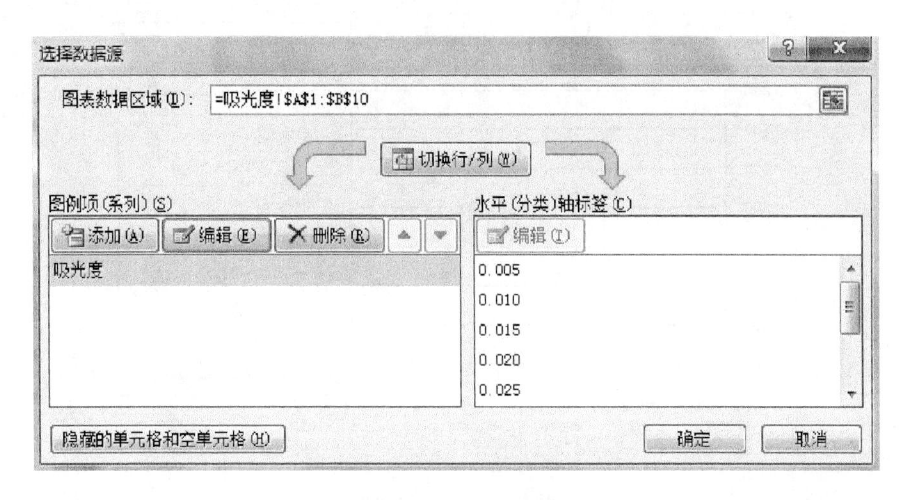

图 1-19　选择数据源

“编辑数据系列”（图 1-20）可对数据范围、数据系列名称进行修改、编辑。

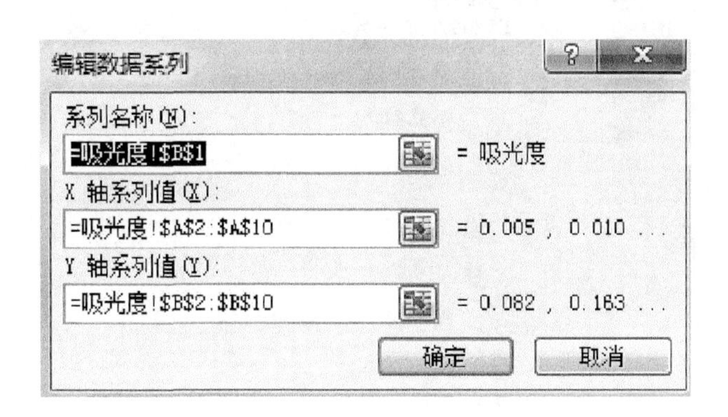

图 1-20　编辑数据系列

（3）Excel 直接绘出的散点图还有不完善之处，有的内容需要补充，有的需要调整，故应对图表进行编辑。

试验数据处理的目的之一是找出数据间的规律，并用数学公式表达。Excel 具有的添加趋势线功能可以完成此项任务。其方法是用鼠标左键选中欲加趋势线的数据系列点，然后单击鼠标右键，弹出对话框“添加趋势线”（图 1-21），然后弹出“设置趋势线格式”的窗口（图 1-22），根据试验数据变化趋势选择趋势线的类型（本例中为线性），再选择“显示公式”和“显示 R 平方值”，点击确定，则在原曲线的基础上又增加了一条直线，并给出了公式和相关系数的平方，效果如图 1-23 所示。

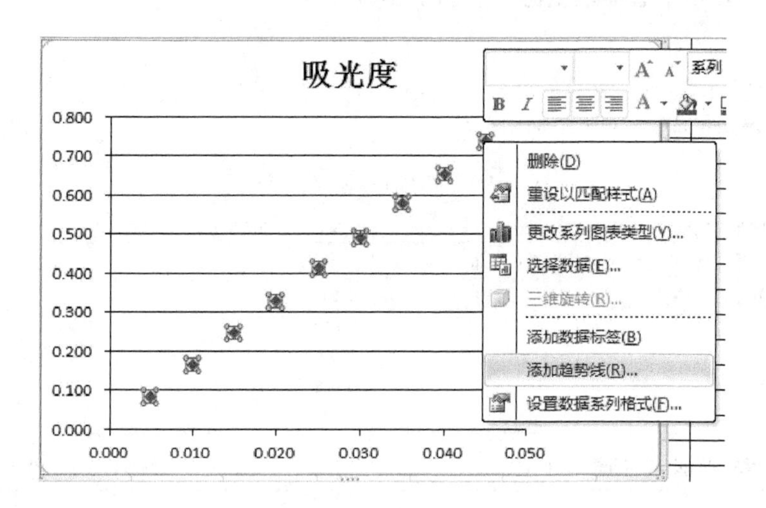

图 1-21　添加趋势线

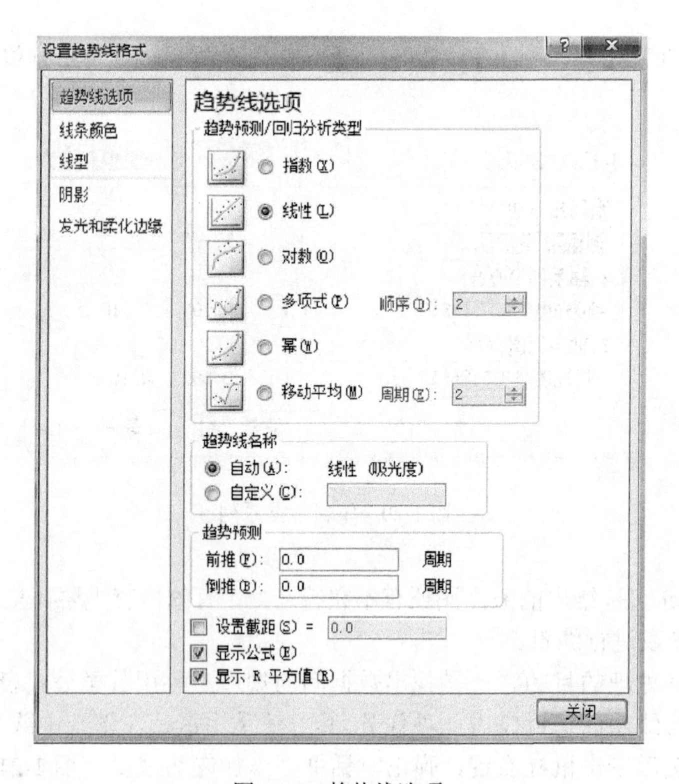

图 1-22　趋势线选项

3. 饼图

饼图（pie chart）用于表示各分类占总量百分数的情况（图 1-24）。

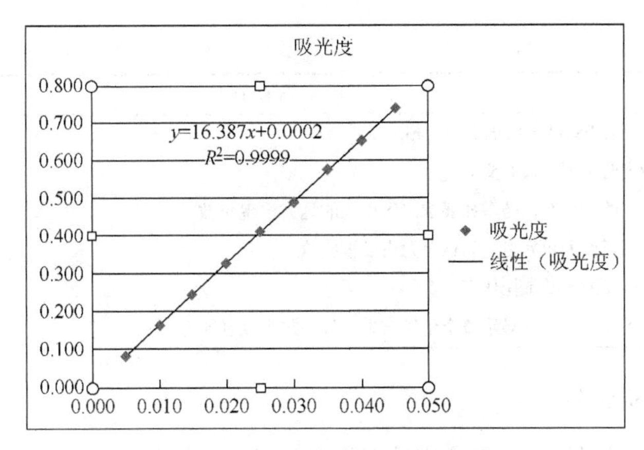

图 1-23　添加趋势线后的效果

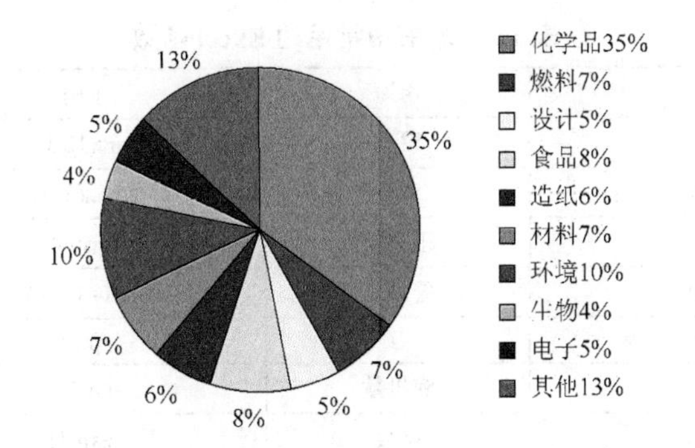

图 1-24　1994 年美国化学工程专业毕业生就业领域饼图

1.4　数 值 计 算

1.4.1　Excel 函数使用方法

Excel 函数的基本格式：函数名称（参数），如 sum(E2：E9)。有些函数不需要参数，但为了使 Excel 辨认出它是函数，必须在函数后面加一组括号，如 pi(　)、today(　)、now(　)。

公式及函数的使用方法：函数可作为公式单独使用，也可以是公式的一部分。参数要用括号括住，左右括号要成对出现。参数间用逗号隔开，参数可以是数值、数组、单元格、表达式及函数，函数最多可以嵌套 7 层。当参数不符合相应函数的要求时，会显示公式错误，此外函数名称书写错误等也显示公式错误（表 1-2），应根据情况进行相应修改。

表 1-2　Excel 公式中常见的错误信息

错误值	发生原因
#DIV/0!	除数为零
#N/A	引用到没有可用数值的单元格，此公式可能包含某一函数，具有遗漏或不适当的参数，或使用空白单元格为引用地址

续表

错误值	发生原因
#NAME?	公式里有 Excel 无法识别的名称或函数
#NULL!	所指定两个区域没有交集
#NUM!	所输入的数字有问题，如要求出现正数的地方出现负数
#REF!	引用到无效的单元格，如该单元格已被删除
#VALUE!	使用错误的参数或操作表
######	列宽不够大，无法显示整个运算结果，只要加大列宽即可

1.4.2　Excel 常用函数

本书中经常用到的 Excel 函数见表 1-3。

表 1-3　本书中常用的 Excel 函数

	名称	用途	示例	结果
数学函数①	int(n)	取整	=int(12.3)	12
	mod(被除数，除数)	求余	=mod(5, 3)	2
	sqrt(n)	平方根	=sqrt(64)	8
	abs(n)	绝对值	=abs(−3*5+6)	9
	pi( )	Π	=pi( )	3.141592654
	rand( )	随机数	=rand( )	0.144483299
	exp(n)	指数	=exp(1)	2.718281828
	ln(n)	自然对数	=ln(10)	2.302585093
	log(n)	对数	=log(8, 2)	3
	log10(n)	以 10 为底的对数	=log10(1000)	3
	sin，cos，tan(n)	三角函数	=sin(pi( )/6)	0.5
	asin，acos，atan(n)	反三角函数	=asin(0.5)	0.523598776
统计函数	count(数值 1，数值 2，…)	统计数值个数	=count(1，4，8，3，4) =count(f23：f31)	5 8
	countif(范围，条件)	统计符合条件的单元格个数	=countif(f23：f31，"＜60")	6
	average(数值 1，数值 2，…)	求平均值	=average(f23：f31)	54
	max(数值 1，数值 2，…)	求最大值	=max(f23：f31)	98
	min(数值 1，数值 2，…)	求最小值	=min(f23：f31)	0
	stdev(数值 1，数值 2，…)	样本标准偏差	=stdev(f23：f31)	31.86579
	rank(数值 1，数值 2，…)	排序(降序)	=rank(f25，$f23：$f$31)	4
	sumproduct( )	对应元素乘积和	=sumproduct(f25：f27：f28：f30)	10015
	sumif(求和区，条件区，条件)	条件求和	=sumif(f23：f31，"＜60")	180
	sumsq(数值 1，数值 2，…)	平方和	=sumsq(f23：f31)	30436
	finv(α, f_1, f_2)	F 值(显著性水平，因素自由度，误差自由度)	=finv(0.05，3，5)	5.41

续表

	名称	用途	示例	结果
数组函数[2]	mdeterm({数组})	求行列式的值	=mdeterm({3，2；4，5})	7
			=mdeterm(f35：g36)	7
	minverse(数组)	求逆矩阵	=minverse(f35：g36)	5/7 −2/7 −4/7 3/7
	transpose(数组)	求转置矩阵	=transpose(f35：g36)	3 4 2 5
	mmult(数组 1，数组 2)	矩阵乘法	=mmult(f35: g36, f39: g40)	1 0 0 1
	+	矩阵加法	=f35: g36+f39: g40 =I39: j40+3	6 7 5 8
	*	矩阵每一元素乘一常数	=i39: j40*2	6 8 4 10

①f23：f31 单元格内对应的数据分别为 56、空格、58、21、45、79、98、75、0。

②数组函数应选择对应个数的单元格，以同时按 Ctrl+Shift+Enter 完成公式输入。

1.5　一元方程求根

在科学研究中经常遇到非线性方程的求解问题，即求 $f(x)=0$ 时根的问题。$f(x)$ 不是线性函数时（如多项式、三角函数、指数函数、对数函数等或以上函数的混合形式），就成为非线性方程求根。非线性方程很难甚至无法求得准确解，本节介绍几种非线性方程求近似根的方法。

1.5.1　逐步逼近法

假设方程 $f(x)$在$[a, b]$上连续且有唯一实根，求使 $f(x)=0$ 时的根 x^*。方程求根的几何意义就是函数 $f(x)$与 x 轴交点的横坐标。逐步逼近法的思想就是 $f(x)$根附近两边的函数 $f(x)$的符号一定会发生变化，通过判断 $f(x)$的符号逐步将区间缩小，确定 x^*的位置，得到方程近似解。逐步逼近法可以通过画图法或逐步逼近搜索法实现。

1. 画图法

在 x 取值范围内取一定数量的点绘制 x-y 散点图，找到曲线与 x 轴的交点即为方程 $f(x)=0$ 的解。为了使方程的根更加准确，可以采用放大坐标轴的方法（减小坐标轴数值范围）从图上直接读取方程的根。

例题 1-1　求方程 $x^3-x-1=0$ 在（1, 1.5）范围内的根。

解： 从图 1-25（a）可以看出方程的根在 1.3 ~ 1.35，放大坐标轴（横、纵坐标都要放大）后，可以直接从图上读取方程的根约为 1.325，如果还需要更精确的结果，可以进一步放大坐标轴。但要注意如果绘图用的数据点过少，放大后结果会有偏差。

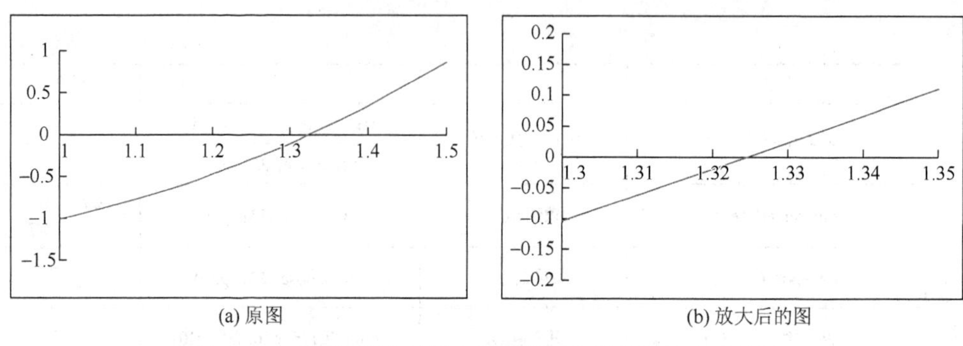

(a) 原图　　(b) 放大后的图

图 1-25　画图法解非线性方程的原图和坐标轴放大后的图

2. 逐步逼近搜索法

逐步逼近搜索法与画图法思路一样，只不过是把画图改为在 Excel 单元格中计算，如图 1-26 所示。先将搜索范围大致分成几个等份（图 1-26 中为 10 等份），找到 $f(x)$符号变化的相邻单元格，将 $f(x)$符号变化的两个 x 值进一步细分，再寻找符号变化的相邻单元格，逐渐缩小根的范围，直到符合要求为止。由图 1-26 可见，第一次将 1～1.5 分为 10 等份，根在 1.30～1.35，再将 1.30～1.35 分为 10 等份，根在 1.320～1.325。

x	y	x	y
1	-1.000	1.300	-0.103
1.05	-0.892	1.305	-0.083
1.1	-0.769	1.310	-0.062
1.15	-0.629	1.315	-0.041
1.2	-0.472	1.320	-0.020
1.25	-0.297	1.325	0.001
1.3	-0.103	1.330	0.023
1.35	0.110	1.335	0.044
1.4	0.344	1.340	0.066
1.45	0.599	1.345	0.088
1.5	0.875	1.350	0.110

图 1-26　逐步逼近搜索法求根

1.5.2　一元非线性方程的牛顿-拉普森法

牛顿-拉普森法解非线性方程的基本思路就是将非线性方程 $f(x)=0$ 近似转化为线性方程求解，具有较快的收敛速度，是一种求解非线性方程的重要且常用的方法。

牛顿-拉普森法原理：给定初始值 x_0，令 $y_0=f(x_0)$。经过该点的切线方程为

$$y_1 - y_0 = f'(x_0)(x_1 - x_0)$$

该直线与 x 轴的交点即 y=0 时的点为 $x_1 = x_0 - \dfrac{f(x_0)}{f'(x_0)}$，再以 x_1 为下一个初值，由 x_1 点曲线的切线 $y_2 - y_1 = f'(x_1)(x_2 - x_1)$ 求出 x_2，依次类推

$$x_{i+1} = x_i - \frac{f(x_i)}{f'(x_i)} \tag{1-1}$$

直到 $f(x_i)$非常接近 0，从而达到误差要求。

例题 1-2 用牛顿-拉普森法求方程 $x^3-x-1=0$ 在（1, 1.5）范围内的根。

解：选初值 $x_0=1$，$f(x)=x^3-x-1$，$f'(x)=3x^2-1$，在 $f(x)$、$f'(x)$和 $x(i+1)$对应单元格输入相应公式，如图 1-27 所示，迭代几次就可以得到方程的根 x=1.32472。

A3 =A2-B2/C2

	A	B	C
1	x(i)	f(x)	f'(x)
2	1	-1	2
3	1.5	0.875	5.75
4	1.34783	0.10068	4.44991
5	1.3252	0.00206	4.26847
6	1.32472	9.2E-07	4.26463
7	1.32472	1.9E-13	4.26463

图 1-27 牛顿-拉普森法解一元非线性方程

1.5.3 用单变量求解一元方程

单变量求解是解决假定一个公式要取得某一结果值，其中变量的引用单元格应取值为多少的问题。

例题 1-3 已知 CO_2 气体的范德华常数 a=0.3638 Pa·m^6·mol^{-1}，b=4.3×10^{-5} mol^{-1}，求 1 mol CO_2 气体在 10^6 Pa、293 K 时的体积。

解：范德华方程为 $\left(p+\dfrac{a}{V^2}\right)(V-b)=nRT$

将 a、b 的值输入 B1、B2 单元格中，并预先估计一个 V 值［估算 10 atm（1 atm=1.01325×10^5 Pa）下，1 mol 气体体积为 2 L］输入 B3 单元格中，B4 单元格计算 $\left(p+\dfrac{a}{V^2}\right)(V-b)-nRT$ 的结果，如图 1-28 所示。

B4 =(1000000+B1/B3^2)*(B3-B2)-1*8.314*293

A	B	C	D	E	F	G
a=	0.3638					
b=	4.30E-05					
V=	0.002					
f(V)=	-3.01E+02					

图 1-28 利用范德华方程求气体体积

点击“数据”→“模拟分析”→“单变量求解”，输入目标单元格、可变单元格及目标值，点击“确定”得到以下结果（图 1-29 和图 1-30），再次点击“确定”，得到 10^6 Pa 下，1 mol CO_2 气体在 293 K 时的体积为 0.0023255 m^3。

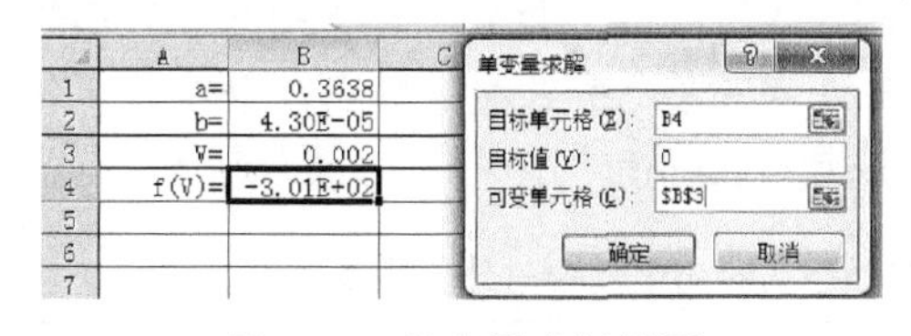

图 1-29 单变量求解界面

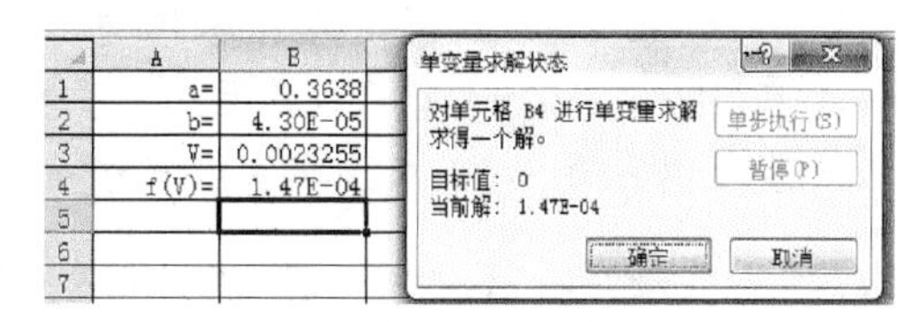

图 1-30 单变量求解结果

1.6 多元方程求解

1.6.1 多元线性方程组行列式解法

解线性联立方程：

$$
\begin{aligned}
a_{11}x_1 + a_{12}x_2 + a_{13}x_3 + \cdots + a_{1n}x_n &= c_1 \\
a_{21}x_1 + a_{22}x_2 + a_{23}x_3 + \cdots + a_{2n}x_n &= c_2 \\
&\vdots \\
a_{n1}x_1 + a_{n2}x_2 + a_{n3}x_3 + \cdots + a_{nn}x_n &= c_n
\end{aligned}
$$

$$
A = \begin{pmatrix} a_{11} & a_{12} & \cdots & a_{1n} \\ a_{21} & a_{22} & \cdots & a_{2n} \\ \vdots & \vdots & \vdots & \vdots \\ a_{n1} & a_{n2} & \cdots & a_{nn} \end{pmatrix} \quad X = \begin{pmatrix} x_1 \\ x_2 \\ \vdots \\ x_n \end{pmatrix} \quad C = \begin{pmatrix} c_1 \\ c_2 \\ \vdots \\ c_n \end{pmatrix}
$$

可以写为 $AX=C$

若$|A|\neq 0$，则 $x_i=|D_i|/|A|$，其中分子$|D_i|$是方程组系数行列式，其第 i 列元素被相应的常数列阵元素取代。

例题 1-4　解方程组：

$$
\begin{cases} 2x+2y+3z=3 \\ 4x+7y+7z=1 \\ -2x+4y+5z=-7 \end{cases}
$$

解：可以在 Excel 表格中按照图 1-31 的方法分别计算出各行列式的值后，求商得到解。

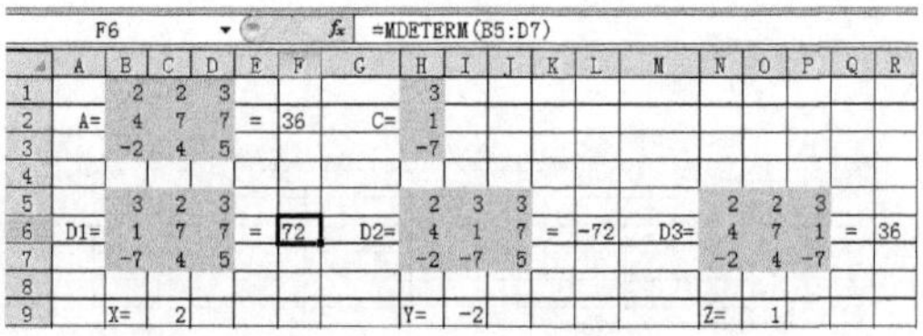

F6　　=MDETERM(B5:D7)

	A	B	C	D	E	F	G	H	I	J	K	L	M	N	O	P	Q	R
1		2	2	3				3										
2	A=	4	7	7	=	36	C=	1										
3		-2	4	5				-7										
4																		
5		3	2	3				2	3	3				2	2	3		
6	D1=	1	7	7	=	72	D2=	4	1	7	=	-72	D3=	4	7	1	=	36
7		-7	4	5				-2	-7	5				-2	4	-7		
8																		
9		X=	2					Y=	-2					Z=	1			

图 1-31　行列式法解多元线性方程组

1.6.2 多元线性方程组矩阵解法

多元线性方程组 $AX=C$ 经数学变换得 $X=A^{-1}C$，求出 A^{-1}，再利用矩阵乘法可求出 X 矩阵。

例题 1-5　芴、氧芴、苊是煤焦油的成分，炼焦废水中含有这三种组分，其乙醇溶液在 200～350 nm 有吸收，已知三种组分的摩尔吸光系数和废水在三个波长下的吸光度数据见表 1-4，求废水中三种组分的浓度（$\mu g \cdot mL^{-1}$）。

表 1-4　芴、氧芴、苊及废水在不同波长下的吸光度及相对分子质量数据

项目 \ 波长	227 nm	261 nm	281 nm	相对分子质量
ε(芴)/($L \cdot mol^{-1} \cdot cm^{-1}$)	4.40×10^3	1.96×10^4	4.79×10^3	166.2
ε(氧芴)/($L \cdot mol^{-1} \cdot cm^{-1}$)	2.02×10^4	2.72×10^3	1.83×10^4	181.2
ε(苊)/($L \cdot mol^{-1} \cdot cm^{-1}$)	8.32×10^4	2.26×10^3	6.32×10^3	154.2
废水的吸光度	1.14	0.22	0.19	—

解：将各物质的摩尔吸光系数及废水吸光度数据输入 Excel 表格，溶液浓度按照图 1-32 编辑框中公式输入，得到三种物质的浓度结果（$mol·L^{-1}$），进而根据各物质的相对分子质量求出组分浓度（$μg·mL^{-1}$）。

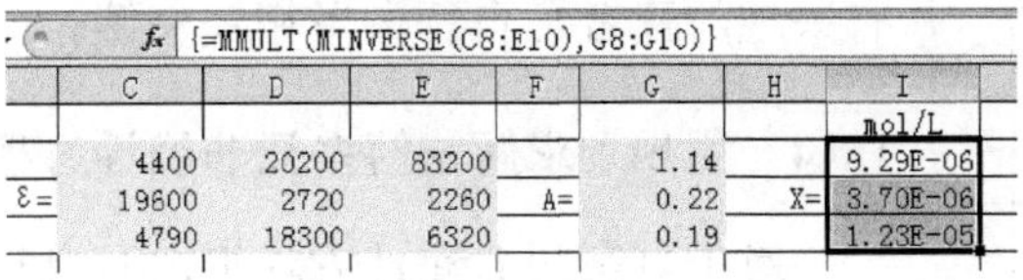

fx {=MMULT(MINVERSE(C8:E10),G8:G10)}

	C	D	E	F	G	H	I
							mol/L
	4400	20200	83200		1.14		9.29E-06
ε=	19600	2720	2260	A=	0.22	X=	3.70E-06
	4790	18300	6320		0.19		1.23E-05

图 1-32　矩阵法解多元线性方程组

1.6.3　非线性方程组的牛顿迭代法

有下列方程组：

$$\begin{aligned} f_1(x_1,x_2,\cdots,x_n)&=0 \\ f_2(x_1,x_2,\cdots,x_n)&=0 \\ &\vdots \\ f_n(x_1,x_2,\cdots,x_n)&=0 \end{aligned} \tag{1-2}$$

将上述方程写为如下形式：

$$\begin{aligned} x_1&=g_1(x_1,x_2,\cdots,x_n) \\ x_2&=g_2(x_1,x_2,\cdots,x_n) \\ &\vdots \\ x_n&=g_n(x_1,x_2,\cdots,x_n) \end{aligned} \tag{1-3}$$

将式（1-3）改写为向量方程 $\boldsymbol{x}=\boldsymbol{G}(\boldsymbol{x})$，如果向量 $\boldsymbol{x}^*$满足 $\boldsymbol{x}^*=\boldsymbol{G}(x^*)$，称 x^*为函数 $G(x)$的不动点，x^*也就是方程组（1-2）的解，则有

$$x_j^{k+1}=G_j(x_1^k,x_2^k,\cdots,x_n^k),\quad (j=1,2,\cdots,n) \tag{1-4}$$

式中，x_j^k 为 x_j 第 k 次迭代得到的结果；x_j^{k+1} 为 x_j 根据式（1-4）进行第 k+1 次迭代的结果，第一次迭代可以选用方程根附近的数值作为初值代入。

例题 1-6　用不动点迭代法求解下列非线性方程组：

$$\begin{cases} x_1^3+x_2^3-6x_1+3=0 \\ x_1^2-x_2^2-6x_2+2=0 \end{cases}$$

解：将方程组改写为等价形式

$$\begin{cases} x_1=(x_1^3+x_2^3+3)/6 \\ x_2=(x_1^2-x_2^2+2)/6 \end{cases}$$

由此构造不动点迭代公式：

$$\begin{cases} x_1^{k+1}=[(x_1^k)^3+(x_2^k)^3+3]/6 \\ x_2^{k+1}=[(x_1^k)^2-(x_2^k)^2+2]/6 \end{cases} \quad (k=0,1,2,\cdots) \tag{1-5}$$

=(D3^2-E3^2+2)/6

D	E
x1	x2
0	0
0.5	0.333333
0.527006	0.356481
0.531945	0.358443
0.532763	0.359081
0.532919	0.359149
0.532946	0.359169
0.532951	0.359172
0.532952	0.359172
0.532952	0.359172
0.532952	0.359172

图 1-33　不动点迭代法解多元非线性方程组

取近似初始值（0, 0）按迭代公式计算得到下列结果（图 1-33），可见迭代 8 次以后结果趋于恒定。

多元非线性方程组还有其他方法求解，如直接迭代法、Wegstein 法、主特征根法、牛顿-拉普森法、拟牛顿法等，有兴趣的读者可自行参考相关书籍。

1.6.4　用规划求解法解多元非线性方程组

对于复杂的非线性方程组，也可以利用 Excel 自带的规划求解工具进行求解。以下是规划求解简介。

规划求解是运筹学的一个重要分支，是求函数在等式或不等式约束下达最小值或最大值的问题。规划求解的过程如下：①根据目标建立模型；②根据自变量的范围，确定约束条件；③求解模型最优结果对应自变量的值。

Excel 中的规划求解功能需要加载以后才能启用，其过程如下：文件→选项→加载项→转到→规划求解加载项，加载后点击数据界面会在最右边出现规划求解功能（分析工具库的加载方法同样），如图 1-34 所示。

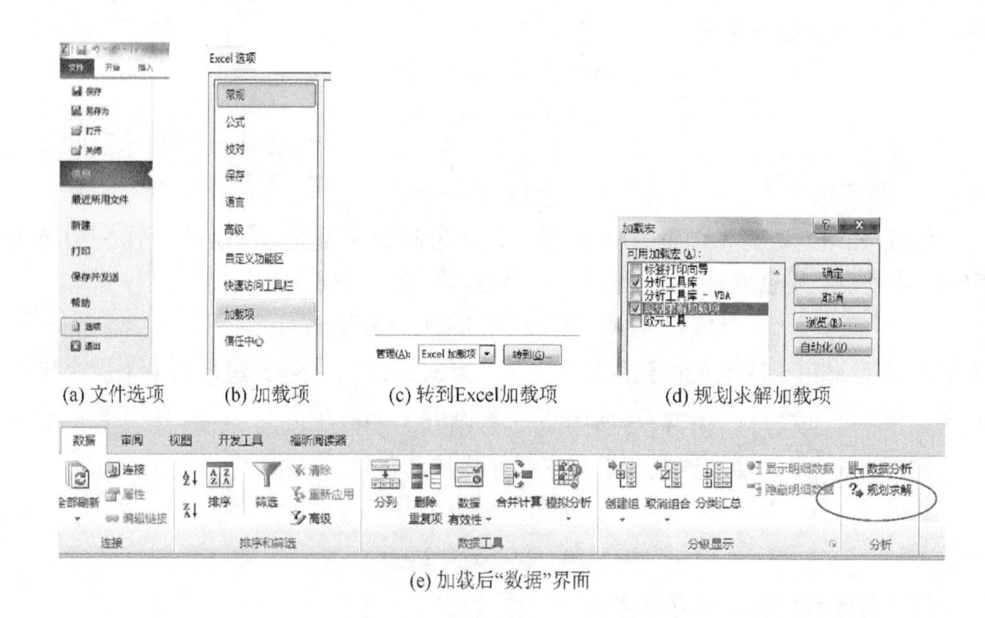

(a) 文件选项　(b) 加载项　(c) 转到Excel加载项　(d) 规划求解加载项

(e) 加载后“数据”界面

图 1-34　Excel 加载规划求解步骤及结果

例题 1-7　溶液表面张力的测定通常采用最大气泡法，根据表面张力-浓度关系希斯科夫斯基经验公式：$\gamma=\gamma_0-\gamma_0\times b\times\ln\left(1+\dfrac{c}{a}\right)$求出待定经验系数 a 和 b。请利用测定的表面张力和浓度的数据求出经验常数 a 和 b（表 1-5）。

表 1-5　不同浓度下某溶液的表面张力

浓度/(mol·L^{-1})	0	0.2712	0.8740	1.8683	4.0680	7.4429	8.732
表面张力/(mN·m^{-1})	72.75	64.25	54.25	44.52	32.30	21.93	18.78

解： 输入原始数据，a、b 初值根据经验分别输入 0.5 和 0.3，并按照希斯科夫斯基经验公式求出拟合的表面张力值，计算实验值与拟合值差的平方和。执行规划求解，如图 1-35 所示。

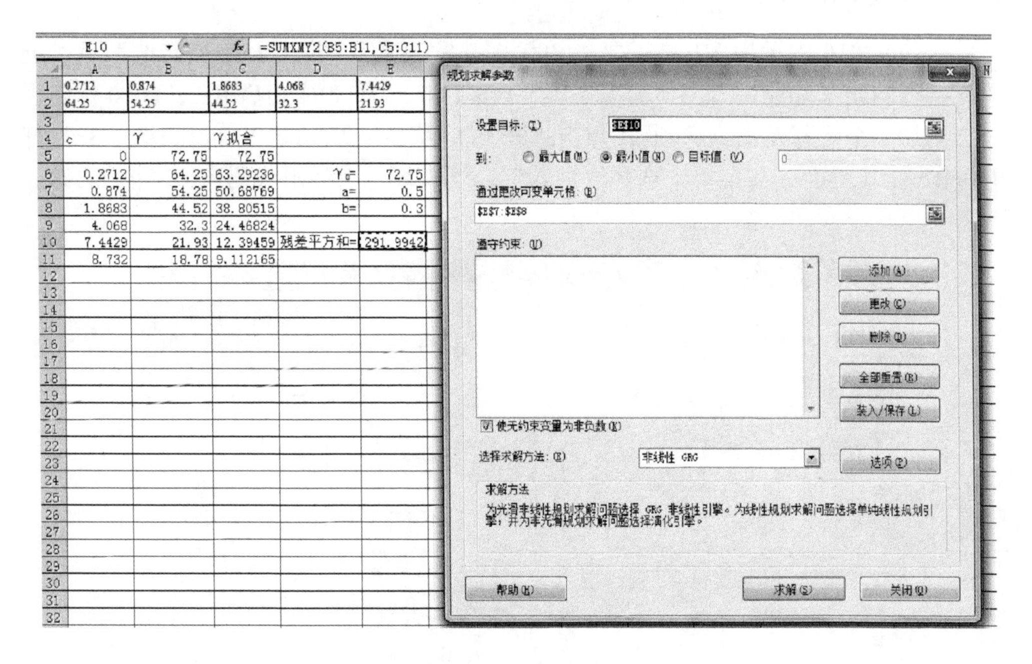

图 1-35　规划求解界面

点击“求解”后，a、b 及残差平方和的值会相应改变，如果解满足最优要求则“保留规划求解的解”；如果不满足，还可以点击“选项”更改计算精度、迭代次数等条件然后重新计算。计算结果如图 1-36 所示。

4	c	γ	γ拟合		
5	0	72.75	72.75		
6	0.2712	64.25	64.84668	γ_0=	72.75
7	0.874	54.25	54.24991	a=	0.509557
8	1.8683	44.52	44.22002	b=	0.254584
9	4.068	32.3	32.0894		
10	7.4429	21.93	21.85997	残差平方和=	0.583822
11	8.732	18.78	19.07757		

图 1-36　例题 1-7 规划求解结果

1.7　用 Excel VBA 解决复杂运算

VBA 是 Visual Basic for Application 的简写，是由微软开发的一种自动化语言。VBA 可以应用于众多的 Office 应用程序，为了区分不同应用程序经常将应用程序名称加在 VBA 前面，本书中主要应用的是 Excel VBA，即应用于 Excel 的 VBA 语言。

1.7.1　加载 Excel VBA

Excel 2010 中运用 VBA 需要先加载“开发工具”，其过程为“文件”→“选项”→“自定义功能区”→“开发工具”（图 1-37）。加载成功后 Excel 2010 标题栏就会增加一个“开发工具选项”，点击“开发工具”→“Visual Basic”（图 1-38）打开 VBA 工作界面。在菜单中选择“插入”→“模块”，弹出代码窗口（图 1-39）。

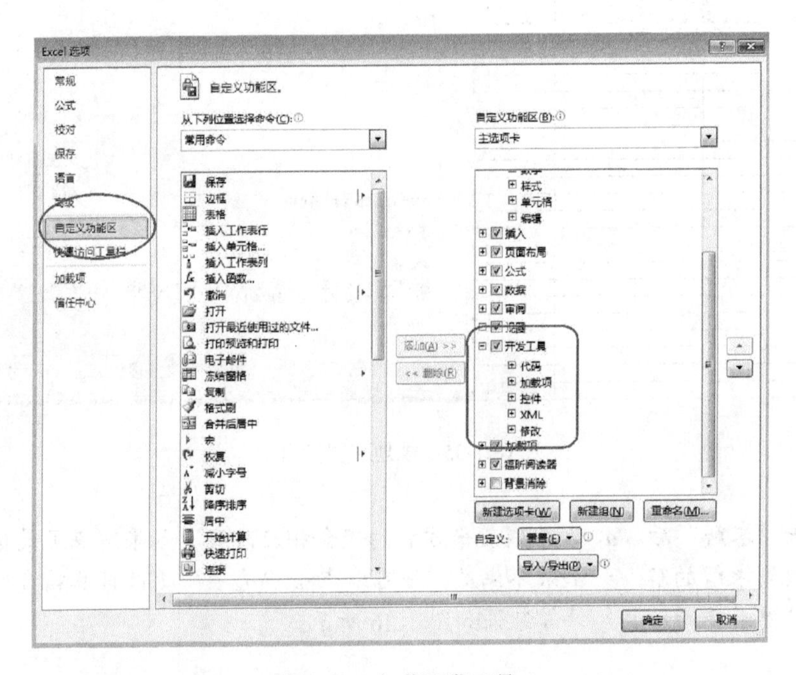

图 1-37　加载开发工具

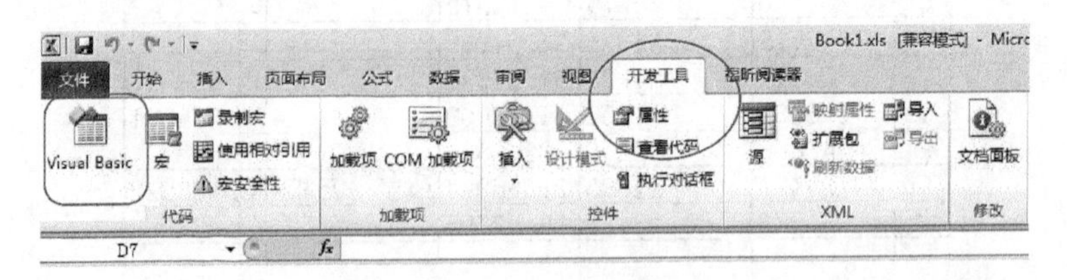

图 1-38　开发工具功能区

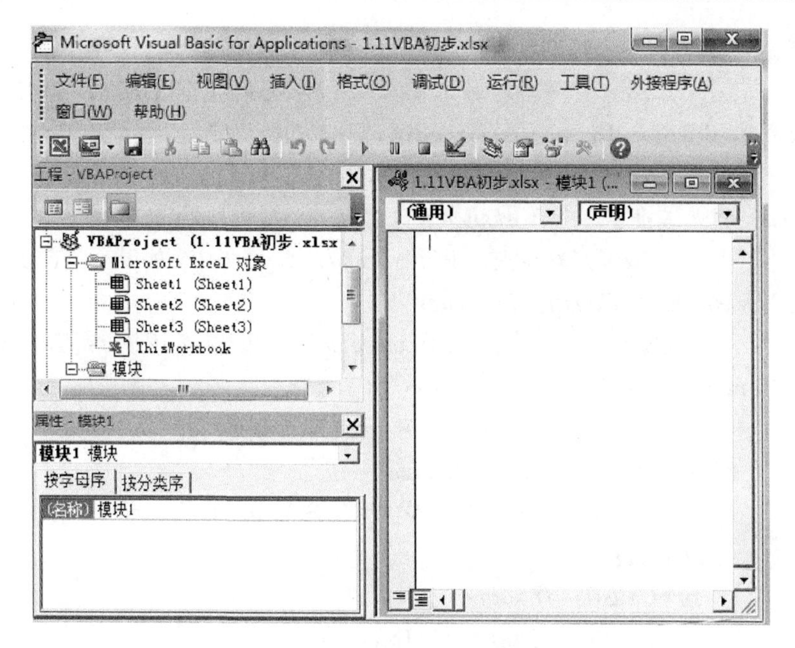

图 1-39　Excel VBA 工作界面

1.7.2　Excel VBA 应用实例

例题 1-8　某学校召开学生代表大会制作胸卡，将学生代表根据学生入学年份、所属学院及身份证号码后六位等信息对胸卡编号，已知学生代表总人数为 500 人，请用 Excel VBA 实现。

解: 将学生代表信息输入 Excel 表格，打开 VBA 工作界面，点击“插入”→“模块”，在代码窗口输入下列代码（用斜体表示），执行程序，自动生成工作证编号，结果如图 1-40 所示。

```
Sub 自动生成工作证编号()
    For i=3 To 500
        Dim str As String
        Select Case Worksheets(1).Cells(i, 6).Value
            Case ″机械工程学院″: Worksheets(1).Cells(i, 7).Value=″01″: Case
″材料科学与工程学院″: Worksheets(1).Cells(i, 7).Value=″02″
            Case ″信息工程学院″: Worksheets(1).Cells(i, 7).Value=″03″: Case
″建筑与土木工程学院″: Worksheets(1).Cells(i, 7).Value=″04″
            Case ″水利科学与工程学院″: Worksheets(1).Cells(i, 7).Value=″05″:
Case ″化学化工学院″: Worksheets(1).Cells(i, 7).Value=″06″
            Case ″环境科学学院″: Worksheets(1).Cells(i, 7).Value=″07″: Case
″数理学院″: Worksheets(1).Cells(i, 7).Value=″08″
            Case ″中文学院″: Worksheets(1).Cells(i, 7).Value=″09″: Case ″经
```

```
济管理学院": Worksheets(1).Cells(i, 7).Value="10"
                    Case "电气与动力工程学院": Worksheets(1).Cells(i, 7).Value="11":
Case "软件工程学院": Worksheets(1).Cells(i, 7).Value="12"
                    Case "计算机科学与技术学院": Worksheets(1).Cells(i, 7).Value=
"13": Case "矿业工程学院": Worksheets(1).Cells(i, 7).Value="14"
                    Case "轻纺学院": Worksheets(1).Cells(i, 7).Value="15": Case "艺
术学院": Worksheets(1).Cells(i, 7).Value="16"
                    Case "力学学院": Worksheets(1).Cells(i, 7).Value="17": Case "政
治学院": Worksheets(1).Cells(i, 7).Value="18"
                    Case "外国语学院": Worksheets(1).Cells(i, 7).Value="19": Case
"体育学院": Worksheets(1).Cells(i, 7).Value="20"
                    Case "现代科学与技术学院": Worksheets(1).Cells(i, 7).Value="21"
            End Select
              str=Cells(i, 4).Value
              str=str+Right(Cells(i, 5).Value, 4)
              str=str+Cells(i, 7).Value
              Cells (i, 8).Value=str
      Next i
    End Sub
```

	A	B	C	D	E	F	G	H
1					学生信息登记表			
2	姓名	性别	年龄	入学年份	身份证号	学　院	学院编号	胸卡编号
3	奥华	女	22	2010	**************9467	机械工程学院	01	2010946701
4	白堂	男	20	2013	**************6236	建筑与土木工程学院	04	2013623604
5	曾家志	男	22	2010	**************6315	化学化工学院	06	2010631506
6	何志	男	18	2014	**************8735	化学化工学院	06	2014873506
7	孔慧超	女	24	2009	**************8340	数理学院	08	2009834008
8	李　强	女	18	2014	**************1272	环境科学学院	07	2014127207
9	李伏阳	男	19	2013	**************5130	水利科学与工程学院	05	2013513005
10	李惠君	女	20	2012	**************2120	电气与动力工程学院	11	2012212011
11	李明	男	20	2011	**************9610	矿业工程学院	14	2011961014
12	李伟	男	20	2012	**************751X	艺术学院	16	2012751X16
13	李志新	男	21	2011	**************4653	政治学院	18	2011465318
14	梁　涛	男	19	2013	**************3395	现代科学与技术学院	21	2013339521
15	刘小玲	女	22	2011	**************1587	机械工程学院	01	2011158701
16	刘亚琼	男	20	2013	**************6362	建筑与土木工程学院	04	2013636204

图 1-40　例题 1-8 Excel VBA 执行结果

习　题

1. 已知 3s 原子轨道径向波函数为 $f(x)=(27-18x+2x^2)e^{-x/3}$，求此波函数值为零的径向距离 x。

2. 化学反应 $CO(g)+\frac{1}{2}O_2(g)\rightleftharpoons CO_2(g)$ 中 1 mol CO_2 分解百分数依赖于方程 $(p/K^2-1)x^3+3x-2=0$，其中 p 是 CO_2 在大气中的压强，K 是一个与温度有关的平衡常数（2800 K 时，K=1.648），

p=1 atm 时，求 x。

3. 已知在给定的六个波长下单独测定 6 个组分的摩尔吸光系数矩阵如下：

$$\boldsymbol{E}=\begin{bmatrix}130.0 & 9.0 & 5.0 & 3.0 & 1.5 & 1.0\\ 10.0 & 110.0 & 8.0 & 5.0 & 2.1 & 2.5\\ 25.0 & 25.0 & 100.0 & 10.0 & 2.5 & 3.0\\ 4.0 & 6.0 & 15.0 & 150.0 & 23.0 & 8.0\\ 6.0 & 8.0 & 10.0 & 20.0 & 130.0 & 25.0\\ 8.0 & 10.0 & 12.0 & 10.0 & 25.0 & 105.0\end{bmatrix}$$

已知某溶液在六个最大吸收波长下的吸光度为 A=（0.1885　0.2995　0.4455　0.8244　0.9320　0.8590），假设溶液服从朗伯-比尔定律，吸收池厚度 1 cm，求未知溶液六个组分的浓度。

4. 用元素分析求多组分化合物成分，已知甲胺（CH_3NH_2）、乙胺（$C_2H_5NH_2$）和苯胺（$C_6H_5NH_2$）混合物经元素分析得 C 61.5%、H 12.4%和 N 26.1%，求各组分含量。

5. 某一醇类混合物，质谱分析测定了不同 m/e 下，其峰的相对峰高及各纯组分的相对强度，数据如下：

m/e	$\gamma(CH_3OH)$	$\gamma(C_2H_5OH)$	$\gamma(C_3H_7OH)$	$\gamma[(CH_3)_2CHOH]$	相对峰高/%
19	0.53	3.46	0.98	7.82	5.10
29	62.75	22.35	15.95	10.75	29.75
31	100.0	100	100.0	7.01	100.0
39	0.0	0.0	4.85	5.99	5.08
59	0.0	0.0	10.13	3.95	6.80
s_j	0.138	0.282	0.416	0.369	

求混合物中各组分的含量。

6. 用镍硅藻土作催化剂，苯加氢合成环己烷，用微分反应器测定反应速率 r_0（$mol\cdot g^{-1}\cdot h^{-1}$）与 p_H（atm）、p_B（atm）的数据如下

p_H	p_B	r_0	p_H	p_B	r_0
0.7494	0.2670	0.2182	0.9266	0.0997	0.1151
0.6721	0.3424	0.2208	0.8766	0.1471	0.1472
0.5776	0.4342	0.2235	0.7564	0.2607	0.2178
0.5075	0.5043	0.1892	0.5617	0.4501	0.2122
0.9256	0.1020	0.1176	0.5241	0.4877	0.2024

经推导 r_0（$mol\cdot g^{-1}\cdot h^{-1}$）与 p_H（atm）、p_B（atm）的关系为

$$r_0=\frac{kk_H^3k_Bp_H^3p_B}{(1+k_Hp_H+k_Bp_B)^4}$$

请利用上述数据求 k、k_H、k_B。

7. 某混合物由丁氨二酸（$C_4H_7NO_4$）、组氨酸（$C_6H_9N_3O_2$）、苯丙氨酸（$C_9H_{11}NO_2$）、精氨酸（$C_6H_{14}N_4O_2$）组成，元素分析 C 47.7%、H 6.3%、N 17.3%、O 28.7%，已知四组分的相对分子质量分别为 133、155、165、174，求各种氨基酸在混合物中的含量。

8. 二甲苯和乙苯混合物用分光光度法分析数据为

波长/nm	摩尔吸光度/$[L\cdot mol^{-1}\cdot cm^{-1}]$				混合物吸光度 A
	ε_P（对二甲苯）	ε_M（间二甲苯）	ε_O（邻二甲苯）	ε_B（乙苯）	
250	1.502	0.0514	0.0	0.0408	0.1013
260	0.0261	0.1516	0.0	0.0820	0.09943
268	0.0342	0.0355	2.532	0.2933	0.2194
286	0.0340	0.0684	0.0	0.3470	0.03396

假定溶液符合朗伯-比尔定律，液槽厚 1.0 cm，求混合物中各组分浓度。

9. 多组分混合物的质谱分析数据列于下表，对于一定的 m/e，观测的质谱峰高作为物种分压的线性函数关系为：$H_i=\sum_{j=1}^{n} r_{ij}s_j p_j=\sum_{j=1}^{n}(RS)_{ij}p_j$，其中，$H_i$ 为观测峰高；n 为混合物中气相物种的数目；r_{ij} 为气相物种的相对强度；s_j 为 j 物种的灵敏度，$(RS)_{ij}=r_{ij}s_j$ 为气体物种的灵敏度。求各组分的含量。

m/e	$\gamma(CH_4)$	$\gamma(C_2H_6)$	$\gamma(C_3H_8)$	$\gamma(n\text{-}C_4H_{10})$	$\gamma(iso\text{-}C_4H_{10})$	H_i/%
15	83.12	4.65	6.5	3.21	3.11	31.69
16	100	0.16	0.19	0	0	30.17
26	0	21.52	8.04	1.81	4.97	12.83
28	0	100	58.85	2.41	28.88	67.04
29	0	21.36	100	5.22	38.82	62.23
31	0	0.51	0	0	0	0.16
41	0	0	14.07	37.95	27.95	35.10
43	0	0	26.61	100	100	100
47	0	0	0	3.21	2.79	2.72
s_j	0.197	0.257	0.348	0.449	0.411	

10. 假定氨气符合范德华方程：$\left(p+\frac{n^2a}{V^2}\right)(V-nb)=nRT$，已知 $a=4.19\ atm\cdot L^2\cdot mol^{-2}$，$n=1$，$p=1\ atm$，$R=0.08206\ L\cdot atm\cdot mol^{-1}\cdot K^{-1}$，$T=423.2\ K$，求 1 mol 氨气的体积。

第 2 章　误差分析及统计学基础

数据处理的几个步骤：取得试验数据，通过误差分析评判数据的可靠性；确定影响试验结果的主次因素；确定因素与指标之间的近似函数关系；对试验结果进行预测和优化；根据优化结果，确定最优方案，找到因素影响指标的规律。因此，取得测量数据后，要对测量数据进行处理，而测量数据的处理与测量误差的统计分布密切相关，测量误差的分布不同，处理方法也不同，因此有必要学习一些数理统计的基础知识。

2.1　数理统计基础知识

统计量是样本的不含未知参数的函数，是对样本信息的提炼。样本是随机变量，因此统计量也是随机变量，统计量的分布称为抽样分布。下面介绍统计中常用的几种分布。

2.1.1　正态分布

正态分布（normal distribution）又称高斯分布（Gaussian distribution），是一个在数学、物理及工程等领域都非常重要的概率分布，在统计学的许多方面有重大的影响力。若随机变量 x 服从一个数学期望为 μ、方差为 σ^2 的高斯分布，记为 $N(\mu, \sigma^2)$。正态分布的期望值 μ 决定了其位置，标准差 σ 决定了分布的幅度。通常所说的标准正态分布是 $\mu = 0$、$\sigma = 1$ 的正态分布。随机变量 x 服从正态分布，则其概率密度函数如式（2-1）所示：

$$p(x) = \frac{1}{\sqrt{2\pi}\sigma} \mathrm{e}^{-\frac{(x-\mu)^2}{2\sigma^2}} \tag{2-1}$$

正态分布曲线上点的纵坐标为与 x 值对应的概率密度（图 2-1），其曲线下的面积则为对应 x 范围的总概率，因此在（$-\infty$，$+\infty$）曲线下与 x 轴包围的面积总和为 100%（图 2-2）。正态分布应用于某些医学现象，如同质群体的身高、红细胞数、血红蛋白量、胆固醇等，以及实验中的随机误差，呈现出正态或近似正态分布；有些资料虽为偏态分布，但经数据变换后可成为正态或近似正态分布，故可按正态分布规律处理。根据公式可以算出 x 在不同误差区间出现的概率。标准正态分布表见附录 5。

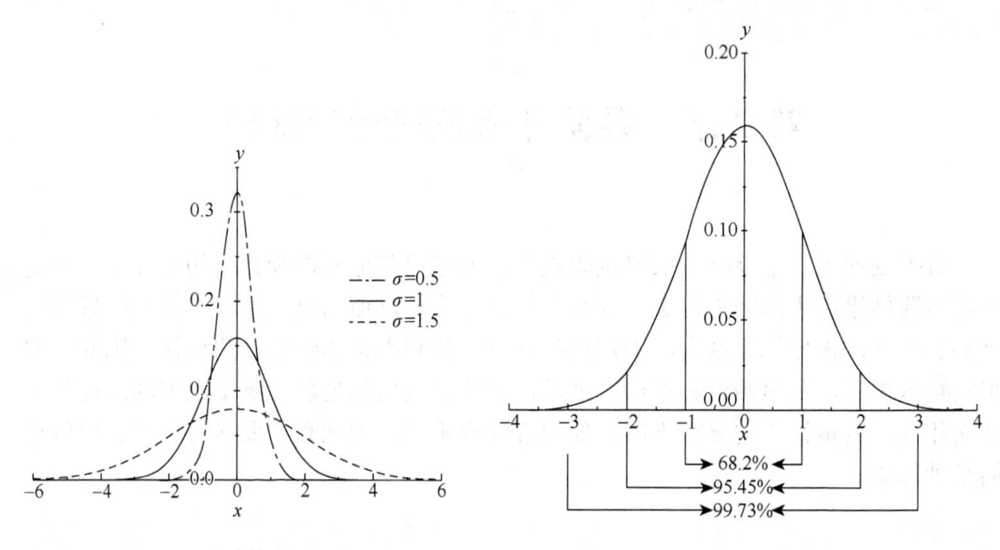

图 2-1　μ=0 在不同方差时的正态分布图　　图 2-2　根据正态分布，x 在不同误差区间出现的概率

2.1.2　χ^2分布及χ^2检验

卡方分布（chi-square distribution，χ^2分布）是从正态分布中派生出来的一类分布，它在数理统计中一直占有重要地位。许多分布可以用χ^2分布近似求得。

若有 $X_1, X_2, \cdots, X_n$，相互独立，$X_i \sim N(0, 1)$，$i=1, 2, \cdots, n$，则 $\sum\limits_{i=1}^{n} X_i^2$ 所服从的分布是自由度为 n 的$\chi^2(n)$。χ^2分布的概率密度函数为

$$f(x)=\begin{cases}\dfrac{1}{2^{\frac{n}{2}}\Gamma\left(\dfrac{n}{2}\right)}x^{\frac{n}{2}-1}\mathrm{e}^{-\frac{x}{2}}, & x>0\\ 0, & x\leqslant 0\end{cases} \tag{2-2}$$

其中，$\Gamma(\alpha)=\int_{0}^{+\infty} x^{\alpha-1}\mathrm{e}^{-x}\mathrm{d}x$。

Γ 函数的性质如下：

（1）$\Gamma(k+1)=k\Gamma(k)$，当 k 为整数时，$\Gamma(k+1)=k!$。

（2）$\Gamma\left(\dfrac{1}{2}\right)=\sqrt{\pi}$。

χ^2分布的图像如图 2-3 所示。

χ^2分布的概率密度性质如下：①$x<0$，$f(x)=0$；②$x\to\infty$，$f(x)=0$；③$x=n-2$，$f(x)$ 取最大值。

χ^2检验是从母体中抽取一个容量为 N 的子样，利用χ^2分布检验母体的分布是否符合理论分布。

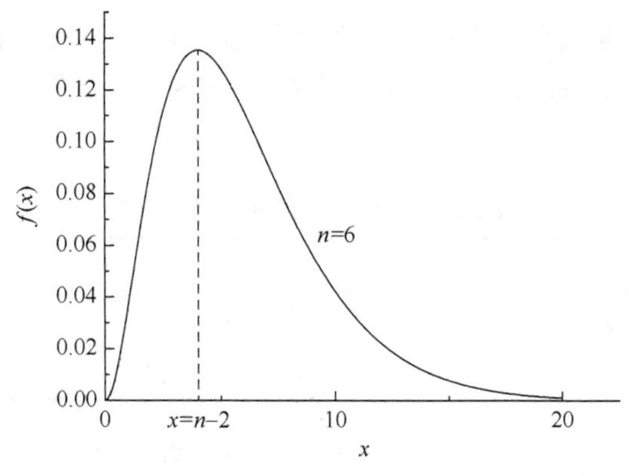

图 2-3 χ^2分布的图像

考虑统计量：

$$\chi^2=\sum_{i=1}^{m}\frac{(\nu_i-\nu_i')^2}{\nu_i'} \quad (2\text{-}3)$$

其中，m 为数据分组数；ν_i 为各组实际观测次数；ν_i' 为由分布函数计算的各组理论上应有的次数。

χ^2 统计量服从 $\chi^2(m-1)$分布，对已给定的 $\alpha>0$，有

$$p(\chi^2>\chi_\alpha^2)=\alpha \quad (2\text{-}4)$$

若 $\chi^2>\chi_\alpha^2$，则对显著性水平 α 来说，应予否定；否则，若 $\chi^2<\chi_\alpha^2$，则假设成立。

例题 2-1 造纸原料粉碎过程中，用 4 种不同的粉碎方法，得出其实际粉碎次数及其中的不良粉碎次数。由表 2-1 是否可以看出粉碎不良的频率与加料方法有关？显著性水平 α=0.05。

表 2-1 不同加料方法的粉碎结果

加料方法	A	B	C	D	总计
粉碎次数/次	87	100	92	130	409
不良粉碎次数/次	5	8	9	10	32
理论不良次数/次	6.8	7.8	7.2	10.2	32

解：假定粉碎不良的频率与加料方法无关，则单一加料方法的不良频率应等于总体频率：32/409=0.078。根据总体频率计算出各种粉碎方式对应的理论不良次数（见表 2-1 最后一行）。

故

$$\chi^2=\frac{(6.8-5)^2}{6.8}+\frac{(7.8-8)^2}{7.8}+\frac{(7.2-9)^2}{7.2}+\frac{(10.2-10)^2}{10.2}=0.936$$

查表得，$\chi^2<\chi_{0.05}^2(3)\approx 7.81$，说明假设成立，即粉碎不良的频率与加料方法无关。

例题 2-2 对某类试样用分析天平称量时，在 0.1 mg 位置上出现的数字为 0～9，且出现的机会应该是随机的。在 200 次测量中，0～9 各数字出现的次数列于表 2-2 中，是否为平均概率？

表 2-2 0～9 在测量中出现的次数

数字	0	1	2	3	4	5	6	7	8	9	总计
频数/次	35	16	15	17	17	19	11	16	30	24	200
理论频数/次	20	20	20	20	20	20	20	20	20	20	200

解： 若各数字等概率出现，则各数字出现的次数应为 20 次。故

$$\chi^2 = \sum_{i=0}^{9} \frac{(\nu_i - \nu_i')^2}{\nu_i'} = 24.90$$

查表得，$\chi^2_{0.01}(9) = 21.67$，由于 $\chi^2 > \chi^9_{0.01}$，故不能接受假设，即说明各数字不是等概率出现的。

2.1.3 *F* 分布及 *F* 检验

设 $X \sim \chi^2(n_1)$，$Y \sim \chi^2(n_2)$，且 X、Y 互相独立，则称随机变量 $F = \dfrac{X/n_1}{Y/n_2}$，服从自由度为(n_1, n_2)的 F 分布，记为 $F \sim F(n_1, n_2)$。F 分布的概率密度函数为

$$f(x) = \begin{cases} \dfrac{\Gamma\left(\dfrac{n_1+n_2}{2}\right)}{\Gamma\left(\dfrac{n_1}{2}\right)\Gamma\left(\dfrac{n_2}{2}\right)} \left(\dfrac{n_1}{n_2}\right)^{\frac{n_1}{2}} x^{\frac{n_2}{2}-1} \left(1 + \dfrac{n_1}{n_2}x\right)^{-\frac{n_1+n_2}{2}}, & x > 0 \\ 0, & x \leqslant 0 \end{cases} \tag{2-5}$$

$f(x)$的图像如图 2-4 所示：$f(x)$的形状与自由度 n_1、n_2 有关，随着自由度的增加，图像的对称性增强。

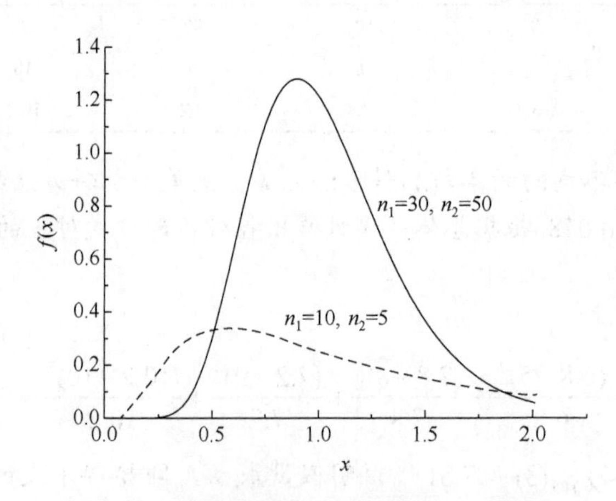

图 2-4 *F* 分布的概率密度函数 $f(x)$的图像

F 检验是已知两个母体分布（正态分布），检验其方差（在一定置信度下）是否相等的检验方法。

令 $x_1, x_2, \cdots, x_{n1}$ 为 $N(\mu_1, \sigma_1^2)$的一个随机样本；$y_1, y_2, \cdots, y_{n2}$ 为 $N(\mu_2, \sigma_2^2)$的一个随机样本，则令

$$S_1^2 = \frac{1}{n_1 - 1}\sum_{i=1}^{n_1}(x_i - \overline{x})^2 \text{，} \quad S_2^2 = \frac{1}{n_2 - 1}\sum_{i=1}^{n_2}(y_i - \overline{y})^2 \tag{2-6}$$

得

$$\frac{(n_1 - 1)S_1^2}{\sigma_1^2} \sim \chi^2(n_1 - 1) \text{，} \quad \frac{(n_2 - 1)S_2^2}{\sigma_2^2} \sim \chi^2(n_2 - 1)$$

$$\left(\frac{S_1^2}{\sigma_1^2}\right) \Bigg/ \left(\frac{S_2^2}{\sigma_2^2}\right) \sim F(n_1 - 1, n_2 - 1) \tag{2-7}$$

假定 $\sigma_1^2 = \sigma_2^2$，则有

$$F = S_1^2 / S_2^2 \tag{2-8}$$

$$p(F \geqslant F_\alpha) = \alpha$$

若 $F > F_\alpha$，则否定原假设；反之，若 $F < F_\alpha$，则认为 $\sigma_1^2 = \sigma_2^2$。

例题 2-3 测定聚合物中 Cl 含量时用了两种方法，其结果列于表 2-3 中：

表 2-3 不同方法测定 Cl 含量的结果

方法 A 测 Cl 含量/%	27.5	27.0	27.3	27.6	27.8			
方法 B 测 Cl 含量/%	27.9	27.0	26.5	27.4	27.2	27.3	26.3	26.8

两种方法在稳定性上是否相同？

解：假定两种方法无明显不同，则用 F 检验

$$S_\text{A}^2 = 0.093 \text{，} \quad S_\text{B}^2 = 0.266 \text{，} \quad F = S_\text{B}^2 / S_\text{A}^2 = 2.86$$

查表得，当显著性水平 α=0.05 时，$F_{0.05}(7，4)$=6.09。显然 $F < F_\alpha$，故接受原假设。

Excel 的分析工具库提供了 F 检验双样本方差的功能（图 2-5）。

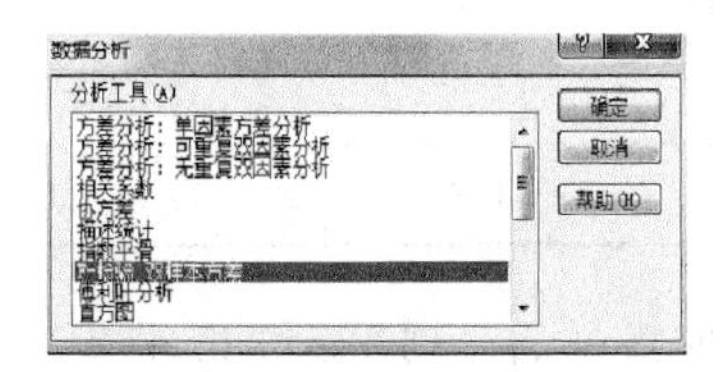

(a) 选择双样本方差检验

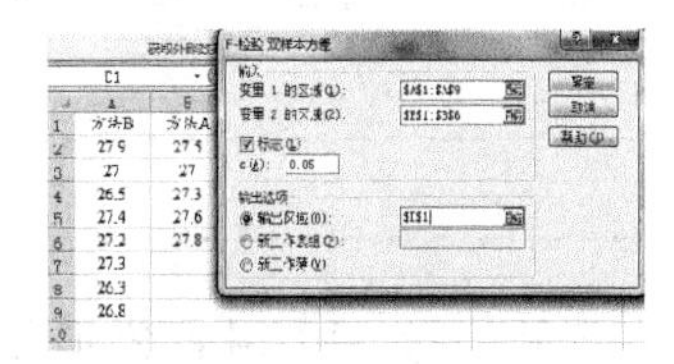

(b) 双样本方差检验选择数据区域及结果输出区域

F-检验 双样本方差分析

	方法B	方法A
平均	27.05	27.44
方差	0.265714	0.093
观测值	8	5
df	7	4
F	2.857143	
P(F<=f) 单尾	0.163554	
F 单尾临界	6.094211	

(c) 双样本方差检验结果

图 2-5 Excel 进行双样本方差检验过程及结果

2.1.4　t分布及 t检验

设随机变量 $X\sim N(0, 1)$，$Y\sim\chi^2(n)$，且 X、Y 相互独立，则称随机变量 $T=\dfrac{X}{\sqrt{\dfrac{Y}{n}}}$ 服从自由度为 n 的 t 分布，记为 $T\sim t(n)$。

$T(n)$的概率密度函数为

$$f(x)=\frac{\Gamma\left(\frac{n+1}{2}\right)}{\sqrt{n\pi}\,\Gamma\left(\frac{n}{2}\right)}\left(1+\frac{x^2}{n}\right)^{-\frac{n+1}{2}},\quad -\infty<x<+\infty \tag{2-9}$$

t 分布概率密度函数图如图 2-6 所示。

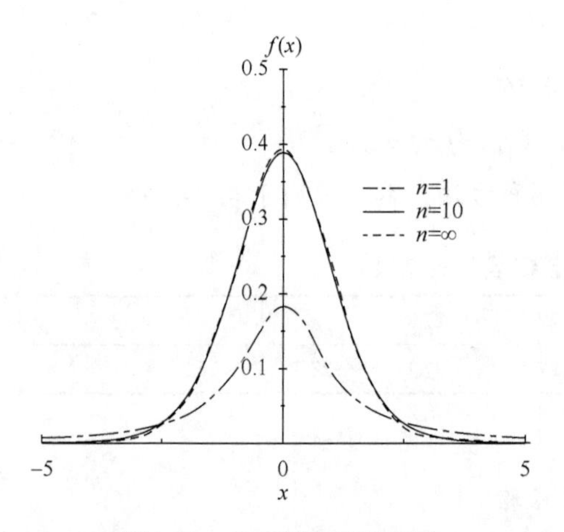

图 2-6　t 分布概率密度函数

$T(n)$分布的概率密度有以下特点：①$f(x)$关于 x=0 对称；②x 趋向$\pm\infty$时，$f(x)\to0$；③x=0 时，$f(x)$取最大值；④$n\to\infty$时，$f(x)\to0$，即 $t(n)$的极限就是 $N(0, 1)$的标准正态分布。

t 检验是用来检验两个母体的平均数的差异是否显著，而方差已假定相同。

令 $X\sim N(\mu_1,\sigma^2)$，$Y\sim N(\mu_2,\sigma^2)$，得

$$T=(\overline{x}-\overline{y})\Big/\sqrt{\frac{S_1^2}{n_1}+\frac{S_2^2}{n_2}}\sim t(n_1+n_2-2)$$

取样本$(x_1,x_2,\cdots,x_{n_1})$，$(y_1,y_2,\cdots,y_{n_2})$，则对给定 t_α，使 $p(|T|<t_\alpha)=1-\alpha$，即 $p(|T|>t_\alpha)=\alpha$。

例题 2-4　煤样放置前后灰分含量见表 2-4。煤样放置前后有无区别？

表 2-4　煤样放置前后灰分含量

放置前灰分含量/%	17.5	17.8	17.4	17.5	17.7
放置后灰分含量/%	17.0	17.0	17.4	17.0	17.3

解：由数据可知，$\overline{x}=17.58$，$\overline{y}=17.14$，假定无明显区别，则用 t 检验。

$$S_1^2=\frac{1}{5-1}\sum(x_i-\overline{x})^2=0.027$$

$$S_2^2=\frac{1}{5-1}\sum(y_i-\overline{y})^2=0.038$$

$$T=(17.58-17.14)\Big/\sqrt{\frac{0.027}{5}+\frac{0.038}{5}}=3.86$$

查表得，$t_{0.01}(8)=3.355$，显然，$T>t_{0.01}(8)$，故拒绝原假设（图 2-7）。

t检验：双样本等方差假设		
	放置前(%)	放置后(%)
平均	17.58	17.14
方差	0.027	0.038
观测值	5	5
合并方差	0.0325	
假设平均差	0	
df	8	
t Stat	3.859055	
P(T<=t) 单尾	0.002408	
t 单尾临界	2.896459	
P(T<=t) 双尾	0.004815	
t 双尾临界	3.355387	

图 2-7 Excel 双样本等方差假设检验

2.2 试验数据的误差分析

实验数据的取得源于测量过程，测量过程涉及以下一些基本概念。

2.2.1 关于测量的几个概念

测量（measurement）：以确定量值为目的的一组操作。测量可以分为直接测量和间接测量。例如，用温度计测量体温、秒表测量时间为直接测量；通过测量质量和体积求出物体的密度则为间接测量。

测量原理（principle of measurement）：指测量的科学基础。

例如，应用于速度测量的多普勒效应：物体辐射的波长因为波源和观测者的相对运动而产生变化。在运动的波源前面，波被压缩，波长变得较短，频率变得较高，发生蓝移（blue shift）；当运动在波源后面时，会产生相反的效应同，波长变得较长，频率变得较低，发生红移（red shift）；波源的速度越高，所产生的效应越大。根据波红（蓝）移的程度，可以计算出波源循着观测方向运动的速度。

被测量（measurand）：作为测量对象的特定量。对被测量进行描述时，可以要求对其他相关量，如温度、压力、时间等做出说明。

影响量：不是被测量但对测量结果有影响的量，如用千分尺测量长度时的温度。

测量信号：表示被测量并与该量有函数关系的量即为测量信号。例如，用以测量浓度差的化学电池的电动势。

测量结果（result of a measurement）：是由测量所得到的赋予被测量的值。在给出测量结果时应说明它是仪器示值、未修正值或已修正值，还是几个值的平均值；在测量结果的完整表述中还应包括测量的不确定度，必要时还应说明有关影响的取值范围。

真值（true）：某一时刻、某种状态下某量的客观值或实际值。真值的特性如下：

（1）近似可知性。测量的目的在于确定被测量的真值，但由于参与测量的所有要素不可能都做到完美无缺，测量存在误差，其测量值只能是真值的近似值。所以一般情况下，真值是不可知的。只有在极少数情况下可以知道被测量的真值。此外，按国际计量大会关于量的单位的决议所能复现的量值可以认为是真值。

（2）可变性。真值在某些因素的影响下，会发生较大变化，这种变化有的较快（如金属器件受温度影响热胀冷缩），有的较为迟缓（如材料老化引起真值的变化）。因此，在一定时间后，需要对测量器具的量值进行校正。

理论真值：满足真值理论定义的值，如三角形内角和为 180°、平面直角为 90°。

约定真值：约定真值应是理论值的最佳估计值，就给定目的而言，约定真值的不确定度可以忽略不计。

指定值：由国际计量局和国际计量委员会等组织定义、推荐和指定的量值，如 7 个 SI 基本单位（长度——米，质量——千克，时间——秒，电流——安培，热力学温度——开尔文，发光强度——坎德拉，物质的量——摩尔）和国际温标指定的固定点。

约定值：在计量检定中，高一等级标准器具的不确定度可以忽略不计。

最佳估计值：通常将一被测量在重复条件下多次测量结果的平均值作为最佳估计值，并作为约定真值，如国际科技数据委员会（Committee on Data for Science and Technology，CODATA）所公布的物理常量的值。

误差：测量值与真实值之间的差异称为误差。

误差的产生主要与下面几个因素有关：①受测量仪器的精度所限，测定结果与真实值之间产生差异；②由于观测者的感觉器官能力的局限及工作态度和水平的局限在仪器安置、校准、测定时产生测量误差；③环境因素如温度、湿度、气压的改变引起每次测量值都不尽相同；④观测对象本身的结构、状态和清晰度等也会对测量结果产生影响；⑤测量方法（包括计算过程）不完善引起的测量误差。以上五个因素统称为观测条件，观测条件好些，测量结果就精确些，反之测量结果误差就大些，总之误差的存在是不可避免的。

绝对误差：试验值与真实值之差。绝对误差有确定的大小和计量单位，可能是正值或负值。绝对误差适于单次测量结果的误差计算及同一量级的同种测量结果的误差比较。但是对于不同的被测量及不同的物理量，绝对误差就难以评定其测量精度的高低。

相对误差：绝对误差与真实值之比。由于真值难以获得，而测得值与真值接近，故可以用近似的绝对误差与测得值之比作为相对误差。相对误差没有单位，一般以百分数形式表示。

例如，用外径千分尺测量两个物体的外径分别是 10.00 mm 和 0.10 mm，两次测量的绝对误差都是 0.01 mm，从绝对误差来看，对两次测量的评价是相同的，但是前者的相对误差为 0.1%，后者则为 10%，后者的相对误差是前者的一百倍。

测量误差不可避免，因此人们通过多次测量抵消部分误差，用平均值代替单次测量结果以达到尽可能减小测量误差的目的。

平均值有算术平均值、加权平均值、对数平均值、几何平均值、调和平均值几种，前两种较常用。

算术平均值：

$$\overline{x}=\frac{x_1+x_2+\cdots+x_n}{n}=\frac{\sum_{i=1}^{n}x_i}{n} \tag{2-10}$$

加权平均值：

$$\overline{x}=\frac{w_1x_1+w_2x_2+\cdots+w_nx_n}{w_1+w_2+\cdots+w_n}=\frac{\sum_{i=1}^{n}w_ix_i}{\sum_{i=1}^{n}w_i}\ \text{［其中，}w_i(i=1,2,\cdots,n)\text{为权重］} \tag{2-11}$$

权重的确定方法：

（1）n 很大时，w_i 相当于各个 x_i 出现的频率。

（2）多组测定时，x_i 是各组测定结果的平均值，w_i 是各组测定的次数。

（3）权重与绝对误差的平方成反比。

（4）根据经验确定权重。

例题 2-5　分别用千分尺、钢板尺和米尺测量某一个物件的长度，结果分别为 18.5212 cm、18.52 cm 和 18.6 cm，求其加权平均值。

解：根据权重与误差的平方成反比，千分尺、钢板尺和米尺的测量误差分别为 0.0001 cm、0.01 cm 和 0.1 cm，则

$$w_1=\frac{1}{0.0001^2}=10^8\qquad w_2=\frac{1}{0.01^2}=10^4\qquad w_3=\frac{1}{0.1^2}=10^2$$

$$\overline{x}=\frac{18.5212\times10^8+18.52\times10^4+18.6\times10^2}{10^8+10^4+10^2}=18.5212(\text{cm})$$

算术平均误差：一组测量数据中，每次测量数据与平均值差的平均。

$$d_i=\frac{\sum_{i=1}^{n}\left|x_i-\overline{x}\right|}{n} \tag{2-12}$$

标准偏差（standard deviation，Std Dev）：一种量度数据分布分散程度的标准，用以衡量数据值偏离算术平均值的程度。

$$s=\sqrt{\frac{\sum_{i=1}^{n}(x_i-\overline{x})^2}{n-1}} \tag{2-13}$$

2.2.2　误差的分类

误差根据其产生的根源可以分为随机误差、系统误差和过失误差。

随机误差（random error，又称**偶然误差**）：在同一测量条件下，多次测量同一量

时，绝对值和符号（正值或负值）都以不可预定的方式变化的误差。国家计量技术规范（JJF 1001—2011）《通用计量术语及定义》中，定义随机误差为测量结果与在重复条件下对同一被测量进行无限多次测量所得结果的平均值之差。由于重复测定只能进行有限次，因此实际的随机误差只是近似估计值。当测量次数足够多时，整体而言，随机误差服从正态分布。

系统误差（systematic error）：又称规律误差，是在一定的测量条件下，对同一个被测量进行多次重复测量时，误差值的大小和符号保持不变；或者在条件变化时，按一定规律变化的误差。系统误差分为方法误差、仪器试剂误差、操作误差和主观误差。

方法误差：由于测量所依据的理论公式本身的近似性，或实验条件不能达到理论公式所规定的要求，或实验方法本身不完善所带来的误差。如用重量法测定溶液中 SO_4^{2-} 含量时，就忽略了 $BaSO_4$ 本身在溶液中的溶解损失，这样会使测量结果偏低。

仪器试剂误差：仪器本身的缺陷或没有按规定条件使用仪器而造成的误差，或是试剂纯度达不到100%造成的测量误差。

操作误差：由于操作人员的生理缺陷、主观偏见、不良习惯或不规范操作而产生的误差。操作误差与操作人员的素质有关，因此，又称为个人误差。

主观误差：由于分析工作者操作不标准而引起的误差称为主观误差。例如，读滴定管数值时偏高或偏低，滴定终点颜色辨别偏深或偏浅。

从以上系统误差产生的原因可见，按照误差出现的规律可以分为不变系统误差和可变系统误差。不变系统误差又称为恒定系统误差或常差。例如，仪器仪表的零点误差在测量过程中对各测量点的影响是常数。变化系统误差指误差绝对值和符号变化的系统误差。按照误差变化的规律又可以分为线性系统误差（如温度对物体长度测量产生的误差）、周期性系统误差（圆盘式指针仪表中指针偏心造成的误差是按正弦函数规律变化的）及复杂规律的系统误差。不变系统误差对测量结果的平均值有影响，对标准偏差没有影响；规律性误差对平均值和标准偏差都有影响。

过失误差（gross error）：由过程中的非随机事件，如工艺泄漏、测量仪表失灵、设备故障等引发的测量数据严重失真现象，致使测量数据的真实值与测量值之间出现显著差异的误差。

任何测量过程及结果总是包含偶然误差和系统误差，个别数据还有过失误差。在单次测量中，各类误差反映在一个具体数据中无法区分每种误差的比例有多大，只有在多次测量时，不同性质的误差才能显露出来，进行区分。

对多次测量结果进行评价有几个指标：精密度、正确度与准确度。

精密度：一定试验条件下，多次试验彼此符合的程度。反映随机误差的大小。

正确度：反映系统误差的大小。

准确度：试验结果与真值一致的程度。准确度是系统误差与随机误差的综合。

2.3　误差的检验

2.3.1　随机误差的估计与检验

1. 随机误差的估计

随机误差的大小可以用极差、标准偏差、方差及变异系数来表示。

极差又称全距（range），计算公式为

$$R = X_{max} - X_{min} \tag{2-14}$$

在统计中常用极差来刻画一组数据的离散程度，以及反映变量分布的变异范围和离散幅度。极差越大，离散程度越大；反之，离散程度越小。极差只指明了测定值的最大离散范围，而未能利用全部测量值的信息，代表性差，不能细致地反映测量值彼此相符合的程度。但极差计算十分简单，仅适用样本容量较小（$n<10$）的情况。

标准偏差计算公式见式（2-13），也称为标准差，是以均值为中心的分散度特征参数。标准差越大，数据越分散，反之数据越集中。标准差单位与实验测定数据单位一致。如 A、B 两组各有六名学生参加同一次语文测验，A 组的分数为 95、85、75、65、55、45，B 组的分数为 73、72、71、69、68、67。这两组的平均数都是 70，但 A 组的标准差为 17.08 分，B 组的标准差为 2.16 分，说明 A 组学生之间的差距要比 B 组学生之间的差距大得多。

方差（variance）即标准偏差的平方，也可用来度量随机变量和其均值之间的偏离程度。

$$s^2 = \frac{\sum_{i=1}^{n}(x_i - \overline{x})^2}{n-1} \tag{2-15}$$

变异系数 CV（coefficient of variation）即相对标准偏差，反映数据相对波动的大小。变异系数没有单位。

$$\mathrm{CV} = \frac{s}{\overline{x}} \tag{2-16}$$

2. χ^2 检验

χ^2 检验适用于总体方差的检验，即在数据总体方差已知的情况下，对数据随机误差和精密度进行检验。

一组数据服从正态分布，则统计量为

$$\chi^2 = \frac{(n-1)s^2}{\sigma^2} \tag{2-17}$$

服从自由度为 df=n–1 的 χ^2 分布，将按照式（2-17）计算的结果与附录 1 中相应显著

性水平 α 的临界值进行比较，即可判断两方差是否存在显著差异。显著性水平 α 是两方差具有显著差异的概率，或者说两方差无显著差异的概率为 $1-\alpha$，α 一般取 0.05 或 0.01。χ^2 检验分为双侧检验和单侧检验，双侧检验（two-side/tailed test）时，$\chi^2_{1-\alpha/2} < \chi^2 < \chi^2_{\alpha/2}$，可判断该数据与原总体方差无显著差异，反之有显著差异。单侧检验（one-side/tailed test）时，$\chi^2 > \chi^2_{1-\alpha}(df)$，则判断该组数据与原总体方差无显著减小，否则有显著减小，此为左侧检验；若 $\chi^2 < \chi^2_{\alpha}(df)$，则判断该数据的方差与原总体方差无显著增大，否则为有显著增大，此为右侧检验。如果对所研究的问题只需判断有无显著差异，则采用双侧检验，若所关注的是某参数是否比某值偏大（或偏小），则宜用单侧检验。

例题 2-6 从过去的生产数据可知某厂生产的二极管的寿命服从均值 2350 h、标准差为 25 h 的正态分布，抽检一周内生产的 15 件样品的使用寿命，数据如下：2325，2360，2325，2351，2321，2335，2385，2325，2355，2361，2349，2345，2368，2356，2340。试在显著性水平为 0.05 的条件下，检验这批二极管的寿命稳定性是否有所变化。

解：本题的寿命稳定性是指数据的波动情况，检测结果变大或变小都认为是有变化，因此用 χ^2 双侧检验。

$$s = 18.40, \quad s^2 = 338.49$$

$$\chi^2 = \frac{(n-1)s^2}{\sigma^2} = \frac{14 \times 338.49}{25^2} = 7.582$$

由题意，n=15，df=14，α=0.05，查表得 $\chi^2_{0.975}(14)$=5.629，$\chi^2_{0.025}(14)$=26.119。

可见 χ^2 落在（5.629，26.119）之内，所以本周生产的二极管寿命的稳定性没有变化。

例题 2-7 某化工厂乙醇车间进行技术改造，以减小产品中副产品甲醇含量的波动性，原生产工艺中甲醇含量的方差 σ^2=0.29，技术改革后，进行抽检，样品数为 24 个，结果样品中甲醇含量的方差 s^2=0.13，技术改革后副产品甲醇含量的波动性是否更小（α=0.05）？

解：考察技术改革后甲醇含量的波动性是否更小，应该用 χ^2 单侧（左侧）检验。

$$\chi^2 = \frac{(n-1)s^2}{\sigma^2} = \frac{23 \times 0.13}{0.29} = 10.31$$

查表得，$\chi^2_{0.95}(23)$=13.091＞χ^2=10.31，因此技术改革后甲醇含量波动性显著减小了。技术改革对稳定产品质量有明显效果。

3. *F* 检验

F 检验适用于两组具有正态分布的试验数据之间精密度的比较。设两组数据的样本方差分别为 s_1^2 和 s_2^2，则

$$F = \frac{s_1^2}{s_2^2} \tag{2-18}$$

F 服从第一自由度为 n_1-1、第二自由度为 n_2-1 的 *F* 分布，当双侧检验时，若 $F_{1-\alpha/2}$（df_1，df_2）＜F＜$F_{\alpha/2}$（df_1，df_2），则两组数据精密度无显著差异，否则有显著

差异。单侧检验时，一般认为方差小的数据为 s_1^2，方差大的为 s_2^2，以此保证 $F<1$，当 $F>F_{1-\alpha}$（df_1，df_2），则判断 s_1 比 s_2 无显著减小，否则为有显著减小。

例题 2-8　用原子吸收光谱法（方法一）测定金属 Zn 含量和络合滴定法（方法二）测定金属 Zn 含量，得到 $n_1=12$，$s_1^2=4.25\times10^{-5}$；$n_2=16$，$s_2^2=1.38\times10^{-4}$，吸收光谱法是否比滴定法精密度有显著提高？

解：欲判断吸收光谱法是否比滴定法精密度有显著提高，这是 F 单侧检验的问题

$$F=\frac{s_1^2}{s_2^2}=\frac{4.25\times10^{-5}}{1.38\times10^{-4}}=0.308$$

查表得，$F_{0.95}(11，15)=0.368>F=0.308$，说明吸收光谱法比滴定法精密度有显著提高。

2.3.2　系统误差的检验

相同条件下的多次重复试验不能发现系统误差，只有改变形成系统误差的条件（如改变检测手段）才有可能发现系统误差。当试验数据的平均值与真值差异较大，试验值的正确度不高时，可能试验数据和试验方法存在系统误差，应该对试验数据的平均值进行检验，也就是对系统误差进行检验，以便发现系统误差，及时减小和消除系统误差。

用高一等级的量具检查低等级的量具，此时认为高等级量具的测量结果为真值，低等级量具的多次测量结果的均值与高等级量具测量结果的差值即为低等级量具的系统误差。系统误差的检验还可以通过秩和检验法、数据比较法、标准偏差比较法、阿贝检验法和 t 检验法加以判断。

1. 秩和检验法

用两种不同方法测定，得到两组试验数据，数据个数为 n_1、n_2，将 n_1+n_2 个数据从小到大排列，写出每个试验值的次序（称为秩），求出第一组数据的秩和 R_1、第二组数据的秩和 R_2。若 R_1 和 R_2 在临界值表（附录 6）范围内，则两种方法没有显著差异。

例题 2-9　用一种新显色剂测定 Pd，旧方法测得吸光度数据为：0.128、0.132、0.125、0.124，旧方法没有系统误差，新显色剂四次测定结果为：0.129、0.137、0.135、0.139，新方法是否有系统误差？

解：将所有数据排序（表 2-5）：

$$R_1=1+2+3+5=11,\qquad R_2=4+6+7+8=25$$

查表：$\alpha=0.05$ 时，$T_1=12$，$T_2=24$。

$R_1<T_1$，所以新显色剂有系统误差。

表 2-5　新旧方法测定结果的秩

	1	2	3	4	5	6	7	8
旧	0.124	0.125	0.128		0.132			
新				0.129		0.135	0.137	0.139

注：秩和检验法中，如果几个数据相等，则秩相同，等于相应几个数据秩的算术平均值。

2. 数据比较法

若对同一物理量进行多次测量，则其结果之间不存在系统误差的条件是

$$\left|\overline{x}_i - \overline{x}_j\right| < 2\sqrt{s_i^2 + s_j^2} \tag{2-19}$$

对例题 2-9 进行计算得到 X_{new}=0.135，S_{new}=0.00432；X_{old}=0.127，S_{old}=0.00359。则

$$\left|\overline{x}_{\mathrm{new}} - \overline{x}_{\mathrm{old}}\right| = 0.008$$

$$2\sqrt{s_i^2 + s_j^2} = 2\times(0.00432^2 + 0.00359^2)^{0.5} = 0.01124$$

符合式（2-19）的判据，因此用数据比较法，两种方法不存在系统误差，即新方法没有系统误差。

3. 标准偏差比较法

在测量结果中如果出现非正态分布的系统误差，则测量结果也将偏离正态分布，因此检验测量结果的正态性，可发现系统误差的存在。用一些简单的计算来检验即可以判断数据的正态性。

根据贝塞尔公式：

$$s_1 = \sqrt{\frac{1}{n-1}\sum_{i=1}^{n}(x_i - \overline{x})^2} \tag{2-20}$$

和彼得斯公式：

$$s_2 = \frac{1.253}{\sqrt{n(n-1)}}\sum_{i=1}^{n}\left|x_i - \overline{x}\right| \tag{2-21}$$

令

$$u = s_1/s_2 - 1 \tag{2-22}$$

若 $u \geqslant \dfrac{2}{\sqrt{n-1}}$，则认为测量中存在系统误差。

4. 阿贝检验法

阿贝判据特别适用于周期规律性的系统误差。若 n 个测量结果依次排列为 $x_1, x_2, \cdots, x_n$，其误差分别为 $\delta_1, \delta_2, \cdots, \delta_n$，则相邻两个测量值的差值为 $\delta_n-\delta_{n+1}$，如果 δ_n 和 δ_{n+1} 都包含系统误差，则在差值 $\delta_n-\delta_{n+1}$ 中系统误差会抵消或部分抵消。若系统误差以测量的顺序呈现周期性的正负号变化，可以认为测量序列中存在周期性的有规律的系统误差。此方法只有在系统误差明显大于随机误差时才能有效运用。

设：

$$A = \sum_{i=1}^{n}\delta_i^2 \tag{2-23}$$

$$B = (\delta_1 - \delta_2)^2 + (\delta_2 - \delta_3)^2 + \cdots + (\delta_{n-1} - \delta_n)^2 + (\delta_n - \delta_1)^2 \tag{2-24}$$

令

$$\left|\frac{2A}{B}-1\right|_{\max}=\frac{2}{\sqrt{n}} \tag{2-25}$$

若满足

$$\left|\frac{2A}{B}-1\right|<\left|\frac{2A}{B}-1\right|_{\max} \tag{2-26}$$

则认为不存在规律性系统误差。

5. t 检验法

1）平均值与给定值的比较

若一组试验数据服从正态分布，欲确定该组数据的算术平均值与给定值是否具有显著差异，应检验统计量

$$t=\frac{\overline{x}-\mu_0}{s}\sqrt{n} \tag{2-27}$$

t 服从自由度 $df=n-1$ 的 t 分布（附录 2），其中 $\overline{x}$ 是试验数据的算术平均值，s 是样本标准偏差，μ_0 是给定值，可以是真值、期望值或标准值。在一定的显著性水平下，t 与 $t_{表}$ 对比，可以得出检验结论。

双侧检验时，若 $t<t_{\alpha/2}$，则试验数据的平均值与给定值无显著差异；单侧检验时，若 $t<0$，且 $|t|<t_{\alpha}$，则试验数据的平均值与给定值相比无显著减小，否则为显著减小，此为左侧检验；若 $t>0$，且 $t<t_{\alpha}$，则试验数据的平均值与给定值相比无显著增大，否则为显著增大，此为右侧检验（注意：上述 $t_{\alpha/2}$ 和 t_{α} 是查 t 分布单侧分位数表得到的）。

2）两个平均值的比较

设有两组数据，都服从正态分布，两组数据的平均值分别为 $\overline{x}_1$、$\overline{x}_2$，试验次数分别为 n_1、n_2，根据两组试验数据的方差是否存在显著差异分以下两种情况分析。

（1）当两组数据方差无显著差异时，统计量：

$$t=\frac{\overline{x}_1-\overline{x}_2}{s}\sqrt{\frac{n_1 n_2}{n_1+n_2}} \tag{2-28}$$

服从 $df=n_1+n_2-2$ 的 t 分布，其中 s 为合并标准差：

$$s=\sqrt{\frac{(n_1-1)s_1^2+(n_2-1)s_2^2}{n_1+n_2-2}} \tag{2-29}$$

（2）当两组数据精密度或方差存在显著差异时，则统计量：

$$t=\frac{\overline{x}_1-\overline{x}_2}{\sqrt{\dfrac{s_1^2}{n_1}+\dfrac{s_2^2}{n_2}}} \tag{2-30}$$

服从自由度为 df 的 t 分布，其中

$$\mathrm{d}f=\frac{\left(\dfrac{s_1^2}{n_1}+\dfrac{s_2^2}{n_2}\right)^2}{\dfrac{\left(\dfrac{s_1^2}{n_1}\right)^2}{n_1+1}+\dfrac{\left(\dfrac{s_2^2}{n_2}\right)^2}{n_2+1}}-2 \tag{2-31}$$

t 与 t_α 比较，得出检验结果。双侧检验时，若 $|t|<t_{\alpha/2}$，则试验数据的两平均值无显著差异；单侧检验时，若 $t<0$，且 $|t|<t_\alpha$，则平均值 1 与平均值 2 比较无显著减小，否则为显著减小，此为左侧检验；若 $t>0$，且 $t<t_\alpha$，则平均值 1 与平均值 2 比较无显著增大，否则为显著增大，此为右侧检验。

例题 2-10　某食品含脂率服从正态分布，抽样分析该食品在处理前后的含脂率数据，得到表 2-6 所示结果，请在显著性水平为 0.05 的条件下，检验处理前后食品含脂率差异是否显著。

表 2-6　处理前后食品含脂率比较

处理前的含脂率/%	0.19	0.18	0.21	0.30	0.40	0.12	0.27	0.25	0.32	
处理后的含脂率/%	0.15	0.13	0.07	0.24	0.19	0.06	0.08	0.12	0.14	0.16

解：先判断两组数据的方差间是否存在显著差异。

$$n_1=9,\quad \overline{x}_1=0.2489,\quad s_1=0.0846$$

$$n_2=10,\quad \overline{x}_2=0.134,\quad s_2=0.0558$$

$$F=\frac{s_1^2}{s_2^2}=\frac{0.0846^2}{0.0558^2}=2.299$$

查表得 $F_{0.05}(8,9)=3.23>F$，所以两者方差没有显著差异。

再进行 t 检验：

$$s=\sqrt{\frac{(n_1-1)s_1^2+(n_2-1)s_2^2}{n_1+n_2-2}}=\sqrt{\frac{8(0.0846^2)+9(0.0558^2)}{9+10-2}}=0.07084$$

$$t=\frac{\overline{x}_1-\overline{x}_2}{s}\sqrt{\frac{n_1n_2}{n_1+n_2}}=\frac{0.2489-0.134}{0.07084}\sqrt{\frac{9\times10}{9+10}}=3.53>0$$

查表得 $t_{0.05,17}=1.74<t$，则处理前含脂率显著高于处理后，说明处理效果显著。

在断定两组数据方差之间没有显著差异后，可以利用 Excel 的双样本等方差假设进行平均值差异的检验（图 2-8）。

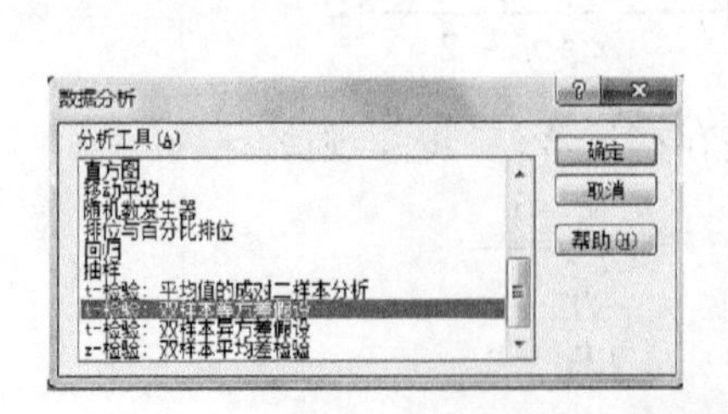

t检验：双样本等方差假设

	处理前	处理后
平均	0.248889	0.134
方差	0.007161	0.003116
观测值	9	10
合并方差	0.005019	
假设平均差	0	
df	17	
t Stat	3.529384	
P(T<=t) 单尾	0.001287	
t 单尾临界	1.739607	
P(T<=t) 双尾	0.002575	
t 双尾临界	2.109816	

图 2-8　双样本等方差假设检验

3）成对 t 检验

成对 t 检验中数据是成对出现的，除此之外其他条件相同。成对数据的比较是将数据对之差的平均值与零或指定值进行比较，采用的统计量为

$$t = \frac{\bar{d} - d_0}{s_{\mathrm{d}}}\sqrt{n} \tag{2-32}$$

其中，d_0 为给定值或零；$\bar{d}$ 是成对测定值差的算数平均值：

$$\bar{d} = \frac{\sum_{i=1}^{n} d_i}{n} \tag{2-33}$$

s_{d} 是 n 对试验值差的样本标准偏差：

$$s_{\mathrm{d}} = \sqrt{\frac{\sum_{i=1}^{n}(d_i - \bar{d})^2}{n-1}} \tag{2-34}$$

上述 t 服从 $\mathrm{d}f=n-1$ 的 t 分布，如果$|t| < t_{\alpha/2}$，则成对数据之间无显著差异，否则有显著差异。

成对数据的 t 检验与两组数据平均值的 t 检验是有差异的，如某鞋厂原有一种材质的鞋底材料 A，现研发出一种新的鞋底材料 B，欲比较两种材料耐磨性的高低需要 40 人进行试穿试验。方案一：材料 A 和 B 各生产 10 双鞋，分别随机分配给 10 人试穿，3 个月后检测磨损量。方案二：材料 A 和 B 各生产 10 双鞋，随机配成左右不同材料的 20 双鞋，随机分配给 20 人试穿，3 个月后检测磨损量。方案一属于两组数据平均值的 t 检验；方案二是成对数据的 t 检验。两者的差异在于：方案一没有充分考虑测试者之间的差异，有的人喜欢运动，有的喜欢宅在家里，如果穿了旧材料鞋底的测试者运动较少，鞋底磨损较少，而新材料的测试者乐于运动，鞋底磨损较大，能得出新材料不如旧材料耐磨的结论吗？显然不能；而方案二充分考虑到这一点，将两种材料分到同一个测试者的两只脚上，两个材料的使用情况基本相当，磨损程度的差异可以体现出材料的差异。

例题 2-11　某鞋厂原有一种材质的鞋底材料 A，现研发出一种新的鞋底材料 B，欲比较两种材料耐磨性的高低需要 20 人进行试穿试验。用材料 A 和 B 各生产 10 双鞋，随机配成左右不同材料的 20 双鞋，随机分配给 20 人试穿，3 个月后检测磨损量结果如表 2-7 所示，问材料 A、B 耐磨性是否有显著差异。

表 2-7　两种材料制成鞋底穿着 3 个月后磨损量（mm）对比

A 材料鞋磨损量	1.53	1.62	1.18	1.23	1.46	0.79	2.38	1.45	1.42	1.84	1.93	2.05	1.81	1.72	1.69	0.53	1.37	1.98	2.17	2.05
B 材料鞋磨损量	1.48	1.63	1.19	1.19	1.40	0.75	2.28	1.42	1.35	1.78	1.88	2.01	1.82	1.68	1.62	0.51	1.36	1.94	2.10	2.02
差值	0.05	–0.01	–0.01	0.04	0.06	0.04	0.10	0.03	0.07	0.06	0.05	0.04	–0.01	0.04	0.07	0.02	0.01	0.04	0.07	0.03

解：如果 B 材料与 A 材料没有显著差异，则两只鞋的磨损程度相当，$d_0=0$

$$\overline{d}=\frac{\sum_{i=1}^{n}d_i}{n}=0.0395\ \text{mm}$$

$$s_{\rm d}=0.02928\ \text{mm}$$

$$t=\frac{\overline{d}-d_0}{s_{\rm d}}\sqrt{n}=\frac{0.0395-0}{0.02928}\sqrt{20}=6.032$$

查表得$t_{0.025,19}$=2.0930，说明B材料与A材料有显著差异，从平均值看$H_{A平均}$=1.61 mm，$H_{B平均}$=1.57 mm，说明B材料的耐磨程度明显好于A材料。

Excel分析工具中也可以对成对的数据进行t检验，如图2-9所示。

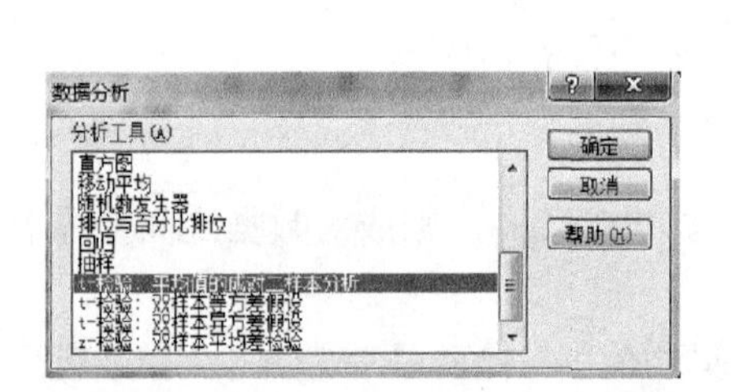

t检验：成对双样本均值分析		
	变量 1	变量 2
平均	1.61	1.5705
方差	0.208463	0.198721
观测值	20	20
泊松相关系数	0.99818	
假设平均差	0	
df	19	
t Stat	6.032005	
P(T<=t) 单尾	4.19E-06	
t 单尾临界	1.729133	
P(T<=t) 双尾	8.39E-06	
t 双尾临界	2.093024	

图2-9　成对双样本的均值分析

2.4　异常值的取舍

异常值是指偏差特别大的试验数据。异常值往往由过失误差引起，对异常值的取舍要慎重。异常值的发现及处理通常有以下三种情况：①试验中发现异常值，应停止试验，分析原因，纠正错误；②试验结束发现异常值，先找原因，再进行取舍；③不明原因的异常值应通过统计处理，再进行取舍。对异常值进行统计处理有以下几种方法。

2.4.1　拉依达准则

拉依达（Райта）准则又称3σ法。若实验数据总体符合正态分布，随机误差超过3σ（有时用标准偏差s代替σ）的测量值出现的概率约为0.3%，这在一般测量次数不多时不易出现（小概率事件），如果出现则认为该值是由于某种错误造成的，可以舍弃（注意：σ的计算包括可疑值在内）。

2.4.2　格鲁布斯法

3σ法检验可疑值仅对应于置信度为99.7%的情况，格鲁布斯（Grubbs）法可以说是对3σ法的修正，用λs代替3σ，异常值的取舍与置信度有关，还与实验次数有关。附录7中给出了不同置信度下的λ值，异常值与平均值之差大于临界值$\lambda_{\alpha,n}\times s$则认为异常值应该舍弃。

例题2-12　某试验测定溶液中金属锌的含量，得到如下结果：0.1011、0.1010、

0.1012、0.1016，用格鲁布斯法则判断置信度为 95%时，0.1016 是否应该舍弃。

解：查表得 α=0.05 时，λ=1.463

$$\bar{x}=(0.1011+0.1010+0.1012+0.1016)/4=0.101225$$

$$s=0.000263$$

$$|\bar{x}-x|=0.1016-0.101225=0.000375$$

$$\lambda s=1.463\times0.000263=0.000385$$

$|\bar{x}-x|<\lambda s$，所以异常值 0.1016 不需要舍弃。

2.4.3　狄克逊准则（Q检验法）

将试验数据排序，异常值肯定出现在两端，异常值与相邻值之差占极差的比例（又称为舍弃商）可以用来判断异常值是保留还是舍弃，测试数据较多时会出现多个异常值的情况，因此舍弃商的计算公式随着测量数据增加会有一些改变（附录 8）。根据公式求出 f_0，与 $f_{\alpha,n}$ 比较，$f_0>f_{\alpha,n}$ 时异常值舍弃。

例题 2-12 中 n=4$f_0=(x_n-x_{n-1})/(x_n-x_1)$=0.0004/0.0006=0.667

$f_{0.05,3}=0.886>f_0$，所以根据狄克逊（Dixon）准则异常值 0.1016 应该保留。

2.4.4　肖维涅准则

肖维涅（Chauvenet）准则：在 n 次测量中，离群值与平均值的偏差是 d_i，凡等于或大于此偏差的所有偏差出现的概率均小于 1/2n 时，此测量值应舍去。不同测量次数对应的概率小于等于 1/2n 的临界值对应的 d_i/s 的肖维涅检验（C_n）数值见表 2-8。

表 2-8　Chauvenet 检验（C_n）数值表

n	3	4	5	6	7	8	9	10	11	12	13	14	15	16
C_n	1.38	1.53	1.65	1.73	1.80	1.86	1.92	1.96	2.00	2.03	2.07	2.10	2.13	2.15

设离群值与平均值的差为 d_i，当

$$\left|\frac{d_i}{s}\right|\geqslant C_n \tag{2-35}$$

时，离群值应舍弃，反之保留。

例题 2-13　有一组含铁的试样，经多次测定结果分别为：1.52，1.46，1.61，1.54，1.55，1.49，1.68，1.46，1.83，1.50。1.83 是否应舍弃？

解：$\bar{x}$=1.564，$d_{1.83}$=0.266，s=0.1156，$\left|\frac{d_i}{s}\right|=\left|\frac{0.266}{0.1156}\right|=2.301\geqslant C_{10}=1.96$

因此 1.83 应舍弃。

2.4.5　t检验法

一组测量值中 x_b 为离群值，不包含 x_b 的平均值和标准偏差分别为 $\tilde{x}$、$\tilde{s}$，若

$$\frac{|x_{\mathrm{b}}-\tilde{x}|}{\tilde{s}}>K_{\alpha,n} \tag{2-36}$$

则离群值 x_{b} 为异常值，舍弃；否则应保留。

$$K_{\alpha,n}=t_{\alpha,n-2}\sqrt{\frac{n}{n-1}} \tag{2-37}$$

$K_{\alpha,n}$ 的数值见表 2-9。

表 2-9　t 检验 $K_{\alpha,n}$ 数值表

α	N												
	4	5	6	7	8	9	10	11	12	13	14	15	16
0.01	11.46	6.53	5.04	4.36	3.96	3.71	3.54	3.41	3.31	3.23	3.17	3.12	3.08
0.05	4.97	3.56	3.04	2.78	2.62	2.51	2.43	2.37	2.33	2.29	2.26	2.24	2.22

例题 2-13 中，$\tilde{x}=1.5344$ 和 $\tilde{s}=0.07213$，$\frac{|x_{\mathrm{b}}-\tilde{x}|}{\tilde{s}}=4.097$，查表得 $K_{0.05,10}$=2.43，离群值异常，舍弃。

以上介绍了实验数据中异常值检验的几种方法，有时几种方法的判断结果不尽相同，几种方法各有利弊：3σ 法简单，无需查表，经常用 s 代替 σ，但是当 n=10 时，$s=\sqrt{\frac{\sum d_i^2}{n-1}}=\sqrt{\frac{\sum d_i^2}{9}}=\sqrt{\frac{\sum d_i^2}{3}}\geqslant d_{\mathrm{b}}$（$d_{\mathrm{b}}$ 为离群值偏差），因此 $3s\geqslant d_{\mathrm{b}}$，说明 10 次以内的测量用 $3s$ 为判据，即使有异常值也无法剔除，故有时用 $2s$ 准则（置信度 95%）为判据，此时 5 次以内的测量异常值无法剔除。肖维涅准则是经典方法，但没有考虑自由度的大小，没有固定的概率意义，当 $n\to\infty$时，理论上 $C_n\to\infty$，此时所有异常值都无法剔除。t 检验法和格鲁布斯法给出了较严格的结果。在实际应用时应该标明所使用的检测方法，精细实验中可以选用两到三种方法加以判别。

2.5　有效数字运算及误差传递

2.5.1　数字修约规则

有效数字（significance figure）：能代表一定物理量的数字，能反映试验的精度。

有效数字的位数：从第一个非 0 数字计起的数字个数。

修约：各测量值有效数字位数可能不同，因此计算之前要先对各测量值进行修约。应保留的有效数字位数确定后，其余尾数一律舍弃的过程称为修约。修约应一次到位，不能多次修约。

数字修约规则："四舍六入五成双"。"四舍六入五成双"是一种比较精确、比较科学的计数保留法，是一种数字修约规则。对于位数很多的近似数，当有效位数确定后，其后面多余的数字应该舍去，只保留有效数字最末一位，这种修约（舍入）规则是“四舍六入五成双”，具体规则如下：①被修约的数字等于或小于 4 时，该数字舍去；②被修约的数字等于或大于 6 时，则进位；③被修约的数字等于 5 时，要看 5 前面的数字，若是奇数则进位，若是偶数则将 5 舍掉，即修约后末尾数字都成为偶数；若 5 的后面还有不为“0”的任何数，则此时无论 5 的前面是奇数还是偶数，均应进位。

例如，利用上述规则修约下列数据，保留 3 位有效数字。

$$9.8249=9.82 \qquad 9.82671=9.83$$
$$9.8350=9.84 \qquad 9.8351=9.84$$
$$9.8250=9.82 \qquad 9.82501=9.83$$

从统计学的角度，“四舍六入五成双”比“四舍五入”要科学，在大量运算时，它使舍入后的结果误差的均值趋于零，而不像“四舍五入”那样逢五就入，导致结果偏向大数，使得误差产生积累进而产生系统误差，“四舍六入五成双”使测量结果受到舍入误差的影响降到最低。

例如，1.15+1.25+1.35+1.45=5.2，若按“四舍五入”取一位小数计算：1.2+1.3+1.4+1.5=5.4；按“四舍六入五成双”计算：1.2+1.2+1.4+1.4=5.2，舍入后的结果更能反映实际结果。

运算结果的有效数字位数的确定按照如下规则进行。

加减：结果与小数点后位数最少的相同。

乘除：以有效数字位数最少的计。乘除法中若第一位数字大于或等于 8，可多计一位。

乘方开方：结果位数与底数相同。

对数：位数与真数相同。

常数、手册上的数据：根据需要取舍。

一般计算取 2～3 位，分析化学计算取 4 位。

2.5.2　误差传递

测量分为直接测量和间接测量，如长度、时间、温度等物理量可以直接测量，但更多的物理量是通过间接测量得到的。间接测量结果的误差是测量各个环节共同作用的结果，各个直接测量的物理量对间接测量结果的影响是误差传递研究的主要内容。

1. 函数误差

间接测量量是通过直接测量量经过运算得到的，间接测量量的误差也是各个直接测得值误差的函数，故称间接测量量的误差为函数误差，其实质就是误差传递的问题。

已知间接测量量 Y 是由直接测量结果 $X_1, X_2, \cdots, X_n$ 计算得出的，Y 与各 X 之间存在函数关系：

$$Y = f(X_1, X_2, X_3, \cdots, X_n)$$

$$dY = \frac{\partial f}{\partial X_1}dX_1 + \frac{\partial f}{\partial X_2}dX_2 + \cdots + \frac{\partial f}{\partial X_n}dX_n$$

$$\Delta Y = \frac{\partial f}{\partial X_1}\Delta X_1 + \frac{\partial f}{\partial X_2}\Delta X_2 + \cdots + \frac{\partial f}{\partial X_n}\Delta X_n \tag{2-38}$$

1）加减运算

$$\begin{gathered} Y = mA + nB - C \\ dY = m dA + n dB - dC \end{gathered} \tag{2-39}$$

在加减运算中，结果的绝对误差等于各直接测量量绝对误差的代数和。

2）乘除运算

$$Y = \frac{A}{BC}$$

$$dY = \frac{\partial Y}{\partial A}dA + \frac{\partial Y}{\partial B}dB + \frac{\partial Y}{\partial C}dC = \frac{1}{BC}dA - \frac{A}{CB^2}dB - \frac{A}{BC^2}dC$$

$$\frac{dY}{Y} = \frac{dA}{A} - \frac{dB}{B} - \frac{dC}{C} \tag{2-40}$$

乘除运算中，结果的相对误差等于各个测量结果相对误差的代数和。

3）对数运算

$$Y = m + k\ln A$$

$$dY = \frac{dY}{dA}dA = k\frac{dA}{A} \tag{2-41}$$

4）幂函数运算

$$Y = m + A^k$$

$$dY = \frac{dY}{dA}dA = kA^{k-1}dA \tag{2-42}$$

例题 2-14　能斯特方程为 $E=E^0+0.029\lg C_x$，用于测定浓度时电位测定的误差为 0.1 mV，求分析结果的相对误差。

解：

$$E = E^0 + 0.029\lg C_x = E^0 + \frac{0.029\ln C_x}{2.303}$$

$$dE = \frac{0.029}{2.303}\frac{dC_x}{C_x}$$

$$\frac{dC_x}{C_x} = \frac{2.303 dE}{0.029} = 0.8\%$$

例题 2-15　试分析在吸光光度法中，吸光度为多大时，测定结果的相对误差最小。

解：朗伯-比尔定律为

$$A = \varepsilon bc \quad A = -\lg T, \quad T = 10^{-A}$$

相对误差

$$\frac{\mathrm{d}c}{c}=\frac{\mathrm{d}A}{A}$$

$$A=-\lg T=-\frac{1}{2.303}\ln T$$

$$\mathrm{d}A=-2.303\frac{\mathrm{d}T}{T}=-0.4343\mathrm{d}T\times 10^{A}$$

$$E_{\mathrm{r}}=-0.4343\mathrm{d}T\times 10^{A}/A$$

若使误差最小，则对 E_{r} 求导得 0。

$$\frac{\mathrm{d}E_{\mathrm{r}}}{\mathrm{d}A}=-0.4343\mathrm{d}T\times\frac{10^{A}}{A^{2}}(2.303A-1)=0$$

解得

$$A=0.4343\ (T=36.8\%)$$

即透光率误差 dT 一定，吸光度 A=0.4343 时，测定结果的相对误差最小。

2. 极值误差

总的测量误差等于各个测量误差的代数和，就可能相互抵消，也可能相互叠加，一旦相互叠加就产生最大误差，这个最大误差就称为极值误差。即极值误差是各个测量误差的绝对值之和

$$\Delta y=\sum_{i=1}^{n}\left|\frac{\partial f}{\partial x_i}\Delta x_i\right| \tag{2-43}$$

得到的误差为极值误差

$$y=x_1+x_2,\qquad |\Delta y|=\pm(|\Delta x_1|+|\Delta x_2|) \tag{2-44}$$

$$y=ax_1x_2,\qquad |\Delta y|=\pm(ax_2|\Delta x_1|+ax_1|\Delta x_2|) \tag{2-45}$$

例题 2-16　电学实验中，利用 $I=V/R_0$ 通过测定 V 求电流 I，今欲使 I 的最大绝对误差不超过 0.03 mA，R_0=4000 Ω，V=8 V，V 的测量误差不能大于多少？

解：

$$I=V\frac{1}{R_0}\qquad \Delta I=\frac{1}{R_0}\Delta V$$

$$\Delta V=0.03\times 0.001\times 4000=0.12(\mathrm{V})$$

例题 2-17　测定一截球的体积 $V=\pi/2(hd^2/4+h^3/3)$，d 和 h 的测量值分别为 (18.0±0.1)mm，(12.0±0.1)mm，求体积。

解：

$$V=\frac{\pi}{2}\left(\frac{hd^2}{4}+\frac{h^3}{3}\right)$$

$$=\frac{3.14}{2}\left(\frac{12.0\times 18.0^2}{4}+\frac{12.0^3}{3}\right)=1601.4(\mathrm{mm}^2)$$

$$\Delta V = \frac{\pi}{2}\left(\frac{d^2}{4}\Delta h + \frac{h}{4}2d\Delta d + \frac{3h^2}{3}\Delta h\right)$$
$$= \frac{\pi}{2}\left(\frac{18.0^2}{4}\times 0.1 + \frac{12.0}{4}\times 2\times 18.0\times 0.1 + \frac{3\times 12^2}{3}0.1\right)$$
$$= \frac{\pi}{2}(8.1 + 10.8 + 14.4)$$
$$= 52.3(\text{mm}^3)$$
$$V = 1601.4 \pm 52.3(\text{mm}^3)$$

习　　题

1. 下列情况引起何种误差？如果是系统误差如何消除？

（1）重量分析试样时未在惰性气体中保护，使其发生部分氧化。

（2）重量法测定时杂质与被测组分生成共沉淀。

（3）过滤时使用了定性滤纸，使沉淀损失。

（4）转移试液时溅出一滴。

（5）标定溶液使用了化学纯试剂。

（6）滴定分析时，终点与化学计量点不一致。

（7）电压波动影响天平读数。

（8）环境温度变化对容量仪器的影响。

2. 用氧化还原法测得 $FeSO_4·7H_2O$ 中铁的含量（%）为 10.01、10.03、10.04、10.05，计算分析结果的平均值、单次测量的平均偏差、相对平均偏差、标准偏差和相对标准偏差。

3. 称取 $MgSO_4·7H_2O$（泻盐）0.5403 g，将其溶解，在一定条件下沉淀为 $MgNH_4PO_4$，经过滤、洗涤、灼烧，最后得到 $Mg_2P_2O_7$ 0.1980 g。如果天平称量时的标准偏差 s=0.10 mg，计算分析结果 x 及其标准偏差 s_x。

4. 用碘量法测定铜合金试样中铜的含量（%），7 次测定结果为 70.52、70.61、70.50、70.58、70.35、70.64、70.53。分别用 3σ 法、Q 检验法（置信度为 95%）和格鲁布斯检验法（置信度为 95%）检验以上测定结果中有无应舍弃的离群值，并比较三种结果。

5. 某铁矿样中铁含量（%）的 4 次测定结果为 60.14、60.20、60.04、60.25，如果第五次测定结果不被 Q 检验法所舍去，那么它应该在什么范围之内？（置信度为 95%）

6. 用两种基准物质标定 HCl 溶液的浓度，得到下列结果：

A：0.09896 $mol·L^{-1}$、0.09891 $mol·L^{-1}$、0.09901 $mol·L^{-1}$、0.09896 $mol·L^{-1}$

B：0.09911 $mol·L^{-1}$、0.09896 $mol·L^{-1}$、0.09886 $mol·L^{-1}$、0.09901 $mol·L^{-1}$、0.09906 $mol·L^{-1}$

这两组数据之间是否存在显著差异？（置信度为 90%）

7. 用某法分析烟道煤气中 SO_2 的含量，得到以下结果：2.88、2.92、2.90、2.88、2.86、2.85、2.71、2.86、2.87、2.99。分别用 3σ 法和 Q 检验法（置信度为 95%）判断有无异常值需要舍弃。

8. 某学生分析一矿石中 Sn 的含量，得到以下结果：10.53、10.51、10.55。试用 Q 检验法确定第四次测定结果不被舍弃的最高值和最低值。（置信度为 95%）

第3章　方 差 分 析

3.1　基 本 概 念

试验指标（experimental index）：用来衡量试验效果的物理量。试验指标分为定性指标（qualitative index）和定量指标（quantitative index）。定量指标是可以准确数量定义、精确衡量并能设定绩效目标的考核指标，如反应收率、选择性、跑步比赛的时间、跳远比赛的距离等都是定量指标；定性指标是指无法直接通过数据计算分析评价内容，需对评价对象进行客观描述和分析来反映评价结果的指标，如学生考查课的成绩（通过、未通过或优、良、中、差）、钢铁着色的颜色、金属抛光的效果（光亮、平整、发雾）等。本书中数据处理需要的试验指标为定量指标。对于定性指标可以请有经验的人员对结果进行打分，使其转化为定量指标。

因素（experimental factor）：影响试验指标的物理量。因素可以分为可控因素和不可控因素：可控因素是指能够准确调节、控制的物理量，如反应温度、压力、反应物配比等；不可控因素是指无法人为控制的物理量，如环境温度、大气压力等。本书中所指因素主要为可控因素。方差分析所涉及的因素可以是数量性的因素，如反应压力等；也可以是属性因素，如催化剂的种类甲、乙、丙、丁等。

水平（lever of factor）：因素在试验中所处的状态。例如，反应温度这个因素在200～300℃变化，分别取200℃、220℃、240℃、260℃、280℃和300℃，共6个水平，水平1为200℃，水平2为220℃，等等。

交互作用（interaction）：多因素试验中存在的两个因素对试验指标的联合影响，即因素B对指标的影响与因素A的水平有关，反过来因素A对指标的影响也与因素B的水平有关，则称因素A、B之间存在交互作用，记为$A\times B$或AB。

因素取不同的水平时试验指标值不同，但由于试验中必然存在误差，这个指标值的差异到底是因素水平改变引起的还是试验偶然误差造成的？为了得到一个明确的回答要用到方差分析方法。方差分析（analysis of variance）就是将因素水平变化引起的试验结果间差异与误差的波动引起的试验结果的差异区分开来的一种数学方法。

3.2　单因素方差分析

只针对一个因素的方差分析称为单因素方差分析。下面通过一个具体的实例来学习单因素方差分析如何进行。

3.2.1　单因素方差分析过程

例题 3-1　在固体酸催化剂上甲醇脱水合成二甲醚的反应要考察反应温度对甲醇转化率的影响，为此比较两个反应温度 230℃、250℃下的甲醇转化率，各进行五次试验，结果如表 3-1 所示。

表 3-1　不同温度下重复五次试验产率结果

试验号	A_1（230℃）	A_2（250℃）
1	75	89
2	78	62
3	60	93
4	61	71
5	83	85
平均值	71.4	80

如果没有试验误差，温度因素的每个水平下各进行一次试验就可以比较出哪一个水平较好；但是由于存在试验误差，我们不能从 1 号试验得出 250℃好于 230℃，也不能从 2 号试验得出 230℃好于 250℃。那么通过 5 次重复试验得到的平均结果是否可以说 250℃好于 230℃？虽然平均值的代表性强一些，受误差的影响小一些，但如果不知道误差的大小，仍不能判断这两个平均值的差异是否是由于偶然误差引起的，所以必须对误差引起的指标的波动有个估计。

如果没有偶然误差，A_1 条件下的试验数据应该相同，都应等于其理论值 μ_1，存在偶然误差，使得各个试验值偏离 μ_1，其差值 $75-\mu_1$、$78-\mu_1$ 等试验误差。我们不知道 μ_1 的具体值，但可以用同一条件下的平均值 71.4 来代替 μ_1，则 A_1 水平下五次试验偏差的平方和为

$SS_1=(75-71.4)^2+(78-71.4)^2+(60-71.4)^2+(61-71.4)^2+(83-71.4)^2=429.2$

SS_1 的大小即表示水平 1 时的偶然误差的大小。同样地

$SS_2=(89-80.0)^2+(62-80.0)^2+(93-80.0)^2+(71-80.0)^2+(85-80.0)^2=680.0$

SS_2 的大小即表示水平 2 时的偶然误差的大小。两个偏差总的平方和为偶然误差引起的总偏差平方和：

$$SS_e=SS_1+SS_2=429.2+680=1109.2$$

全部数据总的平均值为

$$\overline{x}=(75+78+60+61+83+89+62+93+71+85)/10=75.7$$

每个数据与总平均值差的平方和反映出数据总的波动程度，用 SS_T 表示：

$$SS_T=(75-75.7)^2+(89-75.7)^2+(78-75.7)^2+\cdots+(85-75.7)^2=1294.1$$

数学上可以证明，SS_T 是由误差引起的波动和因素水平变化引起的波动两部分之和。$SS_T=SS_e+SS_A$，SS_A 是两个平均值 71.4 和 80.0 对总平均偏差的平方和。可以看

作没有偶然误差，五次试验结果完全相等时水平波动引起指标变化的总和。

$$SS_A=5\times(71.4-75.7)^2+5\times(80.0-75.7)^2=184.9$$

偏差平方和不仅与因素变动有关，还与数据个数有关，所以要消除数据个数的影响，应当用平均偏差平方和 SS_A/df_A 与 SS_e/df_e 进行比较。df 称为自由度，即独立数据个数；df_T、df_e、df_A 分别为总自由度、偶然误差项自由度和因素 A 的自由度。

$$df_T = n_T - 1 = 9$$

$$df_A=\text{A 的水平数}-1=1$$

单因素方差分析中

$$df_T=df_A+df_e$$

因此

$$df_e=df_T-df_A=9-1=8$$

记 $F_A=\dfrac{SS_A/df_A}{SS_e/df_e}$，数学推导表明 F_A 符合 $F_\alpha(df_A，df_e)$分布，当 $F_A\geqslant F_\alpha(df_A，df_e)$，就说因素 A 对指标的影响是显著的。本题中，$F=(184.9/1)/(1109.2/8)=1.33<F_{0.05}(1, 8)=5.317$，因此本题中反应温度对转化率没有显著影响。

一般认为：

$F_A\geqslant F_{0.01}(df_A，df_e)$，A 的影响高度显著，记为**；

$F_{0.01}(df_A，df_e)\geqslant F_A\geqslant F_{0.05}(df_A，df_e)$，A 的影响显著，记为*；

$F_{0.05}(df_A，df_e)\geqslant F_A$，A 的影响不显著。

综上所述可以得知单因素方差分析的步骤如下：设某单因素 A 有 r 个水平，每个水平下做了 n_i（$i=1, 2, \cdots, r$）次试验。

1）求组内平均值和总体平均值

$$\overline{x}_i=\frac{1}{n_i}\sum_{j=1}^{n_i}x_{i,j} \tag{3-1}$$

$$\overline{x}=\frac{1}{n}\sum_{i=1}^{r}\sum_{j=1}^{n_i}x_{i,j} \tag{3-2}$$

2）计算组间离差平方和 SS_A、组内离差平方和 SS_e 与总离差平方和 SS_T

组间离差平方和（sum of squares for factor A）计算公式如下

$$SS_A=\sum_{i=1}^{r}\sum_{j=1}^{n_i}(\overline{X}_i-\overline{X})^2=\sum_{i=1}^{r}n_i(\overline{X}_i-\overline{X})^2 \tag{3-3}$$

组内离差平方和（sum of squares for error）计算公式如下

$$SS_e=\sum_{i=1}^{r}\sum_{j=1}^{n_i}(X_{i,j}-\overline{X}_i)^2 \tag{3-4}$$

总离差平方和（sum of squares for total）计算公式如下

$$SS_T=\sum_{i=1}^{r}\sum_{j=1}^{n_i}(X_{i,j}-\overline{X})^2 \tag{3-5}$$

3）求 df_T、df_A、df_e

因为试验次数越多，离差平方和越大，所以不能仅用离差平方和来确定因素及误差对指标的影响，还需考虑试验数据的个数对离差平方和的影响，故需要计算自由度（degree of freedom）。自由度的计算如下

总自由度　　$df_T=n-1$　　（3-6）

因素 A 的自由度　　$df_A=r-1$　　（3-7）

误差项的自由度　　$df_e=n-r$　　（3-8）

因此单因素方差分析　　$df_T=df_A+df_e$　　（3-9）

4）求平均离差平方和 MS_A、MS_e

用离差平方和除以相应自由度得到平均离差平方和（mean squares），简称均方。

$$MS_A=SS_A/df_A \tag{3-10}$$

$$MS_e=SS_e/df_e \tag{3-11}$$

5）F 检验

组间均方和误差均方之比 F 是一个统计量，服从自由度为（df_A，df_e）的 F 分布（F distribution），根据给定的置信度，从附录 4 中查得临界值 F_α（df_A，df_e），如果 $F_A \geqslant F_\alpha$（df_A，df_e）则认为因素 A 对试验结果有显著影响，否则没有显著影响。要注意的是，没有显著影响不等于没影响，只不过是影响没有那么明显，如果降低置信度，可能就有影响了。

$$F_A=\frac{MS_A}{MS_e} \tag{3-12}$$

F_A 与 F_α（df_A，df_e）相比，确定因素对指标的影响是否显著。

方差分析可以通过 Excel 工具自动实现（参照第 1 章图 1-34 的方法加载规划求解的方法加载分析工具库），方差分析步骤如图 3-1 所示。

	A	B	C
1	试验号	A_1（30℃）	A_2（40℃）
2	1	75	89
3	2	78	62
4	3	60	93
5	4	61	71
6	5	73	85

(a) 原始数据输入格式

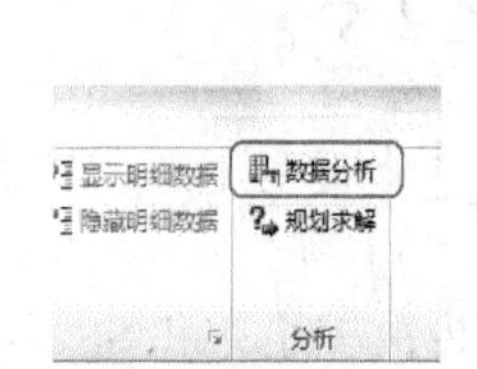

(b) 选择数据分析

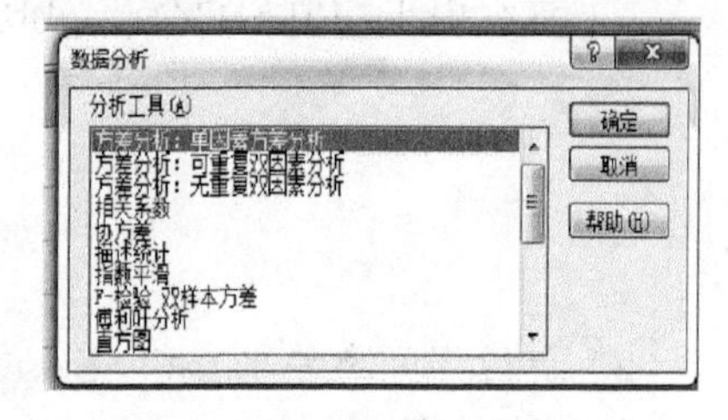

(c) 选择单因素方差分析

方差分析：单因素方差分析
输入
输入区域(I)：$B$1:$C$6
分组方式：列(C)　行(R)
标志位于第一行(L)
α(A)：0.05
输出选项
输出区域(O)：$A$8
新工作表组(P)：
新工作薄(W)
确定　取消　帮助(H)

(d) 选择输入区域和输出区域

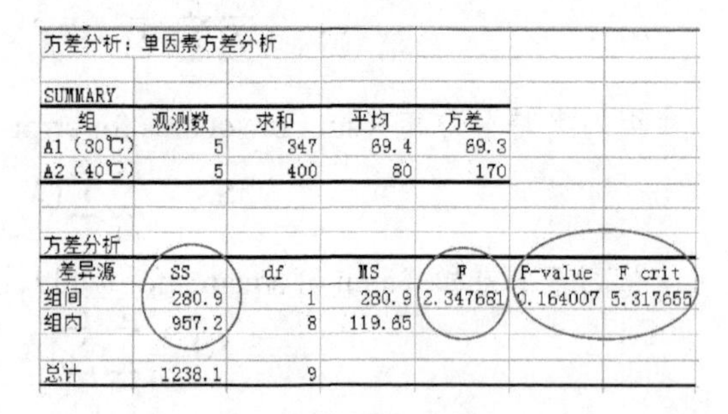

方差分析：单因素方差分析

SUMMARY

组	观测数	求和	平均	方差
A1（30℃）	5	347	69.4	69.3
A2（40℃）	5	400	80	170

方差分析

差异源	SS	df	MS	F	P-value	F crit
组间	280.9	1	280.9	2.347681	0.164007	5.317655
组内	957.2	8	119.65			
总计	1238.1	9				

(e) 方差分析结果

图 3-1　单因素方差分析步骤

单因素方差分析的结果如图 3-1（e）所示。最终结果除了显示出组内离差平方和、组间离差平方和、均方差和自由度以外，还给出了 F 判据，题中选的置信度为 95%，F 判据为 5.32。表中“P-value”是指若认为该 F 值（2.35）对指标有显著影响时的显著性水平为 0.164，即置信度为 83.6%。

3.2.2　单因素方差分析的多重检验

通过方差分析，如果否定原假设，则 m 个水平中至少有两个水平之间存在显著差异，此时应进一步检验哪些水平之间有显著差异，这就需要采用多重检验（multiple comparisons）的方法进行分析。而如果因素对指标没有显著影响，则不必进行多重检验分析。多重检验的方法很多，本书主要介绍三种方法：LSD 法、Duncan 检验法和 Q 检验法。

1. LSD 法

LSD（least significant difference）法是对于每对要比较的平均数（$\bar{X}_i,\bar{X}_j$），计算一个在显著性水平为 α 时的最小显著差数（LSD），将两个平均数差的绝对值与该 LSD_α 进行比较，如果这个差大于 LSD_α，则断定这对平均数差异显著，方法如下。

（1）计算统计量：

$$t=\frac{\bar{X}_i-\bar{X}_j}{S_{\bar{X}_i-\bar{X}_j}} \tag{3-13}$$

服从自由度 df_E 的 t 分布，df_E 为 F 检验中的误差自由度。式（3-13）中

$$S_{\bar{X}_i-\bar{X}_j}=\sqrt{\text{MS}_\text{E}\left(\frac{1}{n_i}+\frac{1}{n_j}\right)} \tag{3-14}$$

MS_E 为 F 检验中的误差均方，n_i 和 n_j 分别为第 i 组和第 j 组样本含量，当各组样本观测数相等均为 n 时

$$S_{\bar{X}_i-\bar{X}_j}=\sqrt{2\text{MS}_\text{E}/n} \tag{3-15}$$

（2）对于给定的显著性水平 α，从 t 分布双侧分位数表（附录 3）查与 df_E 相应的临界值，然后计算

$$\text{LSD}_\alpha=t_\alpha(df_\text{E})\times S_{\bar{X}_i-\bar{X}_j} \tag{3-16}$$

如果 $\left|\bar{X}_i-\bar{X}_j\right|>\text{LSD}_\alpha$，则推断这两个平均数在显著性水平 α 下存在显著差异。

2. Duncan 检验法

Duncan 检验法是先根据显著性水平计算一个最小显著极差，一旦两样本的平均数之差大于这个极差，就推断这两个平均数具有显著差异。具体方法如下：

（1）将各平均数由大到小排序。

（2）对各平均数对确定它们所包含的范围，即排序后它们之间包含的平均数的

个数（包括它们本身）。

（3）对于平均数 i 和平均数 j，计算最小显著极差值。

$$\mathrm{LSR}_{ij}=\mathrm{SSR}_{\alpha}(r,\mathrm{d}f_{\mathrm{E}})\sqrt{\mathrm{MS}_{\mathrm{E}}\frac{1}{2}\left(\frac{1}{n_i}+\frac{1}{n_j}\right)} \tag{3-17}$$

其中，$\mathrm{SSR}_{\alpha}(r,\mathrm{d}f_{\mathrm{E}})$为显著性水平为 α、范围为 r、自由度 $\mathrm{d}f_{\mathrm{E}}$ 时的 SSR 值，可由附录 10 查得。当各组含量相等时，式（3-17）变为

$$\mathrm{LSR}_{ij}=\mathrm{SSR}_{\alpha}(r,\mathrm{d}f_{\mathrm{E}})\sqrt{\mathrm{MS}_{\mathrm{E}}/n} \tag{3-18}$$

此时对于范围相同的两个平均数，具有相同的最小显著极差值。

（4）当 $\left|\bar{X}_i-\bar{X}_j\right|>\mathrm{LSR}_{ij}$，则两平均值有显著差异。

3. Q 检验法

Q 检验法与 Duncan 法过程相同，区别在于 SSR 表值不同，对应的 SSR 表见附录 11。

例题 3-2 某饮料生产厂研制出一种新型饮料，饮料的颜色共分 4 种，分别为黄色、紫色、绿色和无色透明。随机从五家超市收集了前一期该饮料的销售量（万元）如表 3-2 所示，已知每种颜色的饮料售价相同，即不存在价格因素对销售的影响，饮料的颜色是否对销售产生影响？

表 3-2 不同颜色饮料销售额

颜色	销售额/万元				
	超市 1	超市 2	超市 3	超市 4	超市 5
橘黄色	26.5	28.7	25.1	29.1	27.2
紫色	31.2	28.3	30.8	27.9	29.6
绿色	27.9	25.1	28.5	24.2	26.5
无色	30.8	29.6	32.4	31.7	32.8

解：由于各家超市规模不同，顾客量也有差异，若直接比较该饮料各种颜色的销售差异，可能会由各超市之间的差异巨大而导致因素不显著，因此首先对上述数据进行变换，即求出每种颜色饮料销售额在总销售额中的百分数（表 3-3），然后再进行单因素方差分析。

表 3-3 不同颜色饮料销售额在该饮料总销售额中所占比例（%）

橘黄色	紫色	绿色	无色
22.77	26.80	23.97	26.46
25.69	25.34	22.47	26.50
21.49	26.37	24.40	27.74
25.78	24.71	21.43	28.08
23.43	25.50	22.83	28.25

对表 3-3 数据进行方差分析结果如图 3-2 所示。

方差分析：单因素方差分析						
SUMMARY						
组	观测数	求和	平均	方差		
橘黄色	5	119.153	23.83059	3.506694		
紫色	5	128.7171	25.74342	0.702218		
绿色	5	115.1007	23.02014	1.414762		
无色	5	137.0292	27.40584	0.748355		
方差分析						
差异源	SS	df	MS	F	P-value	F crit
组间	58.14049	3	19.38016	12.16577	0.000212	3.238872
组内	25.48812	16	1.593007			
总计	83.62861	19				

图 3-2 不同颜色饮料销售的方差分析结果

结果显示不同颜色的饮料确实对销售产生影响，因此需要进行多重比较。

1）LSD 法

计算 $\bar{X}_i - \bar{X}_j$（表 3-4）。

$$S_{\bar{X}_i-\bar{X}_j} = \sqrt{2\mathrm{MS_E}/n} = 0.80$$

表 3-4 各个颜色饮料对之间 $\bar{X}_i - \bar{X}_j$ 值

	无色	紫色	橘黄色	绿色
无色	0	1.66	3.575	4.386
紫色		0	1.913	2.723
橘黄色			0	0.81
绿色				0

误差的自由度为总的自由度减去因素的自由度：

$$df_e=20-1-4=15$$

查表得 $t_{0.05,\ 15}=2.131$，$t_{0.01,\ 15}=2.947$

$$\mathrm{LSD}_{0.05}=2.131\times0.80=1.70$$

$$\mathrm{LSD}_{0.01}=2.947\times0.80=2.35$$

因此，检验的结果见表 3-5。

表 3-5 LSD 检验结果

	α=0.05*，α=0.01**			
	无色	紫色	橘黄色	绿色
无色			**	**
紫色			*	**
橘黄色				
绿色				

无色与橘黄色、绿色差异高度显著，紫色与橘黄色差异显著，与绿色差异高度显著，其余颜色之间差异皆不显著。

2）Duncan 法

各个颜色对之间 r 值及 SSR_α 见表 3-6。

表 3-6　各个颜色对之间 r 值及 $SSR_\alpha(r, 15)$

显著性水平		无色	紫色	橘黄色	绿色
0.05	无色		2(3.01)	3(3.14)	4(3.25)
	紫色			2(3.01)	3(3.14)
	橘黄色				2(3.01)
	绿色				
0.01	无色		2(4.17)	3(4.37)	4(4.50)
	紫色			2(4.17)	3(4.37)
	橘黄色				2(4.17)
	绿色				

$$\sqrt{MS_E/n} = \sqrt{1.593/5} = 0.56$$

根据式（3-18）求得各颜色对之间 LSR_{ij} 值，见表 3-7。

表 3-7　各颜色对之间 LSR_{ij} 值

显著性水平		无色	紫色	橘黄色	绿色
0.05	无色		1.70	1.77	1.83
	紫色			1.70	1.77
	橘黄色				1.70
	绿色				
0.01	无色		2.35	2.47	2.54
	紫色			2.35	2.47
	橘黄色				2.35
	绿色				

与表 3-4 相应值比较，得到 Duncan 法检验的结果如表 3-8 所示。

表 3-8　Duncan 法检验不同颜色饮料差异结果

	α=0.05*，α=0.01**			
	无色	紫色	橘黄色	绿色
无色			**	**
紫色			*	**
橘黄色				
绿色				

3）Q 检验法

查附表 11 得到各颜色对之间 r 值及 SSR_α 值如表 3-9 所示。

表 3-9　各个颜色对之间 r 值及 $SSR_\alpha(r, 15)$（Q 检验法）

显著性水平		无色	紫色	橘黄色	绿色
0.05	无色		2(3.01)	3(3.67)	4(4.08)
	紫色			2(3.01)	3(3.67)
	橘黄色				2(3.01)
	绿色				
0.01	无色		2(4.17)	3(4.83)	4(5.25)
	紫色			2(4.17)	3(4.83)
	橘黄色				2(4.17)
	绿色				

与表 3-4 相应值比较，Q 检验法得到的结果如表 3-10 所示。

表 3-10　Q 检验法得到不同颜色饮料差异结果

	α=0.05*，α=0.01**			
	无色	紫色	橘黄色	绿色
无色				
紫色				*
橘黄色				
绿色				

由上例可见，不同多重检验方法得到的结果不相同，说明各种方法的判据差异很大，“苛刻”程度不同，如果对上述三种方法排序的话，LSD 法＜Duncan 法＜Q 检验法，即 LSD 法容易得到显著的结论，“门槛”较低，而 Q 检验法则不易得到显著的结论，Duncan 法则居于二者之间。如何选择上述三种多重检验方法，对于误差较大的试验（如农业方面）用 LSD 法较多，而关系到生命安全、需要慎重下结论的试验用比较严苛的 Q 检验法，在一般情况下则用 Duncan 法检验。

4. 多重检验结果的表示方法

各平均值经多重检验后，应该将结果明晰地表示出来，这里介绍两种常用的方法，三角形法和标记字母法。

因素水平数较少时用三角形法表示多重检验结果，此法是将各水平下结果的差异都计算出来，并列成如表 3-8 所示的表格，然后将代表显著性的“*”或“**”标在相应差值的右侧上标。因为所得到的数据列成三角形排列，故称为三角形法，其优点是简便直观，缺点是占的篇幅较大。

当因素的水平数较多时，用三角形法表示多重检验的结果就要列出一个很宽的表格，不是很方便，因此介绍标记字母法表示多重检验的结果。具体方法是：将因素各水平按指标平均值从大到小的顺序排列，在最大的平均数及与它没有显著差异的水平数上标上字母 a；在第一个与最大平均数有显著差异的水平及与它没有显著差异的水平上标上字母 b；在第一个与 b 组平均数最高水平有显著差异的水平及与它没有显著差异的水平上标上字母 c；……依此类推，直到把全部水平标记完为止。通常用小写字母表示 α=0.05 的情况，而用大写字母表示 α=0.01 的情况。

例题 3-3　某课题组考察了十种催化剂对 CO 加氢制备甲醇反应的催化作用，每种催化剂重复四次，甲醇收率结果（$\mathrm{g \cdot g_{catal}^{-1} \cdot h^{-1}}$）如表 3-11 所示，请评价这些催化剂之间是否有显著差异，并用三角形法和标记字母法分别表示其结果。

表 3-11　十种催化剂上 CO 加氢制备甲醇的收率结果

	Ⅰ	Ⅱ	Ⅲ	Ⅳ	Ⅴ	Ⅵ	Ⅶ	Ⅷ	Ⅸ	Ⅹ
1	4.5	4.7	2.9	2.7	3.9	5.2	3.4	2.8	5.5	5.7
2	4.1	4.0	3.2	3.5	4.7	5.3	3.8	3.0	5.1	4.8
3	4.7	4.7	2.8	2.6	3.9	4.8	3.7	3.5	6.1	5.4
4	4.4	4.9	2.5	2.8	3.7	5.8	3.1	3.2	5.7	5.3

解：首先对数据进行单因素方差分析（图 3-3），结果显示催化剂之间存在高度显著的差异，再进行多重检验，结果如表 3-12 和表 3-13 所示。

方差分析：单因素方差分析

SUMMARY

组	观测数	求和	平均	方差
Ⅰ	4	17.7	4.425	0.0625
Ⅱ	4	18.3	4.575	0.155833
Ⅲ	4	11.4	2.85	0.083333
Ⅳ	4	11.6	2.9	0.166667
Ⅴ	4	16.2	4.05	0.196667
Ⅵ	4	21.1	5.275	0.169167
Ⅶ	4	14	3.5	0.1
Ⅷ	4	12.5	3.125	0.089167
Ⅸ	4	22.4	5.6	0.173333
Ⅹ	4	21.2	5.3	0.14

方差分析

差异源	SS	df	MS	F	P-value	F crit
组间	38.726	9	4.302889	32.19119	5.08E-13	2.210697
组内	4.01	30	0.133667			
总计	42.736	39				

图 3-3　十种催化剂活性比较方差分析结果

$$S_{\bar{X}_i-\bar{X}_j}=\sqrt{2\mathrm{MS_E}/n}=\sqrt{2\times 0.1337/4}=0.2586$$

df_e=40–1–10=29

查表得：$t_{0.05,\ 29}$=2.045，$t_{0.01,\ 29}$=2.756

$$\mathrm{LSD}_{0.05}=2.045\times 0.2586=0.5288$$

$$LSD_{0.01}=2.756\times0.2586=0.7127$$

1）三角形法

表 3-12 十种催化剂活性比较多重检验结果（三角形法）

	Ⅸ	Ⅹ	Ⅵ	Ⅱ	Ⅰ	Ⅴ	Ⅶ	Ⅷ	Ⅳ	Ⅲ
Ⅸ										
Ⅹ	0.300									
Ⅵ	0.325	0.025								
Ⅱ	1.025**	0.725**	0.700*							
Ⅰ	1.175**	0.875**	0.850**	0.150						
Ⅴ	1.550**	1.250**	1.225**	0.525	0.375					
Ⅶ	2.100**	1.800**	1.775**	1.075**	0.925**	0.550*				
Ⅷ	2.475**	2.175**	2.150**	1.450**	1.300**	0.925**	0.375			
Ⅳ	2.700**	2.400**	2.375**	1.675**	1.525**	1.150**	0.600**	0.225		
Ⅲ	2.750**	2.450**	2.425**	1.725**	1.575**	1.200**	0.650**	0.275	0.050	

2）标记字母法

表 3-13 十种催化剂活性比较多重检验结果（标记字母法）

水平	平均数	差异显著性	
		α=0.05	α=0.01
Ⅸ	5.600	a	A
Ⅹ	5.300	a	A
Ⅵ	5.275	a	AB
Ⅱ	4.575	b	BC
Ⅰ	4.425	b	C
Ⅴ	4.050	b	CD
Ⅶ	3.500	c	DE
Ⅷ	3.125	c	EF
Ⅳ	2.900	d	F
Ⅲ	2.850	d	F

3.3 双因素方差分析

如果有两个因素 A、B 对试验指标有影响，判断 A、B 及其交互作用对指标影响显著性的过程为双因素方差分析。

3.3.1 无重复试验的双因素方差分析

当因素 A 有 r 个水平，因素 B 有 s 个水平，A、B 在各种组合上各做一次试验，

试验结果为 x_{ij}（i=1, 2, …, r；j=1, 2, …, s）。

1. 计算平均值

$$\overline{x}=\frac{1}{rs}\sum_{i=1}^{r}\sum_{j=1}^{s}x_{ij} \tag{3-19}$$

A 因素各水平时试验值的算术平均：

$$\overline{x}_{i\cdot}=\frac{1}{s}\sum_{j=1}^{s}x_{ij} \tag{3-20}$$

B 因素各水平时试验值的算术平均：

$$\overline{x}_{\cdot j}=\frac{1}{r}\sum_{i=1}^{r}x_{ij} \tag{3-21}$$

2. 计算离差平方和

$$SS_T=\sum_{i=1}^{r}\sum_{j=1}^{s}(x_{ij}-\overline{x})^2=\sum_{i=1}^{r}\sum_{j=1}^{s}x_{ij}^2-\frac{\left(\sum_{i=1}^{r}\sum_{j=1}^{s}x_{ij}\right)^2}{n} \tag{3-22}$$

令 $Q=\sum_{i=1}^{r}\sum_{j=1}^{s}x_{ij}^2$， $T=\sum_{i=1}^{r}\sum_{j=1}^{s}x_{ij}$

$$SS_T=Q-\frac{T^2}{n} \tag{3-23}$$

同样可推：

$$SS_A=\sum_{i=1}^{r}\sum_{j=1}^{s}(\overline{x}_{i\cdot}-\overline{x})^2=s\sum_{i=1}^{r}(\overline{x}_{i\cdot}-\overline{x})^2 \tag{3-24}$$

$$SS_B=\sum_{i=1}^{r}\sum_{j=1}^{s}(\overline{x}_{\cdot j}-\overline{x})^2=r\sum_{j=1}^{s}(\overline{x}_{\cdot j}-\overline{x})^2 \tag{3-25}$$

$$SS_e=\sum_{i=1}^{r}\sum_{j=1}^{s}(x_{ij}-\overline{x}_{i\cdot}-\overline{x}_{\cdot j}+\overline{x})^2=SS_T-SS_A-SS_B \tag{3-26}$$

3. 计算自由度

SS_A 的自由度为

$$df_A=r-1 \tag{3-27}$$

SS_B 的自由度为

$$df_B=s-1 \tag{3-28}$$

SS_e 的自由度为

$$df_e=df_T-df_A-df_B=rs-r-s+1 \tag{3-29}$$

SS_T 的自由度为

$$df_T=n-1=rs-1 \tag{3-30}$$

4. 计算均方

$$MS_A=SS_A/df_A，MS_B=SS_B/df_B，MS_e=SS_e/df_e$$

5. F 检验

$F_A=MS_A/MS_e$，$F_B=MS_B/MS_e$；F_A、F_B 与 F_α（df_A，df_B）比较，看 A、B 对指标的影响是否显著。

例题 3-4　从由五名操作者操作的三台不同型号的分光光度计，用分光光度法对某一批矿石中 Fe 含量进行检测，得到的含量如表 3-14 所示。试问 Fe 含量结果和操作者与机器类型是否有关。

表 3-14　三台机器五名操作者测定的矿石中的 Fe 含量数据（%）

	机器 1	机器 2	机器 3
操作者 1	53	61	51
操作者 2	47	55	51
操作者 3	46	52	49
操作者 4	50	58	54
操作者 5	49	54	50

解：利用 Excel 分析工具中的无重复双因素分析（图 3-4）可以直接得到方差分析结果。

从分析结果图 3-5 看出，无论是操作者还是机器型号对测试结果都有显著影响，尤其是机器型号对指标的影响是高度显著的。

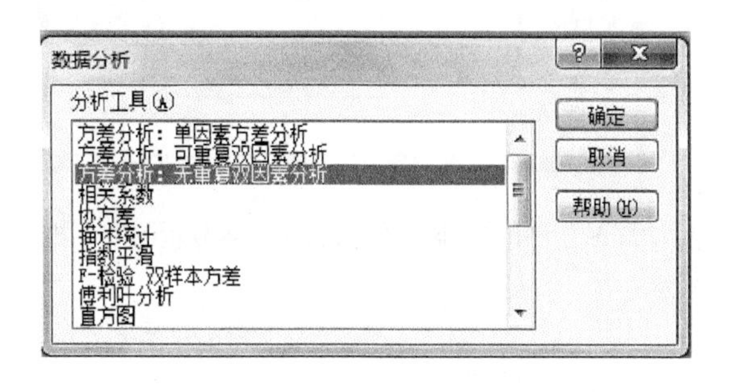

图 3-4　双因素无重复试验方差分析步骤

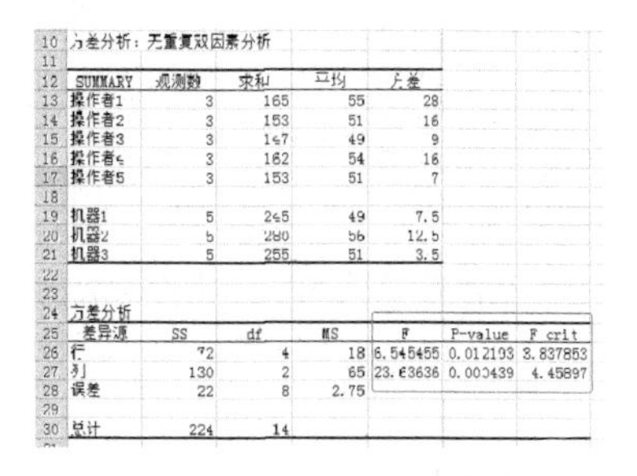

方差分析：无重复双因素分析

SUMMARY	观测数	求和	平均	方差
操作者1	3	165	55	28
操作者2	3	153	51	16
操作者3	3	147	49	9
操作者4	3	162	54	16
操作者5	3	153	51	7
机器1	5	245	49	7.5
机器2	5	280	56	12.5
机器3	5	255	51	3.5

方差分析

差异源	SS	df	MS	F	P-value	F crit
行	72	4	18	6.545455	0.012103	3.837853
列	130	2	65	23.63636	0.000439	4.45897
误差	22	8	2.75			
总计	224	14				

图 3-5　双因素无重复试验方差分析结果

3.3.2　有重复试验的方差分析

要考察两个因素之间的交互作用，需要进行重复试验，设每个试验重复 c 次，计算如下

$$SS_T=\sum_{i=1}^{r}\sum_{j=1}^{s}\sum_{k=1}^{c}(x_{ijk}-\bar{x})^2 \tag{3-31}$$

$$SS_A=sc\sum_{i=1}^{r}(\bar{x}_{i\cdot\cdot}-\bar{x})^2 \tag{3-32}$$

$$SS_B=rc\sum_{j=1}^{s}(\bar{x}_{\cdot j\cdot}-\bar{x})^2 \tag{3-33}$$

$$SS_e=\sum_{i=1}^{r}\sum_{j=1}^{s}\sum_{k=1}^{c}(x_{ijk}-\bar{x}_{ij\cdot})^2 \tag{3-34}$$

$$SS_{A\times B}=SS_T-SS_A-SS_B-SS_e=c\sum_{i=1}^{r}\sum_{j=1}^{s}(\bar{x}_{ij}-\bar{x}_{i\cdot\cdot}-\bar{x}_{\cdot j\cdot}+\bar{x})^2 \tag{3-35}$$

自由度 $df_T=n-1$，$df_A=r-1$，$df_B=s-1$

$$df_{A\times B}=df_A df_B=(r-1)(s-1) \tag{3-36}$$

$$df_e=df_T-df_A-df_B-df_{A\times B}=rs(c-1) \tag{3-37}$$

其余求各 MS、F 的计算同上所述。

有重复试验的双因素方差分析也可以通过 Excel 工具实现。但要注意原始数据的输入方式，重复试验的数据分列 c 行（图 3-6）及对话框填写方式（图 3-7）。

	A	B	C	D	E
1		B1(30℃)	B2(40℃)	B3(50℃)	B4(60℃)
2	A1(0.3%)	2	4	5.5	6
3		2	4.5	6	6.5
4		2	4	6	6.7
5	A2(0.4%)	8	7	5.1	6.3
6		8.5	7.4	4.8	6.5
7		8.7	7.2	4.6	6.7
8	A3(0.5%)	8.4	7	7	6.5
9		8.5	7.1	7.3	6.3
10		8.9	7.3	7.1	6.1
11	A4(0.6%)	8.5	7	5	6
12		8.5	6.5	4.5	6.5
13		8.7	6.9	4.7	6.7

图 3-6　有重复试验的双因素方差分析数据输入方式

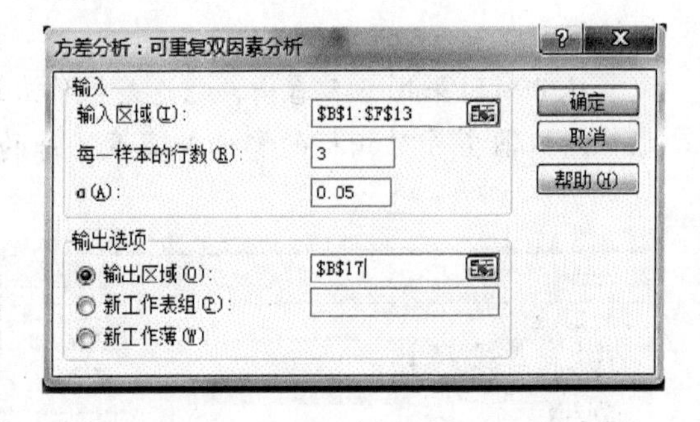

图 3-7　有重复试验的双因素方差分析的对话框

例题 3-5　在某饮料生产中，脱囊衣处理是关键工艺，为了寻找最优工艺条件，安排两因素（酸浓度和处理温度）四水平且重复 3 次的试验，问这两个因素及其交互作用对脱囊衣后的产率是否有显著影响。

解： 试验数据输入 Excel 后如图 3-8 所示。从图 3-8 可知，因素 A、B 及其交互作用 AB 对脱囊衣产率都有高度显著的影响。

A2(0.4%)					
观测数	3	3	3	3	12
求和	25.2	21.6	14.5	19.5	80.8
平均	8.4	7.2	4.83	6.5	6.73
方差	0.13	0.04	0.06	0.04	1.87
A3(0.5%)					
观测数	3	3	3	3	12
求和	25.8	21.4	21.4	18.9	87.5
平均	8.6	7.13	7.13	6.3	7.29
方差	0.07	0.02	0.02	0.04	0.78
A4(0.6%)					
观测数	3	3	3	3	12
求和	25.7	20.4	14.2	19.2	79.5
平均	8.57	6.8	4.73	6.4	6.63
方差	0.01	0.07	0.06	0.13	2.08
总计					
观测数	12	12	12	12	
求和	82.7	75.9	67.6	76.8	
平均	6.89	6.33	5.63	6.40	
方差	8.75	1.76	1.06	0.07	

方差分析

差异源	SS	df	MS	F	P-value	F crit
样本	49.99	3	16.66	265.75	1.1E-22	2.90
列	9.65	3	3.22	51.32	2.5E-12	2.90
交互	75.98	9	8.44	134.62	7.53E-23	2.19
内部	2.01	32	0.06			
总计	137.63	47				

图 3-8 有重复试验方差分析结果

本章介绍的方差分析仅是基本概念和方法，对于因素数量更多、交互作用更加复杂的体系，计算量会成倍增加，这时一般采用试验设计方法，如正交试验设计、均匀试验设计等，相关的方差分析方法将在有关章节加以介绍。

习 题

1. 今有三个厂生产的某型号电池 A、B、C 三批，各随机抽取 5 节测试其使用寿命（h），结果如下：A：40，48，38，42，45；B：26，34，30，28，32；C：39，40，43，50，50。当 P=95%时，三个厂的电池使用寿命是否有显著差异？

2. 为了考察 4 种不同催化剂对某一化工产品产率的影响，在 4 种不同催化剂下分别做试验，得到如下产率数据：

A：0.88，0.85，0.79，0.86，0.85，0.83；

B：0.87，0.92，0.85，0.83，0.90；

C：0.84，0.78，0.81；

D：0.81，0.86，0.90，0.87。

4 种催化剂的催化效果是否有显著差异？

3. 为了研究三聚磷酸纯度与聚合时间、聚合温度的关系，试验了几种组合，得到下列数据，显著性水平为 0.05 时，这两个因素对三聚磷酸纯度是否有显著影响？

聚合时间	320℃	340℃	360℃	380℃
22 h	82.7	82.0	88.5	86.0
28 h	92.1	94.5	94.0	95.0
32 h	90.2	94.0	96.0	94.5

4. 某化工生产考察反应温度和催化剂浓度对产品定律的影响，结果见下表。这两个因素对得率影响是否显著？两者是否存在交互作用？交互作用影响是否显著？

浓度/%	温度			
	10℃	24℃	38℃	52℃
2	14，12	11，11	13，10	12，10
4	9，7	10，8	8，11	6，10
6	5，10	12，14	12，13	14，10

第 4 章　试验数据的回归分析

4.1　概　　念

通过方差分析可以确定因素对试验指标是否有显著影响，我们还希望进一步得到因素与试验指标之间的函数关系。变量之间相互制约、相互关联的关系可分为确定性关系和相关关系。确定性关系即变量之间存在严格的函数关系：$y=f(x)$。例如，对于理想气体，其压力 p、体积 V 和热力学温度 T 之间存在确定的函数关系：$pV=nRT$。但实际情况中变量之间关系比较复杂，或生产、实验中不可避免地存在误差，导致函数之间关系具有不确定性，表现出相关关系，如粮食产量与施肥量之间的关系、居民收入和高档消费品消费量之间的关系等。相关关系是指自变量和因变量之间虽然存在某种关系，但由于影响因素很复杂，不能精确地表达为函数关系，或者说两者之间是一种统计关系，呈现一定的规律性。当这种规律性可以借助函数关系式表达出来，则把这种函数称为回归函数或回归方程。

函数关系和相关关系是两种不同类型变量之间的关系，但两者之间并没有绝对的界限，由于实验中误差不可避免地存在，即使是确定的函数关系，在实际问题中也往往通过相关关系表现出来；当对事物了解得更深刻时，相关关系也可能转化为函数关系。

回归分析（regression analysis）是处理变量之间相关关系最常用的统计方法，用以寻找隐藏在试验数据间的统计规律。回归分析包括确定回归方程、检验回归方程的可信性及利用回归方程进行预测等几方面内容。

4.2　一元线性回归分析

一元线性回归分析是回归分析中最简单的一种回归分析。

4.2.1　一元线性回归方程

一元线性回归分析中仅研究两个变量之间的相关关系，一元线性回归分析（linear regression）是由试验数据出发，考查因变量（dependent variable）y 和自变量（independent variable）x 的线性依赖关系。

有 n 组数据：x_1，y_1；x_2，y_2；…；x_n，y_n。拟合成线性方程为

$$\hat{y}_i = a + bx_i \tag{4-1}$$

$\hat{y}_i$为拟合值，a、b为回归系数。$\hat{y}_i$与试验值y_i的差异称为残差，用e_i表示。

$$e_i = y_i - \hat{y}_i \tag{4-2}$$

根据最小二乘法（least square method），当残差平方和最小时，回归方程与试验值的符合程度最好。

$$Q = \sum_{i=1}^{n}(y_i - \hat{y}_i)^2 = \sum_{i=1}^{n}[y_i - (a + bx_i)]^2 \tag{4-3}$$

Q是a、b的函数，为使其最小，a、b应满足：

$$\begin{cases} \dfrac{\partial Q}{\partial a} = -2\sum\limits_{i=1}^{n}(y_i - a - bx_i) = 0 \\ \dfrac{\partial Q}{\partial b} = -2\sum\limits_{i=1}^{n}(y_i - a - bx_i) \cdot x_i = 0 \end{cases} \tag{4-4}$$

解上述方程组得到线性方程的斜率和截距：

$$\begin{cases} a = \overline{y} - b\overline{x} \\ b = \dfrac{\sum\limits_{i=1}^{n} x_i y_i - n\overline{x}\,\overline{y}}{\sum\limits_{i=1}^{n} x_i^2 - n\overline{x}^2} \end{cases} \tag{4-5}$$

回归分析也可以利用 Excel 中的工具直接得到结果。

例题 4-1 在OH^-存在下，硝基苯甲酸乙酯（A）水解反应为二级反应

$$NO_2C_6H_4COOC_2H_5 + OH^- \longrightarrow NO_2C_6H_4COOH + C_2H_5OH$$

两反应物的初始浓度均为 0.05 mol·L^{-1}，15℃测得不同时刻 A 的水解百分数如表 4-1 所示，请确定反应速率常数。

表 4-1 不同时刻硝基苯甲酸乙酯水解百分数

t/s	120	180	240	330	550	600
A 水解百分数/%	32.95	41.75	48.8	58.05	69.0	70.35

解：二级反应满足$\dfrac{1}{c_A} - \dfrac{1}{c_{A0}} = kt$，设 A 的水解百分数为$\alpha$

$$\frac{1}{c_{A0}(1-\alpha)} - \frac{1}{c_{A0}} = kt$$

整理得

$$\frac{\alpha}{c_{A0}(1-\alpha)} = kt$$

用$\dfrac{\alpha}{c_{A0}(1-\alpha)}$对$t$进行线性回归，且规定截距为 0，得到$k = 0.0804$。

在 Excel 中具体过程如下：按照图 4-1（a）所示将准备进行回归分析的数据整

理好，点击“数据分析”→“回归”，再按照图 4-1（c）所示输入自变量和因变量数据区域，数据区域若包括表头项，则“标志”前面方框内勾选上对勾，本例题因理论公式表明截距为 0，故“常数为零”也勾选上。选定输出区域后点击“确定”，得到图 4-1（d）。

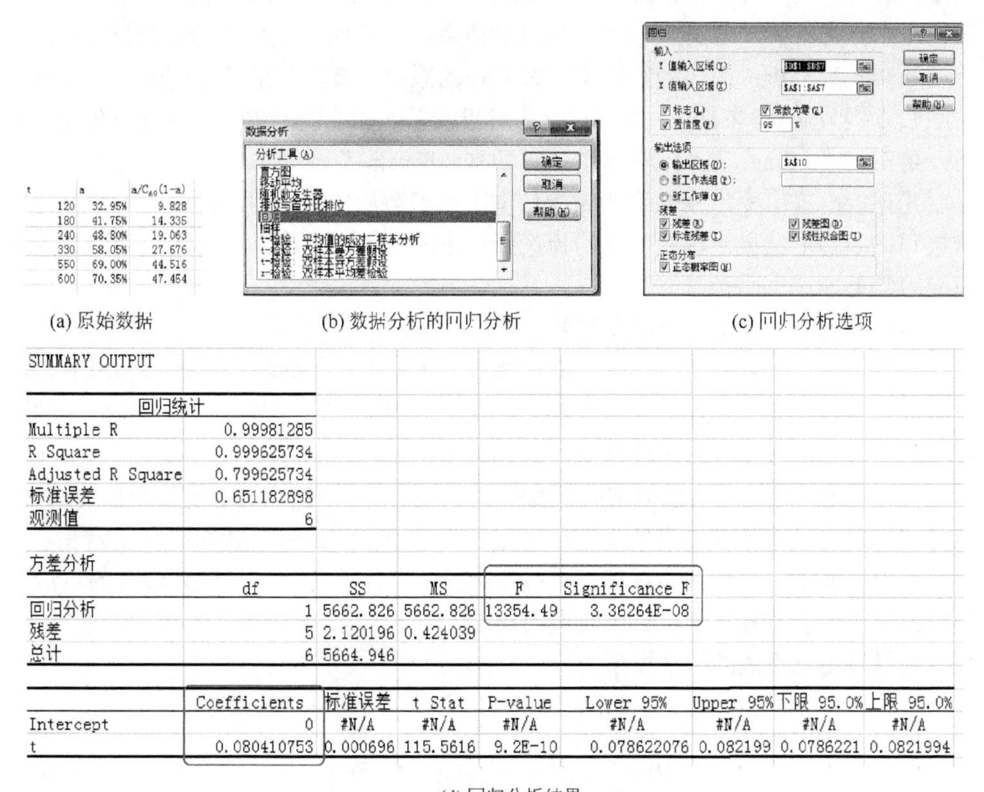

t	a	a/C₆₀(1-a)
120	32.95%	9.828
180	41.75%	14.335
240	48.80%	19.063
330	58.05%	27.676
550	69.00%	44.516
600	70.35%	47.454

(a) 原始数据　　(b) 数据分析的回归分析　　(c) 回归分析选项

SUMMARY OUTPUT

回归统计	
Multiple R	0.99981285
R Square	0.999625734
Adjusted R Square	0.799625734
标准误差	0.651182898
观测值	6

方差分析

	df	SS	MS	F	Significance F
回归分析	1	5662.826	5662.826	13354.49	3.36264E-08
残差	5	2.120196	0.424039		
总计	6	5664.946			

	Coefficients	标准误差	t Stat	P-value	Lower 95%	Upper 95%	下限 95.0%	上限 95.0%
Intercept	0	#N/A	#N/A	#N/A	#N/A	#N/A	#N/A	#N/A
t	0.080410753	0.000696	115.5616	9.2E-10	0.078622076	0.082199	0.0786221	0.0821994

(d) 回归分析结果

图 4-1　回归分析步骤及结果

Excel“回归分析”工具包含回归统计量和方差分析结果两部分。

回归统计量主要反映模型回归的优劣。相关系数 R（multiple R）为回归平方和与总体离差平方和之比的 0.5 次方；决定系数（R square）为相关系数的平方，也称拟合优度；校正 R^2（adjusted R square）校正了自变量越多、R^2 越大、回归方程越好的弊病。当自变量个数为 m，样本含量为 n 时，校正 $R^2=1-\dfrac{(1-R^2)(n-1)}{n-m-1}$，此数值仅在多元回归中才有意义。

以上三种相关系数都是值越接近 1，回归效果越好。

标准误差（standard error）：$s=\sqrt{\dfrac{\mathrm{MS_e}}{n-m-1}}$（注意：本例题因规定常数为 0，分母变为 $n-m$）。

观测值即为试验数据个数。

方差分析：将总的离差平方和分解为回归平方和与残差平方和，对回归方程进行检验。df 为自变量、残差及总自由度；SS 值为上述三项的离差平方和［式（3-3）～式（3-5）］；MS 为上述三项的均方差，即离差平方和除以各自由度；F 为回归均方差比残差的均方差；“significance F”是前面求出的 F 值显著性水平下的 F_α，其实等于 P 值，即“弃真概率”，也就是模型不成立的概率，P 越小，模型与实验值越相吻合。

回归系数分析：第一列给出了回归方程的系数、检验结果及置信区间。本例题的回归方程为 y=0.080411x。第二列给出标准误差，标准误差越小，参数的精确度越高；第三列“t Stat”是统计量 t 值；第四列“P-value”是对应参数的显著性水平，最后几列给出置信度为 95%和指定置信度下的参数的置信区间。此外还有残差分析结果和概率输出结果，这两部分均为选择输出的内容，也可以不勾选，则不会给出相应的结果。

回归分析中，以下几个问题需要注意：

（1）试验误差偏离回归直线，都表现为 y_i 偏离 $\hat{y}$，其前提是 x_i 没有测量误差或其测量误差与 y_i 相比很小，可以忽略。如果 x_i 的测量误差不能忽略，则 x_i、y_i 的误差都必须考虑，这时情况比较复杂，这里不予介绍。

（2）前面用最小二乘法得到的直线方程，是把所有观测点同等对待得出的结果。但是如果事先已知数据 B 点的误差比 A 点的误差小，回归时 B 就要比 A 更重视，此时要用加权最小二乘法。即对每一个残差乘以一个权重 ω_i，对于误差较大的点给予较小的权，而误差较小的点给予较大的权。

加权最小二乘法的数学模型为

$$y_i = a + bx_i + e_i, \quad i = 1, 2, \cdots, n$$

$$Q = \sum_{i=1}^{n} \omega_i e_i^2 = \sum_{i=1}^{n} \omega_i [y_i - a - bx_i]^2 \qquad (4\text{-}6)$$

权值的取法：①单位加权，ω_i =1，实际上就是一般的回归法；②统计加权，ω_i =1/y_i；③方差平方倒数，$\omega_i = 1/\sigma_i^2$，计算中常用 $\omega_i = \dfrac{N/\sigma_i^2}{\sum_i 1/\sigma_i^2}$；④方差倒数，$\omega_i$ =1/σ_i。

加权回归方程能够更真实地反映试验事实。加权回归分析可以通过规划求解来实现。

例题 4-2 用分光光度法测定某离子浓度，每一个点经多次测定，结果如表 4-2 所示。

表 4-2 不同浓度下某溶液吸光度及标准方差

浓度 x/(μg·L^{-1})	0	2	4	6	8	10
吸光度 y	0.009	0.158	0.301	0.472	0.577	0.739
标准方差 σ	0.001	0.004	0.01	0.013	0.017	0.022

分别用一般线性回归和加权回归讨论上述实验结果。

一般线性回归：

$$y = 0.01329 + 0.07254x$$

加权回归分析利用 Excel 工具中的规划求解完成，如图 4-2 所示。

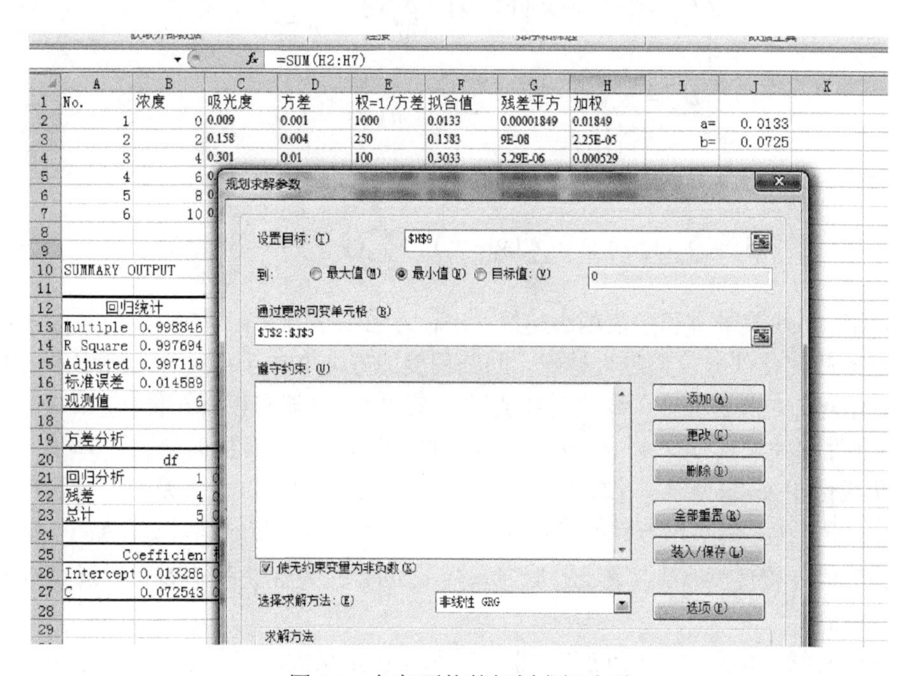

图 4-2　加权平均的规划求解选项

图中权取 $1/\sigma_i$，H2=G2×F2；H9=sum（H2: H7），为规划求解中的目标单元格；J2、J3 处赋予截距和斜率的初值（取普通回归分析的斜率和截距为初值），此为规划求解中的可变单元格。点击求解，得到斜率和截距。$y = 0.009706 + 0.07329x$。

4.2.2　回归效果的检验

最小二乘法应用过程中并没有引入任何限制条件，就是说即使平面上杂乱无章的离散点也可以回归出一条直线方程。那么两个变量之间拟合成为线性关系，拟合的效果好坏有没有什么评判标准呢？可以通过以下检验方法加以判别。

1. 相关系数检验法

相关系数 R 是表示 x 与 y 相关关系的重要指标，用来说明两个变量线性关系的密切程度，通常由式（4-7）计算：

$$R = \frac{L_{xy}}{\sqrt{L_{xx}L_{yy}}} = \sqrt{\frac{SS_R}{SS_T}} \quad (0 \leqslant |R| \leqslant 1) \tag{4-7}$$

其中

$$
\begin{cases}
L_{xx}=\sum_{i=1}^{n}(x_i-\overline{x})^2=\sum_{i=1}^{n}x_i^2-\frac{1}{n}\left(\sum_{i=1}^{n}x_i\right)^2 \\
L_{xy}=\sum_{i=1}^{n}(x_i-\overline{x})(y_i-\overline{y})=\sum_{i=1}^{n}x_iy_i-\frac{1}{n}\sum_{i=1}^{n}x_i\sum_{i=1}^{n}y_i \\
L_{yy}=\sum_{i=1}^{n}(y_i-\overline{y})^2=\sum_{i=1}^{n}y_i^2-\frac{1}{n}\left(\sum_{i=1}^{n}y_i\right)^2
\end{cases}
\tag{4-8}
$$

SS_T为总离差平方和，数学推导表明SS_T可以分解为两部分：

$$
SS_T=\sum_{i=1}^{n}(y_i-\overline{y})^2=\sum_{i=1}^{n}(y_i-\hat{y}_i)^2+\sum_{i=1}^{n}(\hat{y}_i-\overline{y})^2=SS_e+SS_R \tag{4-9}
$$

其中，SS_e为残差平方和，值越小越好；SS_R为回归平方和，反映由x、y的线性关系引起y的变化部分，值越大越好。回归程度的好坏取决于SS_R在SS_T中所占的比例，其绝对值越接近于1，线性关系越好。R的取值可能有以下几种状态：$R=1$，x、y完全线性相关；$1>R>0$　x、y正线性相关，即x增大，y同时增大；$0>R>-1$，x、y负线性相关，x增大，y减小；$R=0$时，x、y完全没有线性关系，但可能存在其他关系。$|R|$与1接近到何种程度，才可以认为x、y之间存在线性关系？可以肯定这一临界值与置信度有关，$R\geqslant R_\alpha$时，x、y之间存在线性关系。R_α可以通过查书后附录9得到。

有些文献中也用R^2表示回归效果，R^2称为决定系数，意义是回归平方和占偏差平方和的比例。

2. *F*检验法

用F检验法对回归方程进行显著性检验的方法称为方差分析。数学推导表明：

$$
F=\frac{MS_R}{MS_e}=\frac{SS_R/df_R}{SS_e/df_e} \tag{4-10}
$$

F服从F_α（m，$n-m-1$）分布，其中n为总试验次数，m为自变量自由度，一元线性回归分析中，$m=1$；df是自由度，$df_R=m$，$df_e=n-m-1$。求得F后，与书后附录4中的F_α（m，$n-m-1$）进行比较，当$F>F_\alpha$（m，$n-m-1$），则x、y之间线性相关。

例题4-3　不同矿物中矿物A与矿物B的含量见表4-3。试求其规律性并检验之。

表4-3　不同矿样中矿物A和B的含量

样品编号	1	2	3	4	5	6	7	8	9	10
A的含量/%	67	54	72	64	39	22	58	43	46	34
B的含量/%	24	15	23	19	16	11	20	16	17	13

解：对 A 和 B 的含量数据作散点图，发现其近似为直线。故令 $\hat{y}=a+bx$，即以 A 的含量为自变量，B 的含量为因变量，回归方程计算如图 4-3 所示。

SUMMARY OUTPUT								
回归统计								
Multiple l	0.920259544							
R Square	0.846877629							
Adjusted l	0.827737332							
标准误差	1.719087482							
观测值	10							
方差分析								
	df	SS	MS	F	Significance F			
回归分析	1	130.7579	130.7579	44.24579	0.000160516			
残差	8	23.64209	2.955262					
总计	9	154.4						
	Coefficients	标准误差	t Stat	P-value	Lower 95%	Upper 95%	下限 95.0%	上限 95.0%
Intercept	5.436634577	1.878891	2.893534	0.02009	1.103904035	9.7693651	1.10390403	9.76936512
A(%)	0.239746802	0.036043	6.651751	0.000161	0.156632281	0.3228613	0.15663228	0.32286132

图 4-3　矿物 A、B 的含量回归分析结果

结果表明 A、B 高度线性相关，B 的含量=5.44+0.240×A 的含量，方程置信度高于 99%。

4.3　多元线性回归

当影响因变量的因素多于一个时的回归问题称为多元线性回归分析。多元线性回归分析在原理上和一元线性回归完全相同。

4.3.1　多元线性回归方程

当试验指标受多个因素影响时，求 y 与 x_1、$x_2\cdots$的线性函数关系，并检验其显著性的过程为多元线性回归。当影响因素为 m 个时，回归方程

$$\hat{y}=a_0+a_1x_1+a_2x_2+\cdots+a_mx_m \tag{4-11}$$

共有 n 组试验数据，即有 n 个这样的方程组成多元线性方程组。

式中 a_i 称为偏回归系数。同样利用最小二乘法，令 $Q=\sum\limits_{i=1}^{n}(y_i-\hat{y}_i)^2$，由

$$\frac{\partial Q}{\partial a_i}=0 \quad (i=0,1,2,\cdots,m) \tag{4-12}$$

可求 a_i。

上式的使用条件是：$m+1\leqslant n$。多元线性回归分析同样可以借助 Excel 工具自动实现。

例题 4-4 某公司在各地销售一种化妆品，该公司观测了多个城市某月内该产品的销售量及各地适合使用该化妆品的人数 x_1 及该城市平均收入 x_2（表 4-4），试建立 y 与 x_1、x_2 之间的线性回归方程。

表 4-4 某化妆品在 15 个城市的销量及城市相关人口、人均收入数据

y/箱	177	135	238	146	82	184	96	207	131	70	267	247	159	118	227
x_1/千人	279	184	383	209	88	270	100	337	199	54	439	379	241	160	377
x_2/元	3920	5206	6083	4541	3755	6051	4813	3920	3419	4096	6432	7083	4256	3341	4168

解： 将数据整理成图 4-4 所示的形式，并进行回归分析，结果如图 4-5 所示。

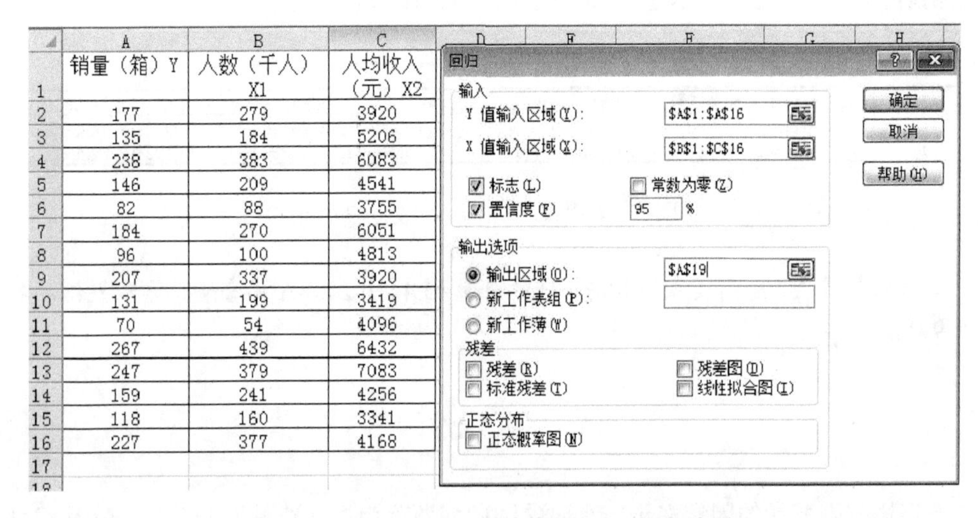

	A	B	C
1	销量（箱）Y	人数（千人）X1	人均收入（元）X2
2	177	279	3920
3	135	184	5206
4	238	383	6083
5	146	209	4541
6	82	88	3755
7	184	270	6051
8	96	100	4813
9	207	337	3920
10	131	199	3419
11	70	54	4096
12	267	439	6432
13	247	379	7083
14	159	241	4256
15	118	160	3341
16	227	377	4168
17			

图 4-4 多元线性回归原始数据格式及回归选项

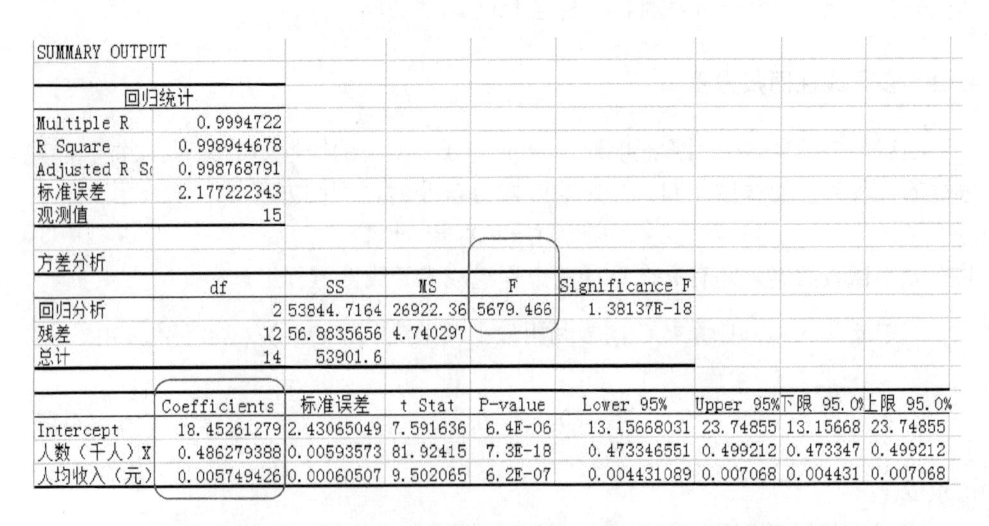

SUMMARY OUTPUT

回归统计	
Multiple R	0.9994722
R Square	0.998944678
Adjusted R S	0.998768791
标准误差	2.177222343
观测值	15

方差分析

	df	SS	MS	F	Significance F
回归分析	2	53844.7164	26922.36	5679.466	1.38137E-18
残差	12	56.8835656	4.740297		
总计	14	53901.6			

	Coefficients	标准误差	t Stat	P-value	Lower 95%	Upper 95%	下限 95.0%	上限 95.0%
Intercept	18.45261279	2.43065049	7.591636	6.4E-06	13.15668031	23.74855	13.15668	23.74855
人数（千人）X	0.486279388	0.00593573	81.92415	7.3E-18	0.473346551	0.499212	0.473347	0.499212
人均收入（元）	0.005749426	0.00060507	9.502065	6.2E-07	0.004431089	0.007068	0.004431	0.007068

图 4-5 化妆品销售数量与城市人均收入、人口数量回归分析过程及结果

注意：多元线性回归的自变量所在列之间不能有空列或其他无关列存在。从上述 Excel 回归结果可知销售量与适合人口数量及城市人均收入的关系为：$y=18.45+0.486x_1+0.0057x_2$。

那么回归所得到的结果对管理者有什么意义呢？首先，可以根据方程预测某一新开店大概的销售情况，并据此准备供货，使其既不至于因为备货太少而脱销，也不至于积压太多的货物造成浪费。应该指出的是，此模型仅仅是该化妆品销售的一个最简单模型，并未考虑价格因素、促销手段等对销量的影响。同时应该注意到模型在所给出的数据范围内符合该方程，而当城市人均收入偏离上述数据较远时，预测可能会有较大偏差，例如，人们的收入普遍较高，人们选择的不是多用一瓶同品牌的化妆品，而是会选择更高档的化妆品。其次，如果连锁店需要扩张，那么新店址是应该选在适龄人口多的城市呢，还是应该定在较发达的、收入较高的城市呢？这就提出一个问题：当多个因素对试验指标都有影响时，哪个更重要，为此需要对各个因素的重要性做出评价（见 4.3.3 节）。

4.3.2　多元线性回归方程的显著性检验

1. F 检验法

通过计算 F 值并与 F_α（m，$n-m-1$）比较，可以检验总的多元线性回归的效果，其中 m 是自变量个数。

$$SS_T=\sum_{i=1}^{n}(y_i-\overline{y})^2=\sum_{i=1}^{n}y_i^2-n\overline{y}^2=L_{yy} \tag{4-13}$$

$$SS_R=\sum_{i=1}^{n}(\hat{y}_i-\overline{y})^2 \tag{4-14}$$

$$SS_e=\sum_{i=0}^{n}(\hat{y}_i-y_i)^2 \tag{4-15}$$

$$df_T=n-1 \tag{4-16}$$

$$df_R=m \tag{4-17}$$

$$df_e=n-m-1 \tag{4-18}$$

$$MS_R=SS_R/m \tag{4-19}$$

$$MS_e=SS_e/(n-m-1) \tag{4-20}$$

$$F=MS_R/MS_e \tag{4-21}$$

F 与 F_α（m，$n-m-1$）比较，当 $F>F_\alpha$，函数关系可信。

例题 4-5　已知某溶液的黏度与其组成物 A、B 的质量浓度 C_A、C_B 呈线性关系（表 4-5），数学模型为 $\mu=a_0+a_1C_A+a_2C_B$，请根据以下试验数据确定 a_0、a_1、a_2 的值，并进行检验。

表 4-5　某溶液组成物 A、B 的浓度与其黏度值

C_A	C_B	μ	C_A	C_B	μ	C_A	C_B	μ
25.8	98	14.5	10.1	98	21.0	10.2	87	17.7
15.8	116	9.7	17.1	103	25.2	16.4	138	40.0
18.1	104	11.3	21.0	112	13.7	15.9	98	17.1
13.3	99	26.0	23.7	113	38.5	8.0	102	3.0
20.1	153	44.7	11.2	80	5.8	26.0	155	37.3

解：回归得到黏度与 A、B 物质浓度的关系为 $\mu=-27.43+0.2327C_A+0.4095C_B$，方程的置信度为 99.3%（图 4-6）。

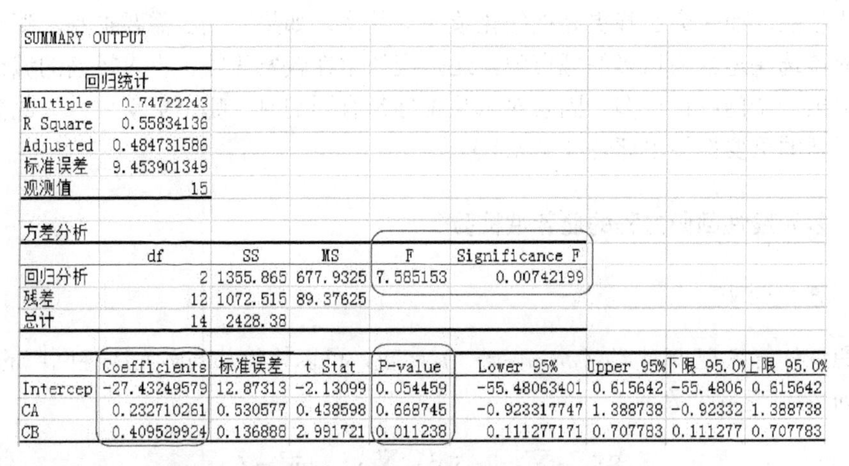

SUMMARY OUTPUT

回归统计	
Multiple	0.74722243
R Square	0.55834136
Adjusted	0.484731586
标准误差	9.453901349
观测值	15

方差分析

	df	SS	MS	F	Significance F
回归分析	2	1355.865	677.9325	7.585153	0.00742199
残差	12	1072.515	89.37625		
总计	14	2428.38			

	Coefficients	标准误差	t Stat	P-value	Lower 95%	Upper 95%	下限 95.0%	上限 95.0%
Intercep	-27.43249579	12.87313	-2.13099	0.054459	-55.48063401	0.615642	-55.4806	0.615642
CA	0.232710261	0.530577	0.438598	0.668745	-0.923317747	1.388738	-0.92332	1.388738
CB	0.409529924	0.136888	2.991721	0.011238	0.111277171	0.707783	0.111277	0.707783

图 4-6　组成物 A、B 的浓度与黏度回归分析结果

2. 复相关系数检验法

多元线性回归同样有相关系数表征回归效果，只是在多元线性回归中称为复相关系数，其表达式为

$$R=\frac{\sum_{i=1}^{n}(y_i-\overline{y})(\hat{y}_i-\overline{y})}{\sqrt{\sum_{i=1}^{n}(y_i-\overline{y})^2\sum_{i=1}^{n}(\hat{y}_i-\overline{y})^2}} \tag{4-22}$$

4.3.3　因素主次的评价

各因素对试验指标的影响程度是不同的，有的大些，有的小些，有的甚至可以忽略其对指标的影响，用偏回归系数可以评价因素的重要性。

1. 回归系数的标准化

用多元线性回归方法得到的方程中各项系数 a_i（称为偏回归系数）具有一定的

物理意义：当 x_i 变化一个单位时，试验指标 y 的变化量。因此偏回归系数的大小就关系到该自变量对指标的影响程度。但是 a_i 明显受到因素 x_i 的单位、取值的影响，如时间因素，当 x 以秒为单位时，其系数将会较小，而同样的试验数据 x 改用小时为单位，其回归方程的系数会明显变大，因此不能用各项的系数 a_i 直接比较，而应当把各个系数进行标准化处理。其计算方法如下

$$a_i^0 = |a_i|\sqrt{\frac{L_{ii}}{L_{yy}}} \tag{4-23}$$

其中

$$L_{ii} = \sum_{i=1}^{n}(x_{ik} - \overline{x}_k)^2 \tag{4-24}$$

$$L_{yy} = \sum_{i=1}^{n}(y_i - \overline{y})^2 \tag{4-25}$$

将得到标准化处理后的回归系数进行比较，其值较大的对 y 的影响较大。

2. 偏 F 检验

通过对每个偏回归系数 a_i 进行方差分析，可以得到每个偏回归系数 a_i 对 y 影响的显著性，从而判断它们对 y 的重要程度。

可以从 x_i 对 y 的贡献这一角度考虑 x_i 的显著性。y 对自变量 $x_1, x_2, \cdots, x_m$ 线性回归，回归平方和为 SS_R，剔除 x_i 后，再用 y 对余下的 $m-1$ 个自变量回归，所得回归平方和为 $SS_R(i)$，两者之差为 x_i 对回归的贡献：$\Delta SS_R(i)=SS_R-SS_R(i)$，称为 x_i 的偏回归平方和。由此计算得到偏 F_i 统计量：

$$F_i = \frac{\Delta SS_R(i)/1}{SS_e/(n-m-1)} \tag{4-26}$$

求得 F_i 后，与书后附录 4 中的 F_α 进行比较，$F>F_\alpha$（1，$n-m-1$）时，则 x_i 对 y 有显著影响。当回归增加自变量时，回归平方和增加，相应的偏 F 检验计算同前所述。

3. t 检验

每个 x_i 对 y 的贡献也可以通过计算 t_i 进行检验

$$t_i = \frac{a_i}{\sqrt{C_{ii}S_i}} \tag{4-27}$$

式中，a_i 为第 i 个自变量的回归系数；S_i 为回归系数的标准误差；C_{ii} 为矩阵 $(X'X)^{-1}$ 对角线上对应于 x_i 的元素。

t_i 服从 t_i（$n-m-1$）分布，查表对比 t_i（$n-m-1$）与 t_i，$t_i>t_i$（$n-m-1$）时，说明 x_i 对 y 的影响显著。实际上 t 检验与偏 F 检验是统一的，数学推导表明 $F_i = t_i^2$。

4. 根据（偏）显著性水平值判断

Excel 回归工具给出的结果不仅有 t_i 值，还有根据偏 F_i 计算得到的相应的偏显著

性水平 p_i。根据回归置信度的要求再结合 p_i，可以很容易判断出哪些因素对指标 y 的影响高度显著，哪些影响不显著。

例题 4-6 某吸附剂制备工艺优化试验，已知 A、B、C、D、E、F、G 七个因素对吸附剂的吸附效率指标可能有影响，其吸附效率越高越好，判断哪个因素影响较大并给出排序（表 4-6）。

表 4-6 影响吸附效率的因素取值及吸附效率结果

序号	A	B	C	D	E	F	G	Y
1	60	4	2	3600	1	4	2	15.33
2	60	4	2	3600	4	4	4	19.07
3	60	4	2	3600	16	4	8	19.81
4	60	4	2	3600	36	4	12	12.74
5	60	4	0	3600	16	0	0	13.29
6	60	4	2	3600	16	4	8	19.41
7	60	4	4	3600	16	16	16	13.29
8	50	2	4	2500	16	16	16	13.71
9	70	6	0	4900	16	0	0	13.12
10	70	6	4	4900	36	16	24	17.78
11	50	4	0	2500	1	0	0	23.54
12	60	2	0	3600	0.25	0	0	30.8
13	80	1	0	6400	0.25	0	0	21.4

解：回归结果如图 4-7 所示

SUMMARY OUTPUT

回归统计	
Multiple R	0.984746062
R Square	0.969724806
Adjusted R	0.927339535
标准误差	1.421878414
观测值	13

方差分析

	df	SS	MS	F	Significance F
回归分析	7	323.7848	46.25498	22.87882	0.001640759
残差	5	10.10869	2.021738		
总计	12	333.8935			

	Coefficients	标准误差	t Stat	P-value	Lower 95%	Upper 95%	下限 95.0%	上限 95.0%
Intercept	-68.56692939	26.2825	-2.60884	0.04774	-136.1282545	-1.0056	-136.128	-1.0056
A	3.21809438	0.859095	3.745913	0.01335	1.009720693	5.426468	1.009721	5.426468
B	-0.535715297	0.400789	-1.33665	0.23893	-1.565976623	0.494546	-1.56598	0.494546
C	-6.716527822	1.087985	-6.17337	0.00162	-9.513281564	-3.91977	-9.51328	-3.91977
D	-0.025965362	0.006694	-3.87893	0.01165	-0.043172697	-0.00876	-0.04317	-0.00876
E	-0.908232393	0.090186	-10.0707	0.00017	-1.140061653	-0.6764	-1.14006	-0.6764
F	-1.22403796	0.278105	-4.40135	0.00701	-1.938930476	-0.50915	-1.93893	-0.50915
G	2.935416569	0.295357	9.938541	0.00018	2.176177474	3.694656	2.176177	3.694656

图 4-7 根据“P-value”判断因素重要程度

通过比较各项的"P-value"就可以得到各个因素的重要程度，其中仅因素 B 的"P-value"值大于 0.05，对吸附效率的影响不显著，其余因素的影响均显著，且"P-value"值越小，影响越显著。因此，各因素影响从大到小的顺序为：$E>G>C>F>D>A>B$。

4.4　非线性回归

4.4.1　可化为线性的回归模型

有时自变量与因变量之间函数关系比较复杂，不是简单的线性关系，但是有些情况下函数关系可以转化为线性回归问题。如阿伦尼乌斯公式：$k = Ae^{-E_a/RT}$，虽然 k 与 T 之间不是直接的线性关系，但是公式两边同时取对数后变成 $\ln k=\ln A-E_a/RT$，$\ln k$ 与 $1/T$ 之间是线性关系。将函数 $y=\phi(x)$ 转换为线性函数，要达到这个目的，可选取新的变量 $X=\Phi(x,y)$ 和 $Y=\Psi(x,y)$ 来代替原来的变量 x、y，以便得到直线方程 $Y=AX+B$。

下面给出典型的一元函数及其线性化方法。

（1）幂函数 $y=ax^b$：令 $Y=\ln y$，$X=\ln x$，则得线性化方程：$Y=\ln a+bX$。

（2）指数函数 $y=ae^{bx}$：令 $Y=\ln y$，$X=x$，则得线性化方程：$Y=\ln a+bX$。

（3）指数函数 $y=ae^{\frac{b}{x}}$：令 $Y=\ln y$，$X=1/x$，则得线性化方程：$Y=\ln a+bX$。

（4）对数函数 $y=a+b\ln x$：令 $Y=y$，$X=\ln x$，得 $Y=a+bX$。

（5）双曲线函数 $y=\dfrac{x}{ax+b}$：得 $\dfrac{1}{y}=a+b\dfrac{1}{x}$；令 $Y=1/y$，$X=1/x$，得 $Y=a+bX$。

（6）S 曲线 $y=\dfrac{1}{a+be^{-x}}$：得 $\dfrac{1}{y}=a+be^{-x}$；令 $Y=1/y$，$X=e^{-x}$，得 $Y=a+bX$。

（7）抛物线函数 $y=a+bx+cx^2$：引入已知点（x_1，y_1），则有 $\dfrac{y-y_1}{x-x_1}=b+c(x+x_1)$，令 $Y=\dfrac{y-y_1}{x-x_1}$，$X=x+x_1$，得 $Y=a+bX$。

如果不清楚 x、y 之间的函数关系具体是哪种形式，可以按以下步骤进行：①画出 x、y 散点图；②推测 y 与 x 的函数关系；③线性变换；④回归分析，得到回归方程；⑤对回归方程进行检验；⑥如果检验通过，证明推测正确，回归结束；如果检验通不过，证明推测错误，返回重新找函数关系。

4.4.2　一元多项式回归

当函数关系比较复杂时，可能变换不成线性关系。由于各种函数在一个比较小的范围内均可用多项式任意逼近，所以在实际问题中不论 y 与 x 是何种函数关系，都可以用多项式进行分析和计算。

$$y = a_0 + a_1 x + a_2 x^2 + \cdots + a_m x^m$$

进行简单变换，令 $x_1=x, x_2=x^2, \cdots, x_m=x^m$，上式变为 $y=a_0+a_1x_1+a_2x_2+\cdots+a_mx_m$，一元多项式回归转化为多元线性回归问题。需要注意的是：m 的取值较大时，虽然表面上回归的残差很小，但是曲线形状过于复杂，与实际情况不相符合，如图 4-8 所示，这种现象称为过拟合，一般 m 不超过 4。

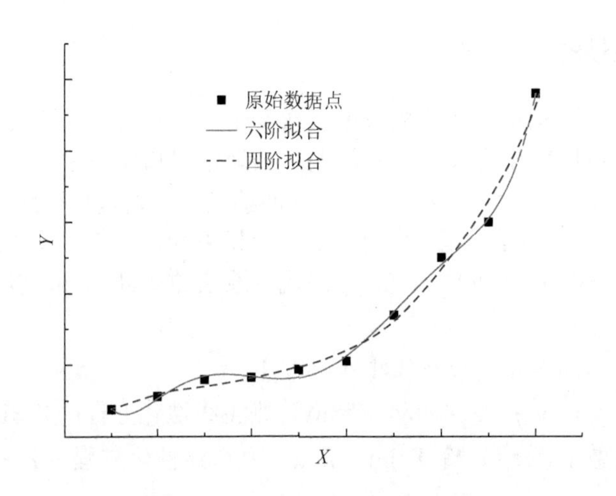

图 4-8　拟合与过拟合效果对比

4.4.3　不可线性化方程参数估计方法

对于不易转化或无论采取什么方法都无法转化为线性方程的模型，需要对模型中的参数进行估计，其方法就是进行泰勒级数展开，进行逐次的线性近似估计。

对非线性函数：

$$y = f(X, b_1, b_2, \cdots, b_m)$$

式中，$b_1, b_2, \cdots, b_m$ 为参数。

首先给定初值 $b_i^{(0)}$，初值与真解之差记为 Δ_i，则有

$$b_i = b_i^{(0)} + \Delta_i \quad (i = 1, 2, \cdots, m)$$

在 $b_i^{(0)}$ 附近对 y 作泰勒展开，并略去二次以上项，有

$$f(X_k, b_1, b_2, \cdots, b_m) \approx f_{k0} + \frac{\partial f_{k0}}{\partial b_1}\Delta_1 + \frac{\partial f_{k0}}{\partial b_2}\Delta_2 + \cdots + \frac{\partial f_{k0}}{\partial b_m}\Delta_m$$

其中

$$f_{k0} = f(X_k, b_1^{(0)}, b_2^{(0)}, \cdots, b_m^{(0)})$$

$$\frac{\partial f_{k0}}{\partial b_i}=\left.\frac{\partial f(X,b_1,b_2,\cdots,b_m)}{\partial b_i}\right|_{X=X_k,b_i=b_i^{(0)}(i=1,2,\cdots,m)}$$

对 n 组实验点 $(X_j, y_j)(j=1, 2, \cdots, N)$，其残差平方和为

$$\begin{aligned}Q&=\sum_{j=1}^{N}[y_j-f(X_j,b_1,b_2,\cdots,b_m)]^2\\&\approx\sum_{j=1}^{N}\left[y_j-\left(f_{j0}+\frac{\partial f_{j0}}{\partial b_1}\Delta_1+\frac{\partial f_{j0}}{\partial b_2}\Delta_2+\cdots+\frac{\partial f_{j0}}{\partial b_m}\Delta_m\right)\right]^2\end{aligned}$$

$$\frac{\partial Q}{\partial b_i}=\frac{\partial Q}{\partial \Delta_i}\approx 2\sum_{k=1}^{N}\left[y_k-\left(f_{k0}+\frac{\partial f_{k0}}{\partial b_1}\Delta_1+\cdots+\frac{\partial f_{k0}}{\partial b_m}\Delta_m\right)\right]^2\left(-\frac{\partial f_{k0}}{\partial b_i}\right)\quad(i=1,2,\cdots,m)$$

令 $\frac{\partial Q}{\partial b_i}=0$，并记 $a_{ij}=\sum_{k=1}^{N}\frac{\partial f_{k0}}{\partial b_i}\frac{\partial f_{k0}}{\partial b_j}$，$a_{iy}=\sum_{k=1}^{N}\frac{\partial f_{k0}}{\partial b_i}(y_k-f_{k0})$，则有方程组

$$\begin{pmatrix}a_{11}&a_{12}&\cdots&a_{1m}\\a_{21}&a_{22}&\cdots&a_{2m}\\\vdots&\vdots&\ddots&\vdots\\a_{m1}&a_{m2}&\cdots&a_{mm}\end{pmatrix}\begin{pmatrix}\Delta_1\\\Delta_2\\\vdots\\\Delta_m\end{pmatrix}=\begin{pmatrix}a_{1y}\\a_{2y}\\\vdots\\a_{my}\end{pmatrix}$$

为使 Δ_i 变化的方向为最快速下降的方向，在上式系数阵对角线上加阻尼因子“d”，得线性方程组

$$\begin{pmatrix}a_{11}+d&a_{12}&\cdots&a_{1m}\\a_{21}&a_{22}+d&\cdots&a_{2m}\\\vdots&\vdots&\ddots&\vdots\\a_{m1}&a_{m2}&\cdots&a_{mm}+d\end{pmatrix}\begin{pmatrix}\Delta_1\\\Delta_2\\\vdots\\\Delta_m\end{pmatrix}=\begin{pmatrix}a_{1y}\\a_{2y}\\\vdots\\a_{my}\end{pmatrix}$$

给定初始值 $b_i^{(0)}$ 及实验观测值，得上述方程组，可最终求得 b_i 值。

4.4.4　多元非线性回归

多元非线性函数也可以通过适当变换转化为多元线性回归的问题。把函数 $y=a_0+a_1A+a_2B+a_3A^2+a_4B^2+a_5AB$ 进行简单变换，令 $x_1=A$，$x_2=B$，$x_3=A^2$，$x_4=B^2$，$x_5=AB$，上式变为：$y=a_0+a_1x_1+a_2x_2+a_3x_3+a_4x_4+a_5x_5$，然后按照多元线性回归处理即可。

例题 4-7　农作物浇水量 A 和化肥用量 B 都将对作物产量产生影响（表 4-7），根据经验可知 A、B 及二者各自平方项和交叉项都可能影响产量，请对以下试验数

据进行回归分析，求出回归方程。

表 4-7　施肥和灌溉量及相应农作物产量

序号	灌溉量 A/(m^3/亩)	施肥量 B/(kg/亩)	产量 Y/(kg/亩)
1	140	4	620
2	280	8	818
3	400	26	220
4	120	18	499
5	420	12	171
6	220	24	610
7	240	0	928
8	360	20	493
9	160	28	521
10	300	30	384
11	200	14	675
12	380	2	809
13	320	6	728
14	260	22	629
15	340	16	626
16	180	10	710

解：根据题意先在 Excel 表格中将 A、B 及各自的平方项交叉项计算出来并列在 A、B 两列的后面（图 4-9），再调用回归分析工具，回归结果如图 4-10 所示。

S5　=O5*P5

	N	O	P	Q	R	S	T
1	No.	灌溉量A	施肥量B	A^2	B^2	A*B	Y
2	1	140	4	19600	16	560	620
3	2	280	8	78400	64	2240	818
4	3	400	26	160000	676	10400	220
5	4	120	18	14400	324	2160	499
6	5	420	12	176400	144	5040	171
7	6	220	24	48400	576	5280	610
8	7	240	0	57600	0	0	928
9	8	360	20	129600	400	7200	493
10	9	160	28	25600	784	4480	521
11	10	300	30	90000	900	9000	384
12	11	200	14	40000	196	2800	675
13	12	380	2	144400	4	760	809
14	13	320	6	102400	36	1920	728
15	14	260	22	67600	484	5720	629
16	15	340	16	115600	256	5440	626
17	16	180	10	32400	100	1800	710

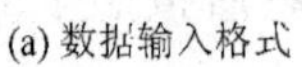

(a) 数据输入格式

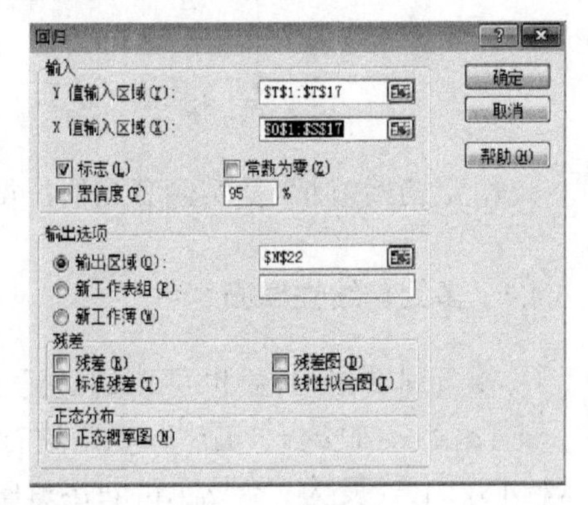

(b) 回归

图 4-9　多元非线性回归数据输入格式及回归选项

SUMMARY OUTPUT

回归统计	
Multiple R	0.953077
R Square	0.908355
Adjusted R	0.862533
标准误差	76.36471
观测值	16

方差分析

	df	SS	MS	F	Significance F
回归分析	5	578007.2	115601.4	19.82339	6.73183E-05
残差	10	58315.69	5831.569		
总计	15	636322.9			

	Coefficien	标准误差	t Stat	P-value	Lower 95%	Upper 95%	下限 95.0%	上限 95.0%
Intercept	-167.206	212.6693	-0.78623	0.449964	-641.0629452	306.6504	-641.063	306.6504
灌溉量A	8.218148	1.451621	5.661359	0.000209	4.983734999	11.45256	4.983735	11.45256
施肥量B	-3.63093	10.3524	-0.35073	0.733065	-26.6975282	19.43566	-26.6975	19.43566
A^2	-0.01523	0.002573	-5.91825	0.000147	-0.020961796	-0.0095	-0.02096	-0.0095
B^2	0.101784	0.257314	0.395564	0.700734	-0.471547207	0.675116	-0.47155	0.675116
A*B	-0.04917	0.02437	-2.01748	0.071279	-0.103465556	0.005134	-0.10347	0.005134

图 4-10　灌溉量、施肥量对作物产量影响多元非线性回归结果

从图 4-10 可知农作物产量与灌溉量 A 和施肥量 B 的函数关系为

$$Y=-167.2+8.218A-3.631B-0.0152A^2+0.1018B^2-0.0492AB$$

从各因素“P-value”看，灌溉量 A 及其平方项对产量影响高度显著，而 A、B 的交叉项影响弱显著（显著性水平大于 0.05，小于 0.10），施肥量及平方项影响不显著。

4.5　最优回归方程的选择

自变量的选择对于建立回归模型无疑是非常重要的问题。在建立回归模型时首先考虑的问题就是如何确定自变量，一般根据所研究问题的基本理论罗列出对试验指标可能有影响的因素作为自变量。如果遗漏了某些重要的自变量，回归方程的效果肯定不好；但是如果因为担心遗漏了重要自变量，而考虑了过多的自变量，会出现有些自变量质量很差，有些自变量与其他自变量有某些重叠，这样既大大增加计算量，又使回归方程稳定性变差，而直接影响到回归方程的应用。

20 世纪 60 年代以来，关于回归自变量的选择成为统计学研究的热点问题。统计学家提出许多回归选元的准则，并提出许多行之有效的选元方法。研究结果表明，一个好的回归模型并不是考虑的自变量越多越好，选择自变量的基本指导思想是少而精，应尽可能剔除那些可有可无的自变量。

4.5.1　综合比较法

把所有可能的自变量组合方式的回归方程都求出来，全面比较，选出最优方程。

当自变量较多时计算量巨大，m 个自变量可以有 2^m-1 种组合方式，该方法执行起来有一定难度。

例题 4-8 某试验主要影响因素有 A、B、C 三种，试验指标 Y 越大越好，进行了 7 次试验，结果列于表 4-8。

表 4-8 因素 *A*、*B*、*C* 及试验指标值

样品编号	A	B	C	Y
1	0.02	0.8	0.6	91.3
2	0.04	1.6	1.2	92.8
3	0.06	2.4	0.4	90.2
4	0.08	0.4	1	86.7
5	0.1	1.2	0.2	82.4
6	0.12	2	0.8	80.5
7	0.14	2.8	1.4	79.2

解：将各种可能的回归方式及回归结果列于表 4-9。

表 4-9 *A*、*B*、*C* 各种组合回归结果

方案编号	入选因素	回归方程 F 值	显著性水平	回归方程
1	A	63.96	0.000494	Y=95.97–122.7A
2	B	0.8075	0.410	Y=89.96–2.375B
3	C	0.0809	0.788	Y=87.44–1.607C
4	A+B	33.23	0.0032	Y=95.23–131.9A+0.9226B
5	A+C	32.19	0.0034	Y=95.04–126.6A–1.557C
6	B+C	0.3261	0.739	Y=90.23–2.32B–0.448C
7	A+B+C	20.45	0.0168	Y=94.51–134.14A+0.811B+1.341C

表 4-9 给出 A、B、C 各种组合得到的回归结果，其中显著性水平即为回归结果给出的“significance F”值。从表中各方案比较得知，方案 1 得到的回归方程置信度最高，是最优回归方程。其次是方案 4 和方案 5 得到的回归方程。

这七种组合方式没有考虑二次项及其组合，并且如果自变量之间相关，可能回归检验就不能提供一个明确的选择方案。

4.5.2 逐个剔除法

逐个剔除法又称后退法（the backward filtering），是先建立包括所有自变量的回归方程，然后逐个剔除不显著的自变量（如 $\alpha>0.05$），直到回归方程中包含的自变量都显著为止。剔除的标准可以参照 4.3.3 节因素主次判断法中的偏 F 检验、t 检验或根据显著性水平进行。

例题 4-9　根据例题 4-8 的数据，按照逐个剔除法求最佳回归方程。

解： 首先把 A、B、C 全入选回归方程，得到表 4-10（a）中的回归结果。

表 4-10（a）　后退法回归结果 1

	Coefficients	t Stat	P-value
Intercept	94.52	51.74	0.0000
A	−134.14	−7.23	0.0054
B	0.81	0.87	0.4461
C	1.34	0.81	0.4779

表 4-10（a）中第一列为所选因素，其中"Intercept"意为截距。第二列为系数，即截距值为 94.52，以下各行分别为因素 A、B、C 对应的系数，即把 A、B、C 全部入选得到的回归方程为

$$Y=94.52-134.14A+0.81B+1.34C$$

第三列"t Stat"是统计量 t 值，其绝对值越大，因素对指标影响越显著。最后一列给出的"P-value"是偏回归系数对应的显著性水平，其值越小，影响越显著：当其值在 0.01～0.05 时，对应因素对指标有显著影响；当其值<0.01 时，因素对指标影响高度显著。

根据回归结果，首先淘汰的是因素 C，再次回归后得到表 4-10（b）。

表 4-10（b）　后退法回归结果 2

	Coefficients	标准误差	t Stat	P-value
Intercept	95.23	1.53	62.34	0.000
A	−131.90	17.52	−7.53	0.002
B	0.92	0.88	1.05	0.352

回归结果表明剩下的因素 B 对 Y 的影响不显著，淘汰掉 B 因素，第三次回归得到表 4-10（c）。

表 4-10（c）　后退法回归结果 3

	Coefficients	标准误差	t Stat	P-value
Intercept	95.97	1.37	69.95	1.13E-08
A	−122.68	15.34	−8.00	4.94E-04

符合要求，最终回归结果为：$Y=95.97-122.7A$。

4.5.3　逐个引入法

逐个引入法又称前进法（forward selection），这是与逐个剔除法相反的过程，按自变量显著性大小，由少到多逐个引入地建立回归方程，直到没有可以引入的变量

为止。但如果自变量之间存在相关关系，会使开始引入的显著的自变量随着自变量的增加变得不显著，从而最终建立的回归方程不一定最优。

具体做法是先将全部 m 个自变量分别对因变量 y 建立一元线性回归方程，并分别进行 F 检验，其中最大者如果满足 $F>F_\alpha$（1，n–2）则首先入选回归方程。首先入选的因素记为 x_1，其次因变量 y 分别与$(x_1, x_2), (x_1, x_3), \cdots, (x_1, x_m)$建立二元线性回归方程，并对新引进的自变量进行 F 检验，其中最大者且满足 $F>F_\alpha$（1，n–3）则入选回归方程，如此反复，直到所有未被引入的自变量的 F 值均小于 $F_\alpha(1, n-p-1)$，得到最终回归方程。

逐个引入法和逐个剔除法都有明显的不足。逐个引入法不能反映引进新的自变量后的变化情况，因为因素之间可能存在关联，某个自变量开始可能是显著的，但引入其他自变量后可能变得不显著，但也没有机会将其剔除；而逐个剔除法一开始把全部自变量引入，计算量很大，某个自变量一旦剔除，它再也没有机会重新进入回归方程。我们所研究的绝大部分问题是自变量之间存在相关性，如果几个自变量联合对试验指标有影响，但单个自变量对 Y 的影响不显著，逐个引入法就不会引入这几个自变量，逐个剔除法却可以保留这几个自变量，这是逐个剔除法的优点。

4.5.4 逐步回归法

从逐个引入法和逐个剔除法的思想方法及不足，人们自然地会构想一种对上述两种方法改进的方法，吸收其优点，克服其不足，这就是逐步回归法。逐步回归的具体步骤是：按自变量显著性大小，由少到多逐个引入地建立回归方程，同时随时检验变量的显著性，当新变量的引入使原先引入的变量变得不显著时，就及时将其剔除，这种边引入边剔除的方法就是逐步回归分析法。下面将以例题 4-10 为例详细讲解逐步回归法分析的步骤。其中以偏 F_i 值为判据，应该注意的是引入和剔除的标准不应相同，且 $F_{in}>F_{out}$，否则容易出现死循环的情况。

例题 4-10 每克水泥释放的热量是评价水泥质量的一个重要指标，其受到四个因素的影响：A 为水泥中 $3CaO{\cdot}Al_2O_3$ 的含量（%），B 为水泥中 $3CaO{\cdot}SiO_2$ 的含量（%），C 为水泥中 $4CaO{\cdot}Al_2O_3{\cdot}Fe_2O_3$ 的含量（%），D 为水泥中 $2CaO{\cdot}SiO_2$ 的含量（%），Y 为每克水泥释放的热量（$J{\cdot}g^{-1}$）（表 4-11）。试建立 Y 与自变量 A、B、C、D 之间最优的回归方程并使每一项都显著。

表 4-11 水泥各不同组分含量及释放热量值

序号	A	B	C	D	Y
1	7	26	6	60	328.4
2	1	29	15	52	310.9
3	11	56	8	20	436.4
4	11	31	8	47	366.5

续表

序号	A	B	C	D	Y
5	7	52	6	33	401.2
6	11	55	9	22	456.9
7	3	71	17	6	429.7
8	1	31	22	44	303.3
9	2	54	18	22	389.5
10	21	47	4	26	484.9
11	1	40	23	34	350.6
12	11	66	9	12	474.0
13	10	68	8	12	457.7

解：事先给定两个判定边界条件，F_{in}=4.0 为引入条件，F_{out}=3.9 为删除条件。

步骤 1，对所有 A、B、C、D 进行一元线性回归分析，找出 F_i 最大的因素作为首选入围因素［表 4-12（a）］。

表 4-12（a）　逐步回归 1

方程内项	回归系数	F_i	待入选因素	F_i
常数项	399.3			
			A	12.6
			B	22.0
			C	4.40
			D	22.8

表中常数项因为没有任何入选因素，取所有实验结果的平均值 399.3 $J \cdot g^{-1}$；F_i 是根据式（4-26）计算的偏 F 统计量。其中 F_D 最大，且 F_D＞4.0，引入 D 因素。

步骤 2，方程内的因素仅有 D，且 F_D＞3.9，不剔除 D；常数项变为 $y=kD+b$ 情况下的截距 491.9 $J \cdot g^{-1}$。方程外的因素 A、B、C 中，F_A 最大，且 F_A＞4.0，引入 A 因素［表 4-12（b）］。

表 4-12（b）　逐步回归 2

方程内项	回归系数	F_i	待入选因素	F_i
常数项	491.9			
			A	108.2
			B	0.172
			C	40.29
D	−3.088	22.8		

步骤 3，方程内的因素有 A、D，F_A最小，且$F_A>3.9$，不剔除 D。方程外的因素 B、C 中，F_B最大，且$F_B>4.0$，引入 B 因素［表 4-12（c）］。

表 4-12（c）　逐步回归 3

方程内项	回归系数	F_j	待入选因素	F_j
常数项	431.4			
A	6.025	108.2		
			B	5.02
			C	4.23
D	–2.569	159.3		

步骤 4，方程内的因素有 A、B、D，F_D最小，且$F_D<3.9$，剔除 D［表 4-12（d）］。

表 4-12（d）　逐步回归 4

方程内项	回归系数	F_j	待入选因素	F_j
常数项	299.8			
A	6.075	154.0		
B	1.741	5.03		
			C	0.018
D	–0.990	1.86		

方程外的因素 C，$F_C<4.0$，不引入 C 因素。至此，方程内的因素 $F>4.0$ 无需剔除［表 4-12（e）］；方程外的因素 $F<3.9$，无需引入，逐步回归到此结束，得回归方程：$y=220.0+6.143A+2.771B$。方程 F 值为 229.5，显著性水平为 4.41×10^{-9}。

表 4-12（e）　逐步回归 5

方程内项	回归系数	F_j	待入选因素	F_j
常数项	220.0			
A	6.143	146.5		
B	2.771	208.6		
			C	1.83
			D	1.86

以上无论是逐个引入法、逐个剔除法还是逐步回归法，计算量都较大，需要用专门的软件进行处理。

习　题

1. 某温度下，在钢线材碳含量对电阻的影响研究中，测得如下数据

碳含量 x/%	0.10	0.30	0.40	0.55	0.70	0.80	0.95
电阻 y	15	18	19	21	22.6	23.8	26

求 y 关于 x 的线性回归方程。

2. 已知水的热容 C 与温度 T 之间关系数据如下

T/℃	5	10	15	20	25	30	35	40	45	50
$C/(\mathrm{J\cdot mol^{-1}})$	4.2022	4.1954	4.1900	4.1858	4.1829	4.1812	4.1808	4.1820	4.1846	4.1883

用多相式 $C=a_0+a_1t+a_2t^2$ 拟合确定 a_0、a_1、a_2 的值。

3. 某物质在双组分混合溶剂中的溶解度 S 与溶剂组成 x 之间的经验公式为：$S=a_0+a_1x+a_2x^2+a_3x^3$，实验数据如下

x	0.1	0.2	0.3	0.4	0.5	0.6	0.7	0.8	0.9	1.0
S/g	0.212	0.463	0.772	1.153	1.628	2.207	2.917	3.776	4.798	6.001

求 a_0、a_1、a_2、a_3 的值。

4. 用分光光度法测定四氨合铜离子浓度，每一个点经多次测定，结果如下

浓度 $x/(\mathrm{mol\cdot L^{-1}})$	0.002	0.003	0.005	0.008	0.012
吸光度 y	0.12	0.14	0.27	0.40	0.52
标准方差 σ	0.0186	0.0224	0.0301	0.0415	0.0567

用一般线性回归和加权回归分别讨论上述实验结果。

5. 彩色胶卷的显影中，染料光学密度 y 与银光学密度 x 的关系可用数学模型 $y=A\mathrm{e}^{-B/x}$ 来描述，实验数据如下

x	0.05	0.06	0.07	0.10	0.14	0.20	0.25	0.31	0.38	0.43	0.47
y	0.10	0.14	0.23	0.37	0.59	0.79	1.00	1.12	1.19	1.25	1.29

求回归方程（A=1.72918，B=0.145929）。

6. 某物质溶解度与温度之间的关系可用 $c=aT^b$ 公式表示，实验结果如下

T/K	273	283	293	313	333	353
c/g	23.5	26.2	30.3	37.1	46.8	57.4

求回归方程。

7. 某化工厂产品收率 y 和压力、温度有关，实验数据如下

p/atm	9.5	6.3	10.5	8.5	7.7	7.3	6.9	7.7	8.5	8.3	10.3	9.1	9.7	9.3	8.7
T/℃	684	692	670	674	690	686	696	702	667	694	656	700	700	678	707
y/kg	50	42	37	39	34	23	39	44	52	29	54	34	27	44	27

求回归方程及复相关系数。

8. 在 DBS 水溶液中加入活性炭，在等温下放置达吸附平衡。DBS 的平衡浓度 c 与加入活性炭的吸附量 q 之间的实验数据为

$c/(\mathrm{mg\cdot L^{-1}})$	1.6	4.52	6.8	8.16	11.6	12.7	18.2	29.0	38.9	57.3
q/(mg/g 活性炭)	170.7	228.1	258.0	283.7	321.3	335.4	378.6	434.6	401.3	429.0

若采用经验公式 $q=bc/(1+\alpha c^{\beta})$ 表示吸附等温式，取初值 $\alpha=0.5$，$b=180$，$\beta=0.5$，拟合 α、b、β 的值。

9. 在 Ni 催化剂上 150℃时丙醛加氢反应，实验中测得丙醛分压 p_A、氢气分压 p_B 及产物生成速率 r 的数据如下

p_A/kPa	68.9	103.4	137.9	155.1	172.4	189.6	206.8	112.4
p_B/kPa	68.8	103.4	137.9	155.1	172.4	189.6	206.8	94.5
$r/(\mathrm{mol\cdot ks^{-1}\cdot g^{-1}})$	0.0138	0.0169	0.0195	0.0207	0.0218	0.0229	0.0239	0.0192
p_A/kPa	99.3	88.9	76.5	67.6	112.4	104.8	106.2	109.2
p_B/kPa	107.6	117.9	130.3	139.3	94.5	102.0	100.7	97.2
$r/(\mathrm{mol\cdot ks^{-1}\cdot g^{-1}})$	0.0159	0.0136	0.0111	0.0095	0.0192	0.0172	0.0176	0.0184

试用模型 $r = kp_A^m p_B^n$ 模拟上述实验数据，确定 k、m、n 的值。

10. 某化合物溶解度与温度 T 之间的关系符合 $S=aT^b$，已知实验数据如下

T/K	273	283	293	313	333	353
S/g	23.5	26.2	30.3	37.1	46.8	57.4

取初值 $a=5\times10^{-8}$，$b=3.4$，拟合 a、b 的值。

11. 某催化剂活性与工作寿命 t 的关系符合经验公式 $y = a\mathrm{e}^{(bt+ct^2)}$，已知实验数据如下

t	0	27	40	52	70	89	106
y	100.0	82.2	76.3	71.8	66.4	63.3	61.3

取初值 $a=10$，$b=-10^{-3}$，$c=10^{-5}$，试确定 a、b、c 的值。

12. 某化学反应过程，温度 T 和产率 y 的数据如下

T/℃	100	110	120	140	150	160	170	180	190
y/%	45	51	61	66	70	74	78	85	89

求产率 y 对温度 T 的线性回归方程，并检验。

13. 合成异戊橡胶中，橡胶的特性黏度[η]和门尼黏度的数据如下

[η]	8.18	6.10	3.89	5.95	5.54	10.8	9.07	8.80	4.03	8.30
门尼黏度	75.0	57.5	63.0	37.5	47.0	88.0	97.0	57.5	20.5	79.5
[η]	8.36	8.91	6.70	4.88	8.32	3.95	9.42	8.90	6.22	8.45
门尼黏度	73.0	85.0	54.0	32.0	72.0	24.0	89.0	81.0	56.5	81.5
[η]	4.06	7.75	7.24	5.57	6.85	3.40	3.98	7.19		
门尼黏度	22.5	75.5	60.0	41.0	55.5	28.0	25.0	70.5		

用一元线性回归确定特性黏度与门尼黏度的关系。

第 5 章　数值分析基础

科学研究包括理论研究和科学实验两大部分，但有时存在一些既不能用理论精确描述，又不能用实验手段来处理的研究对象，如太大或太小、太快或太慢等一些极限条件下的问题，理论分析往往无能为力，实验又很难进行，因此需要新的科学研究方法。随着电子计算机的广泛应用，科学计算水平迅速提高，科学研究与工程设计的手段逐渐由理论分析、模拟实验向科学计算的方向转变。科学计算在处理这类问题上起到越来越重要的作用。本章以实验数据为基础通过适当的运算，解决一些实际问题。

5.1　插　　值

反映自然规律数量关系有三种表示法：解析法、图像法和表格法。大量实际问题是用表格给出函数关系的，而表格受到数据个数的限制不可能把所有数据都表示出来，因此一些不在表格上的数据就需要通过插值的方法得到。

函数插值法是应用已知数据求取中间值的方法。

通过实验可以得到与自变量 x_i 相对应的函数值 y_i：n 次实验得到：$x_0, x_1, \cdots, x_n$；$y_0, y_1, \cdots, y_n$。设函数 $y=f(x)$在区间$[a, b]$上有定义，且已知在点 $a \leqslant x_0 < x_1 < \cdots < x_n \leqslant b$ 上的值 $y_0, y_1, \cdots, y_n$，若存在一个简单函数 $P(x)$，有 $P(x_i)=y_i(i=0, 1, 2, \cdots, n)$成立，就称 $P(x)$为 $f(x)$的插值函数，点 $x_0, x_1, \cdots, x_n$ 称为插值节点，$[a, b]$称为插值区间，求插值函数 $P(x)$的方法称为插值法。若插值函数 $P(x)$是次数不超过 n 的代数多项式，$P(x)=a_0+a_1x+\cdots+a_nx^n$，其中 a_i 为实数，就称 $P(x)$为插值多项式，相应的插值法为多项式插值法。当多项式仅有常数项和一次项时就是线性插值。若 $P(x)$为分段的多项式，就称为分段插值。

插值的方法有很多种，如线性插值、拉格朗日插值、牛顿插值、埃尔米特插值、分段插值、样条插值等，本章仅介绍应用较多的线性插值、拉格朗日插值、牛顿插值和样条插值。

5.1.1　线性插值

假设两个相邻实验点间符合简单的线性关系，x 位于第 k 个与第 $k+1$ 个点之间，则

$$y = y_k + \frac{y_{k+1} - y_k}{x_{k+1} - x_k}(x - x_k) \tag{5-1}$$

例题 5-1　已知 $NaNO_3$ 在水中溶解度，20℃ 84.5 g/100 g H_2O，30℃ 91.6 g/100 g H_2O，试求 28℃时 $NaNO_3$ 在水中溶解度。

解：代入线性插值公式 $S_{28℃}=84.5+\dfrac{91.6-84.5}{30-20}(28-20)=90.18(\text{g/100g H}_2\text{O})$

线性插值法精度不高，尤其是步长较大时。

5.1.2　拉格朗日插值

拉格朗日插值是多项式插值，假定函数 $y=f(x)$在区间$[a, b]$上连续，且在其中 $n+1$ 个不同的点 $x_0, x_1, \cdots, x_n$ 处的函数值为 $y_0, y_1, \cdots, y_n$，那么构造一个简单的函数 $P(x)$作为 $f(x)$的近似表达式，以 $P(x)$的值作为 $f(x)$的近似值。

拉格朗日插值法假定 $f(x)$可用多项式表示，其最高次数为 n 且在 $n+1$ 个结点上能取得相应的函数值 $y_0, y_1, \cdots, y_n$。其几何意义为：过 $n+1$ 个给定点的 n 次抛物线。

假定 $P(x)$具有如下形式：

$$P(x)=c_0+c_1x+c_2x^2+\cdots+c_nx^n$$

由于 $P(x)$经过 $n+1$ 个结点，故满足下列 $n+1$ 个方程：

$$\begin{aligned}c_0+c_1x_0+c_2x_0^2+\cdots+c_nx_0^n&=y_0\\ c_0+c_1x_1+c_2x_1^2+\cdots+c_nx_1^n&=y_1\\ &\vdots\\ c_0+c_1x_n+c_2x_n^2+\cdots+c_nx_n^n&=y_n\end{aligned}\quad \text{即}\begin{bmatrix}1&x_0&x_0^2&\cdots&x_0^n\\1&x_1&x_1^2&\cdots&x_1^n\\1&x_2&x_2^2&\cdots&x_2^n\\\vdots&\vdots&\vdots&\ddots&\vdots\\1&x_n&x_n^2&\cdots&x_n^n\end{bmatrix}\begin{bmatrix}c_0\\c_1\\c_2\\\vdots\\c_n\end{bmatrix}=\begin{bmatrix}y_0\\y_1\\y_2\\\vdots\\y_n\end{bmatrix}$$

解上述方程，得到拉格朗日插值多项式的表达形式：

$$\begin{aligned}P(x)&=y_0\frac{(x-x_1)(x-x_2)\cdots(x-x_n)}{(x_0-x_1)(x_0-x_2)\cdots(x_0-x_n)}+y_1\frac{(x-x_0)(x-x_2)\cdots(x-x_n)}{(x_1-x_0)(x_1-x_2)\cdots(x_1-x_n)}+\cdots+\\&\quad y_n\frac{(x-x_0)(x-x_1)\cdots(x-x_{n-1})}{(x_n-x_0)(x_n-x_2)\cdots(x_n-x_{n-1})}\\&=\sum_{i=0}^{n}y_i\frac{(x-x_0)(x-x_1)\cdots(x-x_{i-1})(x-x_{i+1})\cdots(x-x_n)}{(x_i-x_0)(x_i-x_1)\cdots(x_i-x_{i-1})(x_i-x_{i+1})\cdots(x_i-x_n)}\end{aligned}$$

当 $n=1$ 时，为线性插值：

$$L_1(x)=y_0\frac{x-x_1}{x_0-x_1}+y_1\frac{(x-x_0)}{(x_1-x_0)}=y_0+\frac{(x-x_0)}{(x_1-x_0)}(y_1-y_0)$$

当 $n=2$ 时，为二次插值或抛物线插值：

$$L_2(x)=y_0\frac{(x-x_1)(x-x_2)}{(x_0-x_1)(x_0-x_2)}+y_1\frac{(x-x_0)(x-x_2)}{(x_1-x_0)(x_1-x_2)}+y_2\frac{(x-x_0)(x-x_1)}{(x_2-x_0)(x_2-x_1)}\tag{5-2}$$

例题 5-2　已知不同温度下 $NaNO_3$ 在水中溶解度（表 5-1），试用拉格朗日插值法求 28℃时 $NaNO_3$ 在水中溶解度。

表 5-1　不同温度下 $NaNO_3$ 在水中溶解度

温度/℃	0	10	20	30	40	50	80	100
溶解度/(g/100 g H_2O)	72.1	78.0	84.5	91.6	98.4	104.1	132.6	163.2

解：8 个已知点可以列 7 阶多项式

$$\begin{bmatrix} 1 & 0 & 0^2 & \cdots & 0^7 \\ 1 & 10 & 10^2 & \cdots & 10^7 \\ 1 & 20 & 20^2 & \cdots & 20^7 \\ \vdots & \vdots & \vdots & \ddots & \vdots \\ 1 & 100 & 100^2 & \cdots & 100^7 \end{bmatrix} \begin{bmatrix} c_0 \\ c_1 \\ c_2 \\ \vdots \\ c_n \end{bmatrix} = \begin{bmatrix} 72.1 \\ 78.0 \\ 84.5 \\ \vdots \\ 163.2 \end{bmatrix}$$

解方程组得

$$C^{\mathrm{T}} = [7.21\times10^{1}\ 5.74\times10^{-1}\ 1.62\times10^{-3}\ -9.95\times10^{-5}\ 1.46\times10^{-5}\ -5.13\times10^{-7} 6.57\times10^{-9}\ -2.78\times10^{-11}]$$

将 x=28 代入 $P(x)$表达式，得 $P(28)$=90.16(g/100 g H_2O)。

5.1.3　牛顿插值

拉格朗日插值多项式公式结构紧凑，在理论分析中甚为方便，但当插值节点增减时，全部插值基函数均要随之变化，整个公式也将发生变化，这在实际计算中是很不方便的，为了克服这一缺点，提出了牛顿插值。

给出 n 个数据点$(x_1, y_1),(x_2, y_2), \cdots, (x_n, y_n)$，相邻两个数据点间隔相等，即 $x_i - x_{i-1} = x_{i+1} - x_i = h$，令通过该 n 点的多项式为

$$y = f(x) = a_1 + a_2(x - x_1) + a_3(x - x_1)(x - x_2) + \cdots + a_n(x - x_1)(x - x_2)\cdots(x - x_{n-1}) \quad (5\text{-}3)$$

式（5-3）称为牛顿多项式插值公式。

$$x = x_1 \Rightarrow a_1 = y_1$$

$$x = x_2 \Rightarrow a_2 = \frac{1}{h}(y_2 - y_1) = \frac{1}{h}\varDelta^1 y_1$$

$$x = x_3 \Rightarrow a_3 = \frac{1}{2!h^2}[(y_3 - y_2) - (y_2 - y_1)] = \frac{1}{2!h^2}\varDelta^2 y_1$$

$$\vdots$$

$$a_k = \frac{1}{(k-1)!h^{k-1}}\varDelta^{k-1} y_1 \text{ (牛顿前进差分插值公式)}$$

显然：

$$\varDelta^1 y_1 = y_2 - y_1$$

$$\varDelta^2 y_1 = (y_3 - y_2) - (y_2 - y_1) = y_3 - 2y_2 + y_1$$

$$\varDelta^3 y_1 = [(y_4 - y_3) - (y_3 - y_2)] - [(y_3 - y_2) - (y_2 - y_1)] = y_4 - 3y_3 + 3y_2 - y_1$$

如此每次计算只需在前一次计算的基础上增加一项即可。

例题 5-3　利用表 5-1 的 0～30℃时的数据求 28℃时 $NaNO_3$ 的溶解度。

解：x_1=0,　y_1=a_1=72.1；

x_2=10,　y_2=a_1+a_2(x_2–x_1)=78,　a_2=(y_2–y_1)/h=0.59；

仅用 0℃和 10℃数据求得 28℃时 $y=72.1+0.59(28-0)=88.62(g/100\ g\ H_2O)$，用 0～20℃数据求 28℃时 $NaNO_3$ 的溶解度：

$x_3=20$，　$y_3=f(x)=a_1+a_2(x-x_1)+a_3(x-x_1)(x-x_2)=84.5$，　$a_3=0.003$；

将 $x=28$ 代入 $y=88.62+0.003(28-0)(28-10)=88.62+1.512=90.13(g/100\ g\ H_2O)$，用 0～30℃数据求 28℃时 $NaNO_3$ 的溶解度：

$x_4=30$，　$y_4=f(x)=a_1+a_2(x-x_1)+a_3(x-x_1)(x-x_2)+a_4(x-x_1)(x-x_2)(x-x_3)=91.6$

$a_4=0.000$；

将 $x=28$ 代入 $y=90.13+0.000(28-0)(28-10)(28-20)=90.13(g/100\ g\ H_2O)$，同理

$a_5=-3.75\times10^{-6}$，　$y=90.13-3.75\times10^{-6}(28-0)(28-10)(28-20)(28-30)=90.16(g/100\ g\ H_2O)$

5.1.4　样条插值

在一元函数插值时，若结点数很多而采用高阶插值多项式是不理想的，不仅计算冗长复杂，而且插值过程引起的误差被放大，导致插值不稳定。采用分段插值的方法，虽然可以降低插值多项式的次数，也能保证插值曲线的连续，但段间连接点处不能保证曲线的光滑性。样条函数就是既能保证结点处连续，又能保证曲线光滑（导数连续）的一种方法。

设曲线 $y=f(x)$通过 n 个结点：(x_i, y_i)，$i=1, 2, \cdots, n$，则三次样条插值函数 $S(x)$满足如下条件：

（1）$S(x_i)=y_i$，$(i=1, 2, \cdots, n)$。

（2）$S(x)$在插值区间$[a, b]$上有一阶及二阶连续导数，该条件不仅保证了曲线光滑，也保证了曲率连续：

$$S'(x_i-0)=S'(x_i+0)$$
$$S''(x_i-0)=S''(x_i+0)\qquad (i=2,3,\cdots,n-1)$$

（3）在每个子区间$[x_i, x_{i+1}]$上，$S(x)$均为三次多项式。在样条函数的使用中，必须另外补充两个边界条件。几种常见的边界条件为：①样条函数在两端点处的一阶导数已知；②样条函数是以 x_n-x_1 为周期的周期函数；③当无特殊需求时，可人为加入如下边界条件：即两端点处的二阶导数为零。

因 $S(x)$在每个小区间上为三次多项式，故 $S''(x)$ 在$[x_j, x_{j+1}]$上必为线性函数。根据拉格朗日线性插值公式，有

$$S''(x)=\frac{x_{j+1}-x}{x_{j+1}-x_j}M_j+\frac{x-x_j}{x_{j+1}-x_j}M_{j+1}$$

令 $h_j=x_{j+1}-x_j$，$j=1, 2, \cdots, n-1$，有

$$S''(x)=\frac{x_{j+1}-x}{h_j}M_j+\frac{x-x_j}{h_j}M_{j+1}$$

积分可得

$$S'(x) = -\frac{(x_{j+1}-x)^2}{2h_j}M_j + \frac{(x-x_j)^2}{2h_j}M_{j+1} + c_1$$

$$S(x) = \frac{(x_{j+1}-x)^3}{6h_j}M_j + \frac{(x-x_j)^3}{6h_j}M_{j+1} + c_1 x + c_2$$

由 $S(x_j)=y_j$，$S(x_{j+1})=y_{j+1}$，得

$$\begin{cases} y_j = \dfrac{h_j^2}{6}M_j + c_1 x_j + c_2 \\ y_{j+1} = \dfrac{h_j^2}{6}M_{j+1} + c_1 x_{j+1} + c_2 \end{cases}$$

进而得

$$\begin{cases} c_1 = \dfrac{y_{j+1}-y_j}{h_j} - \dfrac{h_j}{6}(M_{j+1}-M_j) \\ c_2 = y_j - \dfrac{h_j^2}{6}M_j - [\dfrac{y_{j+1}-y_j}{h_j} - \dfrac{h_j}{6}(M_{j+1}-M_j)]x_j \end{cases}$$

故得

$$S'(x) = -\frac{(x_{j+1}-x)^2}{2h_j}M_j + \frac{(x-x_j)^2}{2h_j}M_{j+1} + \frac{y_{j+1}-y_j}{h_j} - \frac{h_j}{6}(M_{j+1}-M_j)$$

$$S(x) = \frac{(x-x_j)(x-x_{j+1})(x-2x_j+x_{j+1})}{6h_j}M_{j+1} - \frac{(x-x_j)(x-x_{j+1})(x+x_j-2x_{j+1})}{6h_j}M_j + \frac{1}{h_j}[(x-x_j)y_{j+1} + (x_{j+1}-x)y_j]$$

现在确定 $M_1, M_2, \cdots, M_n$ 共 n 个二阶导数的值。

由一阶导数 $S'(x)$ 的连续性，有

$$S'(x_i - 0) = S'(x_i + 0)$$

$S'(x_i - 0)$ 在区间$[x_{i-1}, x_i]$的右端，故 $S'(x_i - 0) = \dfrac{h_{i-1}}{3}M_i + \dfrac{h_{i-1}}{6}M_{i-1} + \dfrac{y_i - y_{i-1}}{h_{i-1}}$。

$S'(x_i + 0)$ 在区间$[x_i, x_{i+1}]$的左端，故 $S'(x_i + 0) = -\dfrac{h_i}{3}M_i - \dfrac{h_i}{6}M_{i+1} + \dfrac{y_{i+1} - y_i}{h_i}$。

整理得

$$\frac{h_{i-1}}{h_i + h_{i-1}}M_{i-1} + 2M_i + \frac{h_i}{h_i + h_{i-1}}M_{i+1} = 6\frac{1}{h_i + h_{i-1}}[\frac{y_{i+1}-y_i}{h_i} - \frac{y_i - y_{i-1}}{h_{i-1}}]$$

令 $\mu_i = \dfrac{h_{i-1}}{h_i + h_{i-1}}$，$\lambda_i = \dfrac{h_i}{h_i + h_{i-1}}$，$d_i = 6\dfrac{1}{h_i + h_{i-1}}[\dfrac{y_{i+1}-y_i}{h_i} - \dfrac{y_i - y_{i-1}}{h_{i-1}}]$，则

$$\mu_i M_{i-1} + 2M_i + \lambda_i M_{i+1} = 6d_i \quad (i = 2,3,\cdots,n-1)$$

这样的方程共有 $n-2$ 个，尚缺两个方程，对自然边界条件：$M_1=0$，$M_n=0$，显然，最终方程组为

$$\begin{bmatrix} 2 & \lambda_1 & & & & \\ \mu_2 & 2 & \lambda_2 & & & \\ & \mu_3 & 2 & \lambda_3 & & \\ & & \ddots & & & \\ & & \mu_{n-2} & 2 & \lambda_{n-2} & \\ & & & \mu_{n-1} & 2 \end{bmatrix} \begin{bmatrix} M_2 \\ M_3 \\ M_4 \\ \vdots \\ M_{n-2} \\ M_{n-1} \end{bmatrix} = \begin{bmatrix} d_2 \\ d_3 \\ d_4 \\ \vdots \\ d_{n-2} \\ d_{n-1} \end{bmatrix}$$

例题 5-4　利用表 5-1 中 0～40℃的数据（表 5-2）用三次样条插值法求 28℃时 $NaNO_3$ 的溶解度。

表 5-2　不同温度的溶解度

温度/℃	0	10	20	30	40	50	80	100
溶解度/(g/100 g H_2O)	72.1	78.0	84.5	91.6	98.4	104.1	132.6	163.2

解：根据题意，$h_1=h_2=h_3=10$，又 $\mu_i=\dfrac{h_{i-1}}{h_i+h_{i-1}}$，所以 $\mu_2=\mu_3=0.5$，同理

$$\lambda_i=\frac{h_i}{h_i+h_{i-1}}\lambda_1=\lambda_2=\lambda_4=0.5$$

$$d_i=6\frac{1}{h_i+h_{i-1}}[\frac{y_{i+1}-y_i}{h_i}-\frac{y_i-y_{i-1}}{h_{i-1}}]$$

$$d_2=0.018,\ d_3=0.018,\ d_4=-0.009$$

$$M_1=0,\ M_5=0$$

所以得到方程组

$$0+2M_2+0.5M_3=0.018$$

$$0.5M_2+2M_3+0.5M_4=0.018$$

$$0.5M_3+2M_4+0=-0.009$$

解方程组得

$$M_2=0.00675,\ M_3=0.009,\ M_4=-0.00675$$

将 M_1～M_5 代入 $S(x)$方程

$$S(x)=\frac{(x_{j+1}-x)^3}{6h_j}M_j+\frac{(x-x_j)^3}{6h_j}M_{j+1}+c_1x+c_2$$

由于 28℃在 20～30℃范围内，故选 $j=3$，$x_{j+1}=30$，$x_j=20$，$M_3=0.009$，$M_4=-0.00675$

$$c_1=\frac{y_{j+1}-y_j}{h_j}-\frac{h_j}{6}(M_{j+1}-M_j)=\frac{91.6-84.5}{10}-\frac{10}{6}(-0.00675-0.009)$$
$$=0.71-0.00375=0.70625$$

$$c_2 = y_j - \frac{h_j^2}{6}M_j - [\frac{y_{j+1} - y_j}{h_j} - \frac{h_j}{6}(M_{j+1} - M_j)]x_j$$

$$= 84.5 + \frac{10^2}{6} \times (0.009) - [\frac{91.6 - 84.5}{10} - \frac{10}{6}(-0.00675 - 0.009)] \times 20$$

$$= 84.5 - 0.15 - [0.71 + 0.02625] \times 20 = 69.625$$

$$S(28) = \frac{(30-28)^3}{6 \times 10} \times 0.009 + \frac{(28-20)^3}{6 \times 10} \times (-0.00675) + 0.70625 \times 28 + 69.625$$

$$= 0.0012 - 0.0576 + 19.775 + 69.625 = 89.34(\mathrm{g}/100\mathrm{g}\ \mathrm{H_2O})$$

5.2　积　　分

学习和工作中常用到积分运算。$\int f(x)\,\mathrm{d}x = y$，求不同 x 值对应的 y 值有几种情况：

（1）x、y 之间有明确而简单的函数关系，可以用数学公式求得积分结果。

（2）x、y 之间函数关系复杂，不易进行积分运算。

（3）$f(x)$无具体形式，由一系列离散点组成，如求色谱峰面积的问题。

5.2.1　牛顿-梯形积分

对于 n 个等间距的离散点，假设相邻两点间的函数近似为一直线，n 个点将区间平均分为 n–1 个小区间，每个区间近似为梯形（图 5-1）。所有梯形面积相加即为曲线下面包围的面积，这种积分方法就是牛顿-梯形积分法。

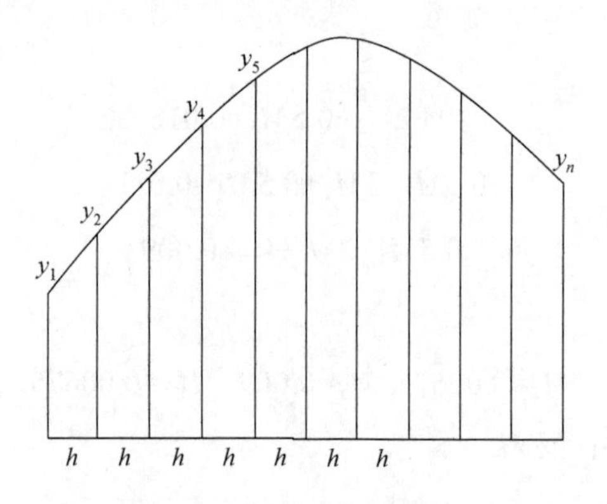

图 5-1　牛顿积分原理示意图

例题 5-5　已知 $y = \sin x$ 在一个周期$(0, 2\pi)$内曲线总长度可以用公式$\int_0^{2\pi} \sqrt{(\cos^2 x + 1)}\mathrm{d}x$计算，试用牛顿法求其值。假设将$(0, 2\pi)$分为 10 份计算。

解：

$$S_1 = \frac{h}{2}(y_1 + y_2)$$

$$
\begin{aligned}
S_2 &= \frac{h}{2}(y_2 + y_3) \\
&\vdots \\
S_{n-1} &= \frac{h}{2}(y_{n-1} + y_n) \\
S_{总} &= \sum_{i=1}^{n-1} S_i = \frac{h}{2}(y_1 + y_n + 2\sum_{i=2}^{n-1} y_i)
\end{aligned}
\tag{5-4}
$$

按照公式把（$0, 2\pi$）分为 10 份计算，计算相应的 y 值，根据式（5-4）计算曲线长度如图 5-2 所示。

剪贴板　字体　对齐方

D1　f_x　=(B3+B13+2*SUM(B4:B12))*B1/2

	A	B	C	D	E	F
1	h=	0.628319	C=	7.640457		
2	x	y				
3	0	1.414214				
4	0.628319	1.286277				
5	1.256637	1.046657				
6	1.884956	1.046657				
7	2.513274	1.286277				
8	3.141593	1.414214				
9	3.769911	1.286277				
10	4.39823	1.046657				
11	5.026548	1.046657				
12	5.654867	1.286277				
13	6.283185	1.414214				

图 5-2　正弦曲线长度计算

5.2.2　辛普森-抛物线积分

假设每三个相邻值之间的信号可以拟合成二次多项式（抛物线），求抛物线所包围的面积之和，分为两种情况。

1. 由奇数个点把区间划分为偶数个区域

$$
\begin{aligned}
&x_1 = 0, \qquad x_3 - x_2 = x_2 - x_1 = h \\
&x_2 = h, \qquad x_3 = 2h
\end{aligned}
$$

设 $y = a_0 + a_1 x + a_2 x^2$，则

$$
\begin{aligned}
&y_1 = a_0 \\
&y_2 = a_0 + a_1 h + a_2 h^2 \\
&y_3 = a_0 + 2a_1 h + 4a_2 h^2 \\
&y_1 + 4y_2 + y_3 = 6a_0 + 6a_1 h + 8a_2 h^2
\end{aligned}
$$

$$S_1=\int_0^{2h} f(x)\mathrm{d}x=\int_0^{2h}(a_0+a_1x+a_2x^2)\mathrm{d}x=a_0 2h+\frac{a_1}{2}(2h)^2+\frac{a_2}{3}(2h)^3$$
$$=\frac{h}{3}(6a_0+6a_1h+8a_2h^2)=\frac{h}{3}(y_1+4y_2+y_3) \tag{5-5}$$

$$S_{总}=\sum S_i=\frac{h}{3}(y_1+4y_2+y_3+y_3+4y_4+y_5+y_5+4y_6+y_7+\cdots y_{n-2}+y_{n-2}+4y_{n-1}+y_n)$$

$$S_{总}=\sum S_i=\frac{h}{3}(y_1+y_n+4\sum_{i=1}^{(n-1)/2}y_{2i}+2\sum_{i=1}^{(n-3)/2}y_{2i+1})$$

2. 偶数个点把区间划分为奇数个区域

偶数个点把区间划分为奇数个区域，则前 $n-3$ 个点把区间分成偶数份，其积分结果为 S；后四个点拟合为三项式求面积 S_{f}，再与 S 加和。

$$S_{\mathrm{f}}=\int_0^{3h}(a_0+a_1x+a_2x^2+a_3x^3)\mathrm{d}x=\frac{3}{8}h(8a_0+12a_1h+24a_2h^2+54a_3h^3)$$
$$y_{n-3}+3y_{n-2}+3y_{n-1}+y_n=8a_0+12a_1h+24a_2h^2+54a_3h^3 \tag{5-6}$$
$$=\frac{3}{8}h(y_{n-3}+3y_{n-2}+3y_{n-1}+y_n)$$
$$S_{总}=S_{\mathrm{f}}+S$$

5.3 信号平滑

由于偶然误差的存在，实验获得的数据往往有噪声存在，手工绘图时可以用曲线板（图 5-3）使曲线光滑。

图 5-3　手工绘图曲线平滑工具云形尺

曲线板也称云形尺，是绘图工具之一，是一种内外均为曲线边缘（常呈旋涡形）的薄板，用来绘制曲率半径不同的非圆自由曲线。

（1）按相应的作图方法作出曲线上的一些点。

（2）用铅笔徒手将各点依次连成曲线，作为稿线的曲线不宜过粗。

（3）从曲线一端开始选择曲线板与曲线相吻合的四个连续点，找出曲线板与曲线相吻合的线段，用铅笔沿其轮廓画出前三点之间的曲线，留下第三点与第四点之间的曲线不画。

（4）继续从第三点开始，又选择四个点（包括第四点），绘制第二段曲线，从而使相邻曲线段之间存在过渡。然后如此重复，直至绘完整段曲线。

现在人们更多地用电脑平滑工具处理这样的问题，如 Excel 绘制的散点图就有折线图和平滑曲线图之分。其原理与曲线板的工作原理相同。

5.3.1　信号平滑原理

对 n 个实验点，用 m 阶多项式进行最小二乘拟合，用所得中心点的拟合值代替原中心点实验值，即为移动平均法中心平滑处理。

n=3，m=1，三点一次平滑；

n=5，m=2，五点二次平滑；

n=5，m=3，五点三次平滑；

n=7，m=2，七点二次平滑。

一般来讲，n 越多，m 越高，对随机误差的补偿性越高，常用的平滑方法有五点二次平滑和五点三次平滑。

多项式平滑原理：设有 $n=2m+1$ 个等距测量点 x_i，$i=-m, -m+1, -m+2, \cdots, m-1, m$，则 $x_{i+1}-x_i=x_i-x_{i-1}=h$，平滑过程中 x_i 可以用 i 表示，不影响平滑（与求导）结果。

$$x=-m, -m+1, -m+2, \cdots, m-1, m$$

$2m+1$ 称为平滑窗口宽度，假设这 n 个等距点数据 y_i 可以用一个 $k-1$ 阶多项式进行拟合。

$$y_i = a_0 + a_1 i + a_2 i^2 + \cdots + a_{k-1} i^{k-1} = \sum_{j=0}^{k-1} a_j i^j$$

n 个数据构成 n 个 k 元线性方程组，求 $a_0 \sim a_{k-1}$，k 个拟合参量。$n \geqslant k$，$n=k$，用消去法解。$n>k$，用最小二乘法解

$$\begin{bmatrix} y_{-m} \\ y_{-m+1} \\ \vdots \\ y_{m-1} \\ y_m \end{bmatrix} = \begin{bmatrix} 1 & -m & (-m)^2 & \cdots & (-m)^{k-1} \\ 1 & -m+1 & (-m+1)^2 & \cdots & (-m+1)^{k-1} \\ \vdots & \vdots & \vdots & \ddots & \vdots \\ 1 & m-1 & (m-1)^2 & \cdots & (m-1)^{k-1} \\ 1 & m & m^2 & \cdots & m^{k-1} \end{bmatrix} \begin{bmatrix} a_0 \\ a_1 \\ \vdots \\ a_{m-1} \\ a_m \end{bmatrix} + \begin{bmatrix} \varepsilon_{-m} \\ \varepsilon_{-m+1} \\ \vdots \\ \varepsilon_{m-1} \\ \varepsilon_m \end{bmatrix}$$

简记为

$$Y_{(2m+1)\times 1} = X_{(2m+1)\times k} A_{k\times 1} + E_{(2m+1)\times 1}$$

方程的解为

$$\hat{A} = (X^{\mathrm{T}}X)^{-1}X^{\mathrm{T}}Y \tag{5-7}$$

则平滑值为除去误差与噪声的值

$$\hat{Y}=X\hat{A}=X(X^{\mathrm{T}}X)^{-1}X^{\mathrm{T}}Y \tag{5-8}$$

令

$$B = X(X^{\mathrm{T}}X)^{-1}X^{\mathrm{T}} \tag{5-9}$$

由于 X 是有规律的，可以用$-m, -m+1, \cdots, m-1, m$ 表示，不影响平滑结果，故可以通过 X 矩阵求出 B 矩阵，直接用于求 $\hat{Y}$。常用的平滑系数矩阵见书后附录 12。

5.3.2　信号平滑实例

七点三次平滑的平滑系数矩阵可由七点三次平滑的 X 矩阵（$n=7, m=3$）通过运算得到

$$X=\begin{bmatrix}1 & -3 & 9 & -27\\ 1 & -2 & 4 & -8\\ 1 & -1 & 1 & -1\\ 1 & 0 & 0 & 0\\ 1 & 1 & 1 & 1\\ 1 & 2 & 4 & 8\\ 1 & 3 & 9 & 27\end{bmatrix}$$

$B=X(X^{\mathrm{T}}X)^{-1}X^{\mathrm{T}}$ 可求七点三次平滑系数矩阵：

$$B=\begin{bmatrix}\frac{13}{14} & \frac{4}{21} & \frac{-2}{21} & \frac{-2}{21} & \frac{1}{42} & \frac{2}{21} & \frac{-1}{21}\\ \frac{4}{21} & \frac{19}{42} & \frac{8}{21} & \frac{1}{7} & \frac{-2}{21} & \frac{-1}{6} & \frac{2}{21}\\ \frac{-2}{21} & \frac{8}{21} & \frac{19}{42} & \frac{2}{7} & \frac{1}{21} & \frac{-2}{21} & \frac{1}{42}\\ \frac{-2}{21} & \frac{1}{7} & \frac{2}{7} & \frac{1}{3} & \frac{2}{7} & \frac{1}{7} & \frac{-2}{21}\\ \frac{1}{42} & \frac{-2}{21} & \frac{1}{21} & \frac{2}{7} & \frac{19}{42} & \frac{8}{21} & \frac{-2}{21}\\ \frac{2}{21} & \frac{-1}{6} & \frac{-2}{21} & \frac{1}{7} & \frac{8}{21} & \frac{19}{42} & \frac{4}{21}\\ \frac{-1}{21} & \frac{2}{21} & \frac{1}{42} & \frac{-2}{21} & \frac{-2}{21} & \frac{4}{21} & \frac{13}{14}\end{bmatrix}$$

测定一系列数据如下，则平滑过程如图 5-4 所示，平滑结果如图 5-5 所示。

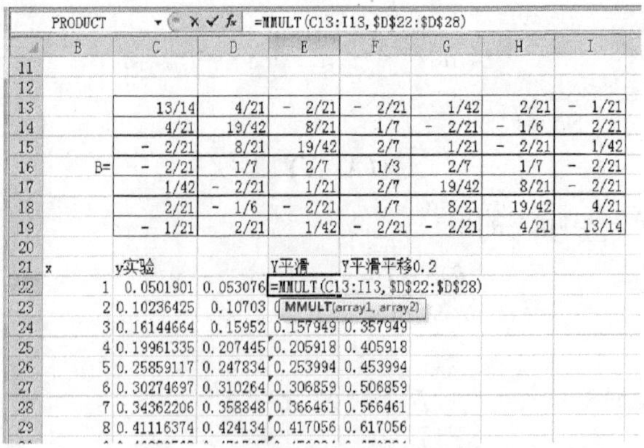

PRODUCT　=MMULT(C13:I13,$D$22:$D$28)

	B	C	D	E	F	G	H	I
11								
12								
13		13/14	4/21	- 2/21	- 2/21	1/42	2/21	- 1/21
14		4/21	19/42	8/21	1/7	- 2/21	- 1/6	2/21
15		- 2/21	8/21	19/42	2/7	1/21	- 2/21	1/42
16	B=	- 2/21	1/7	2/7	1/3	2/7	1/7	- 2/21
17		1/42	- 2/21	1/21	2/7	19/42	8/21	- 2/21
18		2/21	- 1/6	- 2/21	1/7	8/21	19/42	4/21
19		- 1/21	2/21	1/42	- 2/21	- 2/21	4/21	13/14
20								
21	x	y实验		Y平滑	Y平滑平移0.2			
22	1	0.0501901	0.053076	=MMULT(C13:I13,$D$22:$D$28)				
23	2	0.10236425	0.10703	MMULT(array1, array2)				
24	3	0.16144664	0.15952	0.157949	0.357949			
25	4	0.19961335	0.207445	0.205918	0.405918			
26	5	0.25859117	0.247834	0.253994	0.453994			
27	6	0.30274697	0.310264	0.306859	0.506859			
28	7	0.34362206	0.358848	0.366461	0.566461			
29	8	0.41116374	0.424134	0.417056	0.617056			

(a) 七点三次平滑计算公式前三点及后三点公式

图 5-4　七点三次平滑计算公式

PRODUCT　=MMULT($C$16:$I$16,D22:D28)

	B	C	D	E	F	G	H	I
11								
12								
13		13/14	4/21	- 2/21	- 2/21	1/42	2/21	- 1/21
14		4/21	19/42	8/21	1/7	- 2/21	- 1/6	2/21
15		- 2/21	8/21	19/42	2/7	1/21	- 2/21	1/42
16	B=	- 2/21	1/7	2/7	1/3	2/7	1/7	- 2/21
17		1/42	- 2/21	1/21	2/7	19/42	8/21	- 2/21
18		2/21	- 1/6	- 2/21	1/7	8/21	19/42	4/21
19		- 1/21	2/21	1/42	- 2/21	- 2/21	4/21	13/14
20								
21	x	y实验		Y平滑	Y平滑平移0.2			
22	1	0.05037281	0.053076	0.053084	0.253084			
23	2	0.10141814	0.10703	0.107795	0.307795			
24	3	0.15575269	0.15952	0.157949	0.357949			
25	4	0.21459863	0.207445	=MMULT($C$16:$I$16,D22:D28)				
26	5	0.26182846	0.247834	MMULT(array1, array2)				
27	6	0.31253174	0.310264	0.306859	0.506859			
28	7	0.3516416	0.358848	0.366461	0.566461			
29	8	0.41051739	0.424134	0.417056	0.617056			
30	9	0.47406885	0.471797	0.459884	0.659884			

(b) 七点三次平滑计算公式第4到n−3点计算公式

图 5-4（续）

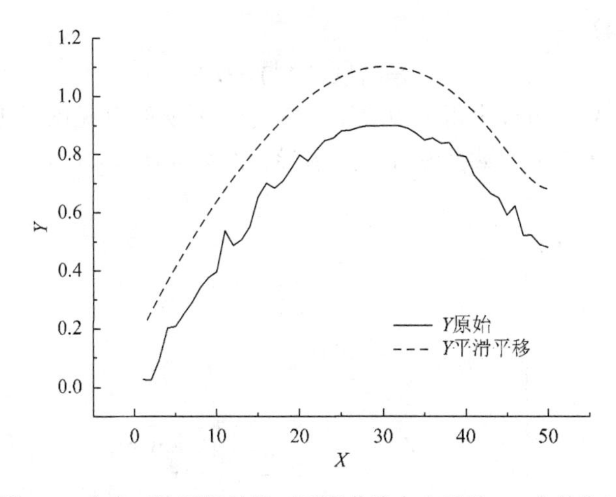

图 5-5　七点三次平滑效果（平滑曲线向上平移 0.2 个单位）

5.4　求　　导

5.4.1　不等间距数据点的求导

$$\frac{\partial y}{\partial x}\bigg|_{x=x_n} \approx \frac{y_n - y_{n-1}}{x_n - x_{n-1}} \tag{5-10}$$

5.4.2　等间距数据点的求导

由式（5-7）平滑求得 $A=(X^{\mathrm{T}}X)^{-1}X^{\mathrm{T}}Y$，代入 k−1 阶多项式为

$$y_i = a_0 + a_1 i + a_2 i^2 + \cdots + a_{k-1} i^{k-1}$$

对上式求一阶导

$$\left(\frac{\partial y}{\partial i}\right) = a_1 + 2a_2 i + 3a_3 i^2 + \cdots + (k-1)a_{k-1} i^{k-2}$$

中心点

$$\frac{\mathrm{d}y_i}{\mathrm{d}i}\Big|_{i=0} = a_1$$

$$\left(\frac{\partial^2 y}{\partial i^2}\right) = 2a_2 + 6a_3 i + \cdots$$

中心点

$$\begin{gathered}\frac{\mathrm{d}^2 y_i}{\mathrm{d}i^2}\Big|_{i=0} = 2a_2 \\ \vdots \\ \frac{\mathrm{d}^p y_i}{\mathrm{d}i^p}\Big|_{i=0} = p!\hat{a}_p\end{gathered} \tag{5-11}$$

同理可求各点导数

$$A=(X^{\mathrm{T}}X)^{-1}X^{\mathrm{T}}Y=DY$$

其中，$D=(X^{\mathrm{T}}X)^{-1}X^{\mathrm{T}}$。可以求得 D 矩阵，常见求导系数矩阵见附录 13。

对 5.3.2 节图 5-5 中的数据进行一阶求导，结果如图 5-6 所示。

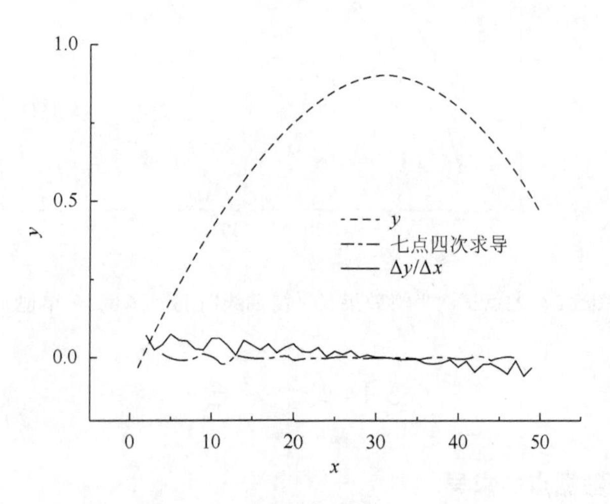

图 5-6　七点三次求导与原始公式求导对比

5.5　峰　处　理

谱峰分辨是近代波谱技术迅速发展提出的课题。波谱测定过程中，许多化合物的谱峰位置很接近，造成峰形重叠在一起形成宽峰，把宽峰分解成各自的谱峰，再通过谱峰分辨确定各自的含量。峰处理在色谱、红外光谱、紫外-可见光谱、XPS、核磁共振等光谱技术中都有应用。

5.5.1　峰拟合

每一个谱峰都有三个主要特征：①峰位置，通常在振动光谱中为波数（频率），色谱中为保留时间，紫外可见光谱中为波长，X 射线衍射中为 2θ，X 射线光电子能谱中为结合能等，峰位置主要与样品中存在的物种直接相关；②峰的极大值（峰高），在光谱中表现为强度，与物种浓度相关；③峰宽（波形），通常用半峰宽即峰高一半处的峰宽度表示，它与样品的物理状态有关。

峰拟合常用高斯（Gaussian）函数和劳伦兹（Lorenz）函数。其中对于圆滑的谱峰可应用高斯函数拟合，对于尖锐的谱峰可用劳伦兹函数拟合。

高斯函数：

$$A = A_{\max} \exp\left[-(4\ln 2)\frac{(v - v_{\max})^2}{\Delta v^2}\right] \tag{5-12}$$

其中，$A_{\max}$ 是峰的极大值；$v_{\max}$ 是峰极大值处的频率（波数）等；Δv 是半高宽。

劳伦兹函数：

$$A = \frac{A_{\max}}{1 + 4\dfrac{(v - v_{\max})^2}{\Delta v^2}} \tag{5-13}$$

有时纯高斯函数或劳伦兹函数不能很好地拟合具体光谱，可以用改进的拟合函数，许多改进函数是从上述两个函数派生出来的，如四参数函数：

$$A = \frac{B_2 \exp[-B_3(v - B_1)^2]}{1 + B_4(v - B_1)} \tag{5-14}$$

峰拟合的具体方法是用最小二乘法，利用 Excel 的规划求解工具进行。

例题 5-6　将表 5-3 中色谱数据分别用高斯函数、劳伦兹函数和四参数函数拟合，并进行对比。

表 5-3　色谱峰数据

保留时间/min	0.5	1	1.5	2	2.5	3	3.5	4	4.5	5	5.5
强度/μV	8	14	93	502	1882	4695	8215	10977	12023	10901	7817
保留时间/min	6	6.5	7	7.5	8	8.5	9	9.5	10	10.5	11
强度/μV	4397	2049	894	371	238	147	111	86	71	59	50

解：按照三种拟合函数分别输入计算公式，各参数先给定一个大概的初值（可以根据参数的物理意义及峰形给出）。向下拖曳填充柄，将各个 x 对应的拟合值都计算出来，如图 5-7（a）所示。

剪贴板　字体　对齐方式　数字

D2　f_x　=$I$2*EXP(-4*LN(2)*(C2-$I$3)^2/$I$4^2)

	A	B	C	D	E	F	G	H	I
1		实验值	x	高斯拟合	劳伦兹拟合	四参数拟合			高斯拟合
2	0.5	8	0.5	0.5	796.3	11.1		Amax	12000.0
3	1	14	1	6.3	1022.2	57.6		tmax	4.3
4	1.5	93	1.5	52.4	1355.1	239.9		Δv	2.0
5	2	502	2	306.7	1869.9	800.9			
6	2.5	1882	2.5	1270.1	2711.8	2145.6		sum	30199583.3
7	3	4695	3	3719.1	4168.8	4611.1			
8	3.5	8215	3.5	7700.6	6750.7	7950.3			
9	4	10977	4	11274.3	10690.9	10997.0			

(a) 输入公式计算拟合值

	A	B	C	D	E	F	G	H	I	J	K	L
1		实验值	x	高斯拟合	劳伦兹拟合	四参数拟合			高斯拟合	劳伦兹拟合		四参数拟合
2	0.5	8	0.5	11.1	796.3	11.1		Amax	12204.6	13145.4	B1	4.486260505
3	1	14	1	57.6	1022.2	57.6		tmax	4.5	4.5	B2	12204.58226
4	1.5	93	1.5	239.9	1355.1	239.9		Δv	2.5	2.0	B3	0.440627482
5	2	502	2	800.9	1869.9	800.9					B4	5.42457E-06
6	2.5	1882	2.5	2145.6	2711.8	2145.6		sum	424386.8	15369486.3		424386.8
7	3	4695	3	4611.1	4168.8	4611.1						

(b) 计算结果

图 5-7　峰拟合过程

在“sum”对应的单元格内计算实验值与拟合值差的平方和，再用规划求解工具，使目标单元格 I6 值最小，各参数为 I2: I4 可变单元格，点击确定。结果如图 5-7（b）所示。

将实验值与三种拟合数据绘到同一张图上，结果如图 5-8 所示。对于本题的试验数据，劳伦兹拟合误差较大，高斯拟合和四参数拟合效果相当，都与原数据吻合较好。

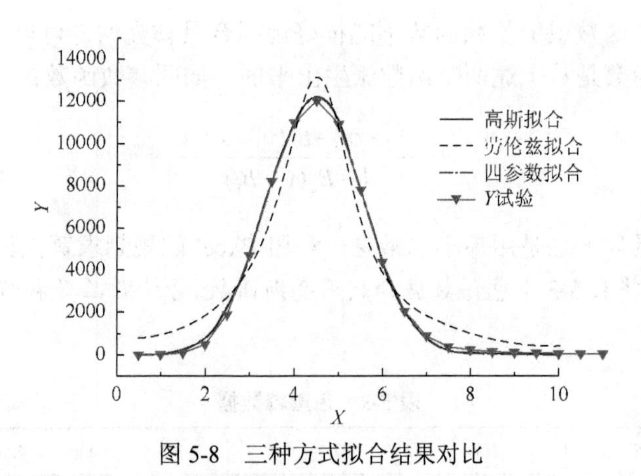

图 5-8　三种方式拟合结果对比

5.5.2　分峰处理

当测试的物质种类多、性质相近时其谱图就可能有部分重叠，此时需要分峰处理。分峰原理与峰拟合一样，只不过是几个物种就有几套参数而已，有时根据实际体系，其中某些参数是确定的，如 V_{max}、Δv 等。

例题 5-7　某样品上碳物种有两种存在形式，其 XPS 数据如表 5-4 所示，试将其分峰处理，以判断碳物种的具体存在形式及比例。

表 5-4　某样品上碳的 XPS 数据

结合能/eV	强度	结合能/eV	强度	结合能/eV	强度
294.30	521.53	289.05	4520.91	283.80	12016.96
294.05	599.28	288.80	5710.32	283.55	5856.37
293.80	572.03	288.55	6873.07	283.30	2450.78
293.55	498.11	288.30	8574.15	283.05	1113.53
293.30	745.86	288.05	9741.90	282.80	521.28
293.05	705.27	287.80	10961.32	282.55	322.36
292.80	829.69	287.55	11767.40	282.30	215.11
292.55	835.77	287.30	12448.48	282.05	79.53
292.30	883.52	287.05	13137.90	281.80	193.94
292.05	929.60	286.80	13477.31	281.55	141.69
291.80	1235.68	286.55	14231.73	281.30	242.77
291.55	1203.43	286.30	15399.47	281.05	202.18
291.30	1432.84	286.05	17885.55	280.80	253.27
291.05	1565.59	285.80	20811.64	280.55	199.35
290.80	1695.01	285.55	26356.05	280.30	282.10
290.55	1896.09	285.30	32712.13	280.05	308.18
290.30	2040.50	285.05	38396.55	279.80	300.93
290.05	2459.92	284.80	41580.96	279.55	242.01
289.80	2716.00	284.55	38490.38	279.30	416.42
289.55	3218.75	284.30	30883.13	279.05	420.84
289.30	3848.16	284.05	20694.21	278.80	463.59

解：根据原始数据画图，可以初步判定为两个峰，按照不同拟合公式分别给出各峰参数初值，把两个峰拟合值相加计算出总拟合值（图 5-9），根据总拟合值与实验值差的平方和最小的原则，用规划求解求出各峰参数，结果如图 5-10 所示。

```
=$M$3/(1+4*(H11-$M$4)^2/$M$5^2)+$N$3/(1+4*(H11-$N$4)^2/$N$5^2)
```

高斯	bond1	bond2
Amax	13500.0	34000.0
Vmax	287.0	285.0
Δv	3.9	1.4
sum	3.79E+08	

劳伦兹	bond1	bond2
Amax	10000.0	40000.0
Vmax	287.0	285.0
Δv	3.0	1.4
sum	3.74E+08	

	结合能	Y	高斯	劳伦兹	四参数
1	294.30	521.53	0.73	630.45	0.12
2	294.05	599.28	1.41	670.97	0.27
3	293.80	572.03	2.67	715.52	0.56
4	293.55	498.11	4.94	764.64	1.14
5	293.30	745.86	8.94	818.98	2.27
6	293.05	705.27	15.79	879.30	4.40
7	292.80	829.69	27.28	946.50	8.29
8	292.55	835.77	46.03	1021.65	15.21

图 5-9　分峰拟合步骤——输入计算公式

高斯		
	bond1	bond2
Amax	13761.9	34360.2
Vmax	286.7	284.8
△v	3.9	1.4
sum	2.31E+07	

劳伦兹		
	bond1	bond2
Amax	10859.8	41208.5
Vmax	287.1	284.8
△v	2.7	1.3
sum	1.95E+08	

四参数		
	bond1	bond2
B1	286.9	284.8
B2	13315.8	36195.2
B3	0.2	0.8
B4	0.0	0.7
sum	2.62E+07	

图 5-10　不同方法峰拟合规划求解结果

高斯法分峰效果如图 5-11 所示。

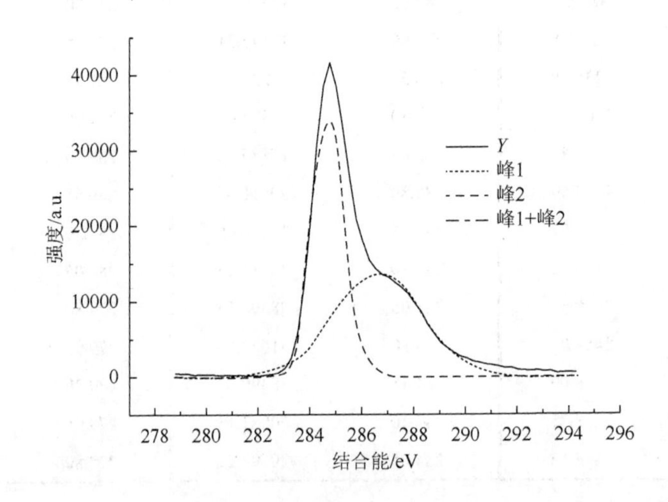

图 5-11　高斯法分峰处理结果

5.5.3　基线扣除

基线对于光谱解析十分重要，由于仪器的不完善和样品本身的物性及杂质的干扰，实验得到的光谱基线往往不是强度为零的水平线。

基线扣除的方法有很多，实验上通过扣空白的办法扣除基线，即测量样品的同时测量空白数据，将两者对应数据相减即可。呈线性的基线也可以通过测量空白光谱上的几个点，通过线性回归得到线性方程，实验结果减去拟合的空白结果亦可。如果基线不呈线性，但有公式描述其函数关系，可以通过规划求解求出相应参数后确定基线方程，进行扣除。若无现成公式描述基线，可以根据基线产生原因设计函数或参考 Excel 给出的趋势线，进行扣除基线。

例题 5-8　某个催化剂的 NH_3-TPD 表征结果如图 5-12 所示，请进行扣除基线处理。

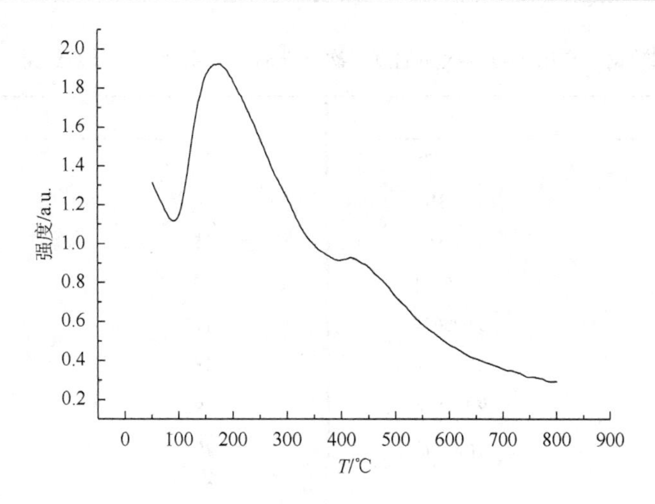

图 5-12　催化剂 NH_3-TPD 原结果

解：将曲线开始和终了部分数据绘图，通过添加趋势线的方法，寻找最适合的趋势线方程，并显示方程，如图 5-13 所示。

根据趋势线方程计算扣除值，用实验结果减去扣除值得到扣除基线后的结果，如图 5-14 所示。

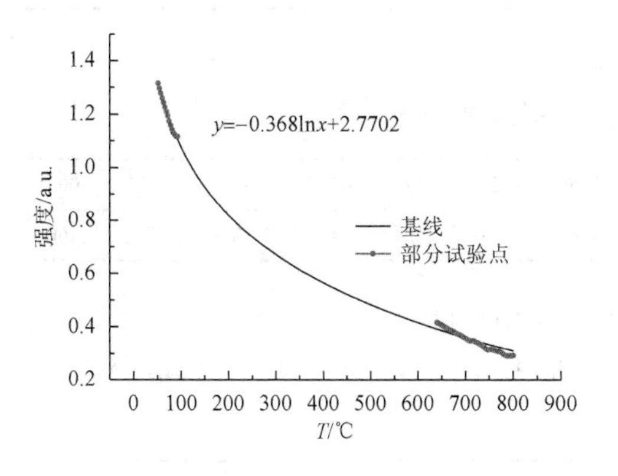

图 5-13　基线拟合结果

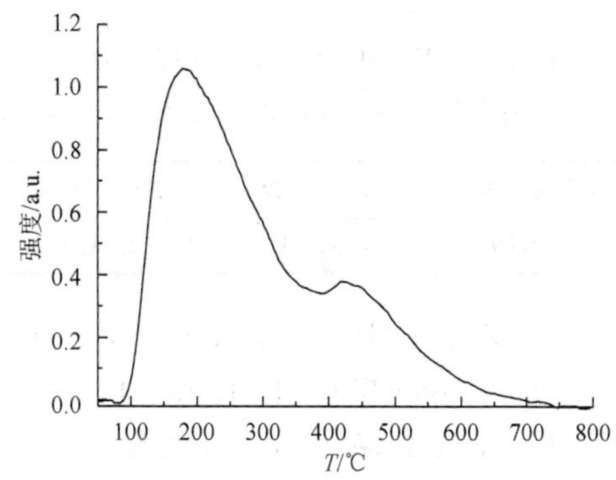

图 5-14　催化剂 NH_3-TPD 扣除基线后结果

习　题

1. 已知 $Na_2CO_3 \cdot 10H_2O$ 的溶解度值如下

T/℃	0	10	20	30
S/(g/100 g H_2O)	7.0	12.5	21.5	38.8

分别用几种插值法求 17℃时 $Na_2CO_3 \cdot 10H_2O$ 的溶解度。

2. 已知下列数据，求出五点二次和七点二次平滑后的数据及一阶导数结果：

x	y	x	y
1	1.381778	13	24.21492
2	2.16816	14	27.90806
3	3.196695	15	30.90911
4	4.455194	16	33.71118
5	5.928051	17	38.50786
6	7.259929	18	41.44908
7	9.178838	19	46.40291
8	11.30547	20	50.02413
9	13.16569	21	55.63073
10	15,66903	22	61.23226
11	18.48549	23	64.76786
12	20.72914	24	69.60142

3. 实验测得汞的黏度 η 随温度 T 的变化如下

T/K	313.15	393.15	473.15	513.15	553.15	633.15
$10^3\eta/(\mathrm{kg\cdot m^{-1}\cdot s^{-1}})$	1.453	1.189	1.036	0.985	0.946	0.885

求 273.15 K、593.15 K、673.15 K 时的汞黏度。

4. 在某温度下，测得乙醇-苯溶液的组成与折射率的数据如下

乙醇质量分数/%	0.0	12.67	17.88	29.54	31.60	39.25	47.63	64.88	79.71	89.35	100.0
折射率 n	1.4953	1.4751	1.4671	1.4493	1.4468	1.4368	1.4247	1.4112	1.3839	1.3718	1.3604

（1）求乙醇含量为 20%、40%、60%、80%时相应的折光率。

（2）求当折光率为 1.4913、1.4731、1.4360、1.4304、1.4051、1.3655 时乙醇的质量分数。

5. 实验测得水在不同温度下的饱和蒸气压数据如下

T/℃	0	10	20	30	40	50	60	70	80	90	100
$p/(\mathrm{kN\cdot m^{-2}})$	0.61	1.23	2.34	4.24	7.38	12.35	19.92	31.16	47.35	70.10	101.32

用插值法求：

（1）15℃、35℃、75℃、95℃时的饱和蒸气压。

（2）饱和蒸气压（$\mathrm{kN\cdot m^{-2}}$）为 1.27、1.88、2.13、9.58、38.55、72.80、90.94 时水的温度。

6. 已知 10atm 下，$N_2(g)+H_2(g) \rightleftharpoons 2NH_3(g)$ 合成氨的产率与温度的关系如下

T/℃	300	400	500	600	700
产率/%	14.7	3.85	1.21	0.49	0.23

用插值法求出 350℃、450℃、550℃、650℃时的产率。

7. 已知水在不同温度下的溶度积数据如下

T/℃	5	10	15	20	25	30	35	40	45	50	100
$K_w \times 10^{14}/(\text{mol}^2 \cdot \text{dm}^{-6})$	0.186	0.293	0.452	0.681	1.008	1.471	2.088	2.916	4.016	5.476	51.3

用插值法求出 18℃、28℃、38℃、48℃、60℃时的溶度积常数。

8. 已知水在不同温度下的电导数据如下

T/℃	0	10	20	25	30	40	50
$K \times 10^6/(\text{S} \cdot \text{m}^{-1})$	1.2	2.3	4.2	5.5	7.1	11.3	17.1

用插值法求出 18℃、28℃、38℃、48℃、60℃时的电导值。

9. 德拜-爱因斯坦（Debye-Einstein）推导得到计算固体热容的公式为

$$C_v = 9R / X_m^3 \int_0^{x_m} \mathrm{e}^x \cdot x^4 / (\mathrm{e}^x - 1)^2 \mathrm{d}x$$

其中，$X_m = \theta_D / T$；θ_D 为德拜温度；R 为气体摩尔常量。已知固体的德拜温度如下

固体	Pb	Ag	Cu	Al	Fe	KCl	NaCl	C
θ_D/K	88	215	315	398	420	227	281	1910

求 50 K、100 K、298.15 K、400 K、1500 K 时各固体的热容。

10. 已知固体 Pb 的热容 C_p 与温度 T 的数据如下

T/K	15	30	50	100	150	200	300	400	500
$C_p/(\text{J} \cdot \text{mol}^{-1})$	7.2	16.4	21.1	24.3	25.2	25.8	26.5	27.4	28.9

求从 15 K 到 500 K 的固体 Pb 的焓变 $\Delta H = \int_{T_1}^{T_2} C_p \mathrm{d}T$ 的数值。

11. 已知某化合物热容 $C_p(\text{J} \cdot \text{mol}^{-1})$与温度 T 的关系为 $C_p = 12.4 + 2.25T + 0.34T^2 + 80.6/T + 24.3\ln T$，求焓变 $\Delta H = \int_{10}^{50} C_p \mathrm{d}T$ 的数值。

12. 已知二元混合物系经色谱分析得到两个分开的峰，时间和峰高数据如下

时间 t/s	38	40	53	64	75	86	97	108	119	130	250	258	266	274	282	290	298
峰高/mm	0	3	17	40	69	90	68	43	19	4	0.5	6	14	21	13	5	0

求两种物质相对含量之比（即两色谱峰面积之比）。

第6章 优 选 法

优选法（optimization method）是以数学原理为指导，合理安排试验，以尽可能少的试验次数尽快找到生产和科学试验中最优方案的科学方法，即最优化方法。企业在新产品、新工艺研究，仪表、设备调试等方面采用优选法，能以较少的试验次数迅速找到较优方案，在不增加设备、物资、人力和原材料的条件下，实现缩短工期、提高产量和质量、降低成本等。

根据影响试验指标因素数量的不同，优选法又分为单因素优选和多因素优选。优选法的一般步骤如下：①确定目标函数；②确定优化因素，弄清指标与因素之间的关系，把一切可能的因素列出，评价其对指标的效应；③根据试验结果指出优化方向；④生产中实施。

调优操作就像盲人爬山，由于手杖长度所限，只能探到较近的地方。优化方法之一是选最陡的方向一步一步爬上去，就一定能爬到山顶。当然，为了保证真正爬到山顶，而不是山脚下的一块大石头，或者半山腰的一个小山包，其手杖的长度要尽量长，理论上讲，有时候需要无限长。

6.1 单因素优选法

如果影响试验指标 $f(x)$的因素仅有一个 x，此时寻找最优的问题就是单因素优选，也称为一维序贯优化。假定 $f(x)$是定义在区间$[a, b]$的函数，但 $f(x)$的表达式未知，只有从试验中才能得出某一点 x_0 的对应值 $f(x_0)$。单因素优选就是尽量用最少的试验次数找出 $f(x)$的最佳点。一维序贯优化的问题就是在一定范围内求极值的问题，这个范围称为搜索范围，常用的搜索方法有均分法（也称全面搜索法）、黄金分割法、二分法和抛物线法。

6.1.1 均分法

均分法就是在试验范围内根据精度要求均匀地排开试验点，在每个点上进行试验，并相互比较，寻找最优的方法。例如，在反应温度为[200, 300]内每隔 20℃选一个点，在 200℃、220℃、240℃、260℃、280℃、300℃这六个点分别试验，看哪个温度下的收率最高，就确定那个温度为最佳反应温度。均分法的特点是对试验范围进行“普查”，通常用于对目标函数掌握得很少的情况。就是假定目标函数是任意的，均分法试验的精度取决于试验点数目的多少。均分法更适用于多极值的情况，其缺点是效率较低。

6.1.2　黄金分割法

按照黄金分割比例把搜索范围区间分为两部分，小∶大=大∶整=0.618，按此比例拆分，快速寻优的方法为黄金分割法。

在试验之前，我们无法知道两次试验效果哪一次更好，两个试验点作为差点的可能性是相同的，在比较两次试验效果之后可以舍弃一段区间，留下存优范围。为了快速寻优，我们当然不希望舍去那一段太短，后续实验次数多，而一次舍弃很长不太现实，很难实现。研究发现当每次选用 0.382 和 0.618 这两个长度比例时，寻优最快，每次都舍弃差点和它以外的那部分，这样每次可以舍弃的比例都是 38.2%，保留的比例都是 61.8%，即黄金分割比。

例题 6-1　已知甲醇的介电常数为 33.62，正己烷的介电常数为 1.890。用黄金分割法求甲醇和正己烷的比例，使二者混合溶液的介电常数为 9.40。

解：介电常数与溶液的比例为非线性关系。取甲醇含量为 61.8%，测得介电常数为 21.5; 甲醇含量为 38.2%的混合溶液的介电常数为 14.1，与目标接近，再取 0.382 的 61.8%，甲醇占 23%，混合溶液的介电常数为 9.38，即达到要求。

6.1.3　二分法

当每次试验结果出来后就可以根据结果偏高还是偏低决定再次试验的方向，而后可以采用二分法进行快速寻优。二分法一次可以舍弃试验范围的 50%，因此可以快速接近目标。

例如，称量 100 g 以内的样品（假设实际质量为 83 g），先放 50 g 砝码，砝码轻了；改放 75 g 砝码，轻了；再放 88 g，重了；82 g，轻了；85 g，重了；83 g，正好。

6.1.4　抛物线法

如果穷举法需要做 n 次试验，黄金分割法只要数量级 $\lg n$ 次就可以了，抛物线法效果更好，仅要数量级 $\lg(\lg n)$次就可以达到。原因就是黄金分割法没有比较多地利用函数性质，做了两次试验比较其大小就把它舍弃了，抛物线法是对试验结果进行了数量方面的分析。抛物线法结合黄金分割法或二分法效果会更好。

抛物线法的理论依据为二次多项式可以在最优点附近较好地逼近函数的形状，做法是在函数的最优点附近取三个构造点，然后用这三个点构造一条抛物线，把这条抛物线的极值点作为函数的极值点的近似。每次构造一条抛物线后，抛物线的极值点就可以作为一个新的构造点，新的构造点与原来的三个构造点留下最好的三个点，得到下一步抛物线逼近的三个构造点，这就是抛物线法的算法过程。下面以实际例子来看抛物线法的操作过程。

例题 6-2　用抛物线法求 $f(x)=x^3+3x^2-9x+5$ 在区间[−1, 5]上的极小值，要求 δ 小于 0.01。

解：先利用黄金分割法求出两个黄金分割点的位置，以及中间点的位置及相应的 $f(x)$值。利用这三个点拟合出抛物线方程，并求出方程极值点对应的 x_4 值（表 6-1），再从前四个点中找出 $f(x)$最小的前三个点，再次拟合，求 x，直到 $f(x)$达到要求。

表 6-1　抛物线法寻优过程

序号	x	$f(x)$	保留点	抛物线方程
1	1.292	0.536		
2	2.708	22.486		
3	2	7.000	1、2、3	$y=9x^2-20.499x+11.997$
4	1.13	0.104	1、3、4	$y=7.422x^2-15.304x+7.9199$
5	1.031	0.006	1、4、5	$y=6.453x^2-12.957x+6.5052$
6	1.004	9.61×10^{-5}		

本题函数的最小值为 x=1，$f(x)$=0，经过六次试验已经达到要求。

6.2　多因素优选法

真正单因素寻优的问题在实际生产、生活中并不多，更多的是多个因素对试验指标有影响，这时要用到多因素优选法。多因素优选法有很多，常用的有单因素轮换法、单纯形法、降维法、瞎子爬山法、陡度法、混合法、随机试验法、试验设计法等。这里仅介绍单因素轮换法和单纯形法。

6.2.1　单因素轮换法

单因素轮换法目前还有很多人在用，即 m 个因素体系中，先固定 $m-1$ 个因素，只改变一个因素，找到最佳值，再固定此因素改变另一个因素，从而得到各因素的最佳水平。这种方法的前提是各因素之间无交互作用，否则不同的操作将得到不同的结果，如表 6-2 所示，若先在 B_1 水平下确定最佳温度为 A_3，再在 A_3 水平下确定最佳活性组分含量为 B_2，那么得到的最优组合是 A_3B_2，对应收率为 80%，再在 B_2 水平下试验得到 B_2A_2 较好，A_2 下得到 A_2B_3 较好，B_3 下得到仍是 A_2B_3 最好，最终确定 A_2B_3 最好；若开始在 100℃下确定最优含量为 B_4，B_4 水平下再确认最佳温度为 100℃，结果最优组合是 A_1B_4，对应收率为 85%，但通过全面试验却可以发现真正的最优组合是 A_2B_3，收率可达 90%。由此可见单因素轮换可能存在的问题，一是要轮换较多次才能找到最优，二是初始点确定不当造成仅找到局部最优。

表 6-2　双因素的全面试验结果

	A_1（100℃）	A_2（110℃）	A_3（120℃）
B_1（4%）	40	60	70
B_2（5%）	60	85	**80**
B_3（6%）	70	**90**	70
B_4（7%）	**85**	80	55

6.2.2　单纯形法

1. 概念

单纯形是在 n 维空间里，由 n+1 个顶点构成的凸多面体。若凸多面体的边长相等，则为正规单纯形。例如，二维空间的单纯形为三角形，正规单纯形为等边三角形；三维空间的单纯形为四面体，正规单纯形为正四面体；n 维空间内的单纯形为超四面体。

2. 单纯形法工作原理

以二因素试验为例（图 6-1），首先选三个点，并比较其响应值，响应最差的以 W 表示；次差的为 N；最好的记为 B。P 为 NB 的中心，称为重心。称 R 为 W 关于 P 点的反射点。这种做法称为反射。将点 W 去掉，得到一个新的单纯形 BNR，仍按好、次坏、最坏记为 BNW，重复操作，可使单纯形移向响应最大的区域。

$$P=(N+B)/k \quad (k\text{ 一般取 }2) \tag{6-1}$$

$$R=P+(P-W)\times\alpha \quad (\alpha\text{ 一般取 }1,\text{称为反射系数}) \tag{6-2}$$

3. 初始单纯形的构造

根据单纯形的寻优原理，初始单纯形的构造非常重要，它要求初始单纯形各顶点满足任何三个点不在同一条直线上，任何四个点不在同一个平面上，为满足此要求提出了多种构造初始单纯形的方法。

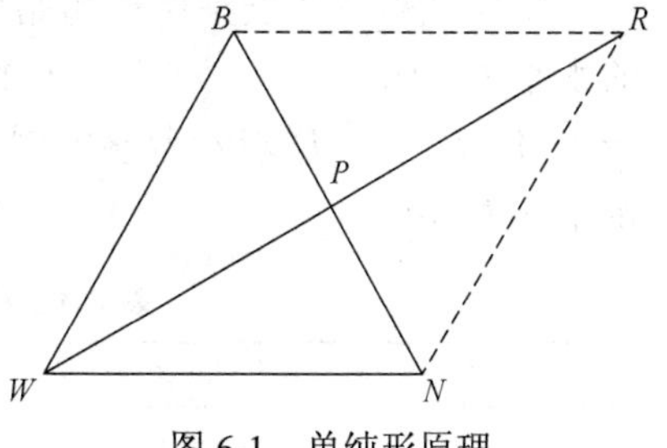

图 6-1　单纯形原理

1）给定某一顶点和步长，构造正规初始单纯形

首先根据化学知识和经验确定初始顶点 $x_1(x_{11}, x_{12}, \cdots, x_{1n})$，并对每一个因素选一步长 a_j，为保证后续实验中各单纯形边长相等，这个步长与各因素中的变化范围的比值应相同。

$$p_j=\frac{a_j}{n\sqrt{2}}(\sqrt{n+1}+n-1) \qquad (a_j\text{为步长}) \tag{6-3}$$

$$q_j=\frac{a_j}{n\sqrt{2}}(\sqrt{n+1}-1) \tag{6-4}$$

$$\begin{aligned}
x_1&=(x_{11},x_{12},\cdots,x_{1n})\\
x_2&=(x_{11}+p_1,x_{12}+q_2,\cdots,x_{1n}+q_n)\\
x_3&=(x_{11}+q_1,x_{12}+p_2,\cdots,x_{1n}+q_n)\\
&\ \ \vdots\\
x_n&=(x_{11}+q_1,x_{12}+q_2,\cdots,x_{1n}+p_n)
\end{aligned}$$

2）黄金分割法构造初始单纯形

黄金分割法构造初始单纯形的前提是要知道各因素的范围。首先将各因素按黄金分割分为两个水平：0.382 水平和 0.618 水平，计算出

$$A_{1/2}=(A_1+A_2)/2 \tag{6-5}$$

按表 6-3 构造初始单纯形。表中 A～E 表示欲考察的因素，下标“1”代表 0.382 水平，下标“2”代表 0.618 水平，下标“1/2”代表$(A_1+A_2)/2$，即 0.5 水平，表格的试验次数是因素数目加 1。

表 6-3　黄金分割法构造初始单纯形表

序号	A	B	C	D	E
1	A_1	B_1	C_1	D_1	E_1
2	A_2	B_1	C_1	D_1	E_1
3	$A_{1/2}$	B_2	C_1	D_1	E_1
4	$A_{1/2}$	$B_{1/2}$	C_2	D_1	E_1
5	$A_{1/2}$	$B_{1/2}$	$C_{1/2}$	D_2	E_1
6	$A_{1/2}$	$B_{1/2}$	$C_{1/2}$	$D_{1/2}$	E_2

3）根据均匀设计表构造初始单纯形

均匀试验设计表是构造初始单纯形最简洁的方法。将各因素均匀地分成所需要的水平（n 个因素，则分成 n+1 个水平）。按照均匀表把各水平安排到试验中即可。表中 A、B、C、D 表示考察的因素，总试验次数为 n+1 次，各个因素选取 n+1 个水平（表 6-4）。

表 6-4　均匀表 $U_5(5^4)$构建初始单纯形

序号	A	B	C	D
1	1	2	3	4
2	2	4	1	3
3	3	1	4	2
4	4	3	2	1
5	5	5	5	5

例题 6-3　设有一光度分析体系，现需要研究 A: 稀盐酸浓度（0.1～1.0 mol·L^{-1}），B: 温度（25.0～85.0℃），C: 反应时间（10～70 min），D: 显色剂用量（1.0～4.0 mL）四个因素对该显色反应的影响，确定初始单纯形。

解：（1）构造正规初始单纯形。

设步长取因素水平范围的 1/3，则 a=（0.3，20，20，1.0），选初始顶点为（0.2，30，15，1.5）

$$p_i=\frac{a_j}{4\sqrt{2}}(\sqrt{5}+4-1)=0.9256a_j$$

$$q_i=\frac{a_j}{4\sqrt{2}}(\sqrt{5}-1)=0.2185a_j$$

$$
\begin{aligned}
x_2 &= (x_{11}+p_1, x_{12}+q_2, x_{13}+q_3, x_{14}+q_4) \\
&= (0.2+0.9256\times 0.3, 30+0.2185\times 20, 15+0.2185\times 20, 15+0.2185\times 1) \\
&= (0.48, 34.37, 19.37, 1.72)
\end{aligned}
$$

同理求其他三个 x 值。初始单纯形见表 6-5。

表 6-5　例题 6-3 构造正规初始单纯形

	A	B	C	D
x_1	0.2	30	15	1.5
x_2	0.48	34.37	19.37	1.72
x_3	0.27	48.51	19.37	1.72
x_4	0.27	34.37	33.51	1.72
x_5	0.27	34.37	19.37	2.43

（2）用黄金分割法构造初始单纯形。

$$A_1=0.1+(1.0-0.1)\times 0.382=0.4$$

$$A_2=0.1+(1.0-0.1)\times 0.618=0.7A_{1/2}=0.55$$

$$B_1=25+(85-25)\times 0.382=48$$

$$B_2=25+(85-25)\times 0.618=62B_{1/2}=55$$

$$C_1=10+(70-10)\times 0.382=33$$

$$C_2=10+(70-10)\times 0.618=47C_{1/2}=40$$

$$D_1=1.0+(4.0-1.0)\times 0.382=2.15$$

$$D_2=1.0+(4.0-1.0)\times 0.618=2.85D_{1/2}=2.50$$

结果填入表 6-6 中。

表 6-6　例题 6-3 黄金分割法构造单纯形

序号	A	B	C	D
1	0.4	48	33	2.15
2	0.7	48	33	2.15
3	0.55	62	33	2.15
4	0.55	55	47	2.15
5	0.55	55	40	2.85

（3）均匀设计法构造初始单纯形。

各因素的五个水平为 A（0.2，0.4，0.6，0.8，1.0），B（30，40，50，60，70），C（20，30，40，50，60），D（1.5，2.0，2.5，3.0，3.5），安排到四因素的 U_5 均匀试验设计表中形成初始单纯形（表 6-7）。

表 6-7 例题 6-3 均匀试验设计表法构造单纯形

序号	A	B	C	D
1	0.6	50	20	3.5
2	0.8	70	40	1.5
3	0.2	60	50	3.0
4	1.0	40	60	2.5
5	0.4	30	30	2.0

4. 单纯形的移动

基本单纯形的计算遵循如下规则：

（1）除初始单纯形外，每次单纯形的移动均是在观察各点处的响应之后进行。

（2）单纯形的移动是在舍弃系统的最差响应点之后进行，有时会因此导致单纯形振荡，引入规则（3）。

（3）新单纯形中若反射点为最坏点，此时将反射点保留，将次坏点舍弃，取次坏点 N 的反射点 R 构成新单纯形 BNR。

（4）若某一顶点在多次运用规则后得以保留，则在保留点处重复进行试验，若保留点真正接近最佳值，重复试验结果仍较佳；若是由偶然误差引起，则结果可能降下来。

（5）若最佳响应点靠近边界，则单纯形移动中可能超出自变量范围；若新的顶点超出允许范围，则将此点赋以最坏的响应值，强迫此点回到正常范围。

单纯形法的不足如下所述：

（1）移动过程中不能加速，试验次数仍然较多。

（2）由于噪声存在，同一试验的不同次测定结果可能不同，但由于基本单纯形不做重复试验，无法区分目标值的改变是由固有规律引起的还是由噪声引起的，从而可能使单纯形沿错误的方向移动。

（3）运用规则（5），是将一最坏值赋以超出允许范围的顶点而强行使之回到正常范围的行为，并且舍弃最坏点，若次坏点的反射点处系统的响应更差，则有可能使单纯形移不到最优区域，此时单纯形应被迫停止，并将步长变小，在边界处重新开始。

5. 改良单纯形法

针对单纯形法的不足，Nelder 和 Mead 提出改良的单纯形法，引入两个概念：扩展和压缩。

（1）若反射点 R 处系统的响应优于 B 点处的响应，则说明反射方向正确，应予扩展，所以将反射点扩展到 E。顶点 E 的坐标为

$$E=P+2\times(P-W) \tag{6-6}$$

若 E 点处的响应优于 B 点处的响应，则保留 E 点，构成一个新单纯形 BNE

（图 6-2）；若 E 点处的响应差于 B 点处的响应，则扩展失败，仍以 BNR 为单纯形。

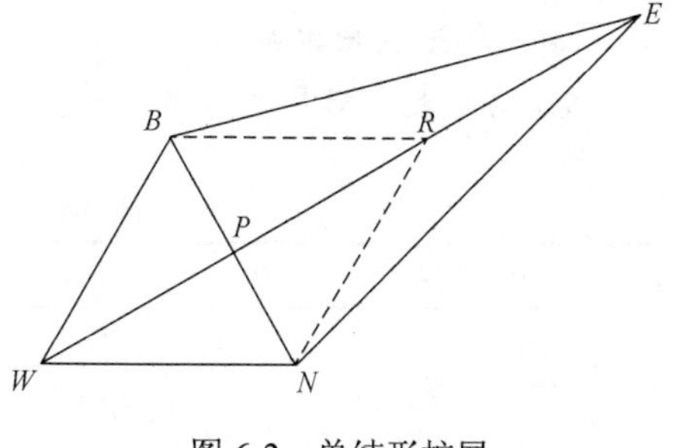

图 6-2　单纯形扩展

（2）若 R 点的响应优于 N 点，但差于 B 点的响应，$y_B>y_R>y_N$，则此时既不扩展也不压缩，以 BNR 为新单纯形继续寻优。若 $y_R<y_N$，此时反射点 R 不能构成新单纯形，应该压缩。

若 $y_W<y_R<y_N$，则压缩应靠近 R 点处，此时压缩点为 C_R，称为正压缩：

$$C_R=P+1/2(P-W) \tag{6-7}$$

若 $y_R<y_W$，压缩应靠近 W 处，压缩点为 C_W，称为负压缩：

$$C_W=P-1/2(P-W) \tag{6-8}$$

若 $y_{CW}<y_W$，称为压缩失败，此时应将单纯形大幅度缩小。这有可能会使单纯形过早结束于非最优区域。

若 $y_{CR}<y_R$，则舍弃单纯形 BC_RN，以次最坏点 N 作反射 R'，得到新的单纯形 BC_RR'（图 6-3）。

若 $y_{CW}<y_W$，舍弃单纯形 BC_WN 中的顶点 N，由 N 反射到 R''，得到新的单纯形 BC_WR''。

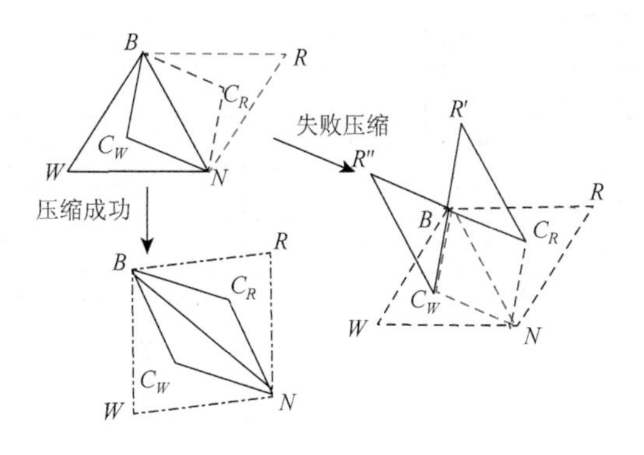

图 6-3　单纯形压缩

6. 单纯形迭代的结束

可以根据事先给定的条件，若条件已满足，则结束。如产率已经达到理论极限值，则可以停止；色谱峰已经分开，可以停止。若不清楚最优响应是什么，则当迭代中两次差值达到规定误差时可以停止。为了便于理解和上机实践，以一个函数为模型，展示单纯形法是如何进行的。

例题 6-4　用单纯形法求函数 $f(x, y, z)=2x^2+y^2+5z^2-4xz-2yz-10.6x+32$ 的最小值，已知 x，y，z 在[−10, 10]范围内。

解： 构造初始单纯形，x，y，z 的水平 1～4 取值分别为–8、–3、2、7。U_4 均匀表（括号外为水平号，括号内为实际取值）如表 6-8 所示。

表 6-8　求函数极值初始单纯形

水平/因素	x	y	z
1	3(2)	4(7)	3(2)
2	2(–3)	1(–8)	4(7)
3	1(–8)	3(2)	1(–8)
4	4(7)	2(–3)	2(–3)

具体调优过程如表 6-9 所示，整个过程均为手动计算和输入。

表 6-9　单纯形调优过程

序号	x	y	z	$f(x)$	单纯形顶点	操作
1	2.00	7.00	2.00	43.80		
2	–3.00	–8.00	7.00	586.80		
3	–8.00	2.00	–8.00	344.80		
4	7.00	–3.00	–3.00	175.80	1，2，3，4	求 2 点的反射到 5 点
5	–3.00	17.00	–13.00	1501.80		5 出界，赋予最差值，振荡，负压缩
6	–3.00	–1.75	2.00	135.86	1，3，4，6	负压缩成功，求 3 点的反射 7 点
7	17.00	2.00	7.00	174.80		7 点出界，正压缩 8 点
8	10.75	2.00	3.25	53.24		8 点出界，赋予边界值得 9 点，在边界处重新开始
9	10.00	2.00	3.25	39.81	1，4，6，9	求 4 点的反射到 10 点
10	0.00	3.25	8.25	329.25		10 点比最差点 4 还差，负压缩 11 点
11	5.25	–1.44	–0.19	37.12	1，6，9，11	压缩成功，求 11 点的反射点 12 点
12	10.25	7.31	–0.19	197.55		12 点出界，赋予最坏值，振荡，负压缩到 13 点
13	0.31	0.52	1.45	36.39	1，9，11，13	压缩成功，求 1 点的反射点 14 点
14	8.31	–4.48	2.70	73.09		反射更差，负压缩到 15 点
⋮	⋮	⋮	⋮	⋮	⋮	⋮
41	4.68	2.37	2.36	4.29	33，38，39，41	负压缩成功，求 38 点的反射点 42 点
42	5.17	2.13	2.40	4.14	33，39，41，42	反射成功，求 33 点的反射点 43 点
43	4.85	2.15	2.55	4.33		43 点好于 33 点，但差于次差点 41 点，正压缩 44 点
44	4.89	2.20	2.46	4.15	39，41，42，44	正压缩成功，求 41 点的反射点 45 点
45	5.32	1.84	2.42	4.47		45 点差于 41 点，负压缩 46 点
46	4.84	2.24	2.37	4.15	39，42，44，46	负压缩成功，求 39 点的反射点 47 点
47	5.23	2.25	2.49	4.04	42，44，46，47	反射成功，求 44 点的反射点 48 点
48	5.28	2.21	2.58	4.06	42，46，47，48	反射成功，求 46 点的反射点 49 点

续表

序号	x	y	z	$f(x)$	单纯形顶点	操作
49	5.56	2.14	2.52	4.40		49 点比 46 点差，负压缩 50 点
50	5.23	2.21	2.49	4.05		负压缩成功，至此，47、48、50 相差仅 0.01，可以认为找到最小值的所在点
最终	5.25	2.23	2.52	4.04		

习　题

1. 某公司配制一种新型饮料，需要加入一种果汁成分。根据研究，经验估计每 100 kg 饮料中需要加入该果汁的量为 1000～2000 g，请根据黄金分割法找到最佳点，若最佳点在 1632～1641，需要多少次试验？写出试验进程。

2. 长 10 km 的自来水管中间某处发生破裂，如何最快找到破裂处？

3. 在 17 件一样的产品中有一件略轻，现有一架天平，如何用最快的速度找出？

第 7 章 试验设计与数据处理

从第 6 章的多因素寻优过程可见，用单因素轮换法在因素间存在交互作用时无法保证所得到的结果是正确的，而用单纯形法试验次数仍然较多，因此在考察反应条件、操作参数等时，需要科学地设计与安排，以达到节约物质材料和人力、时间的目的，并同时取得最佳的结果，获得尽可能多的信息。

7.1 正交试验设计

用正交表安排试验，并对试验结果进行数据分析而获得最优条件的方法称为正交试验设计（orthogonal design）。

7.1.1 基本概念

1. 完全对

某体系中的两因素 A、B，其水平分别为（$a_1, a_2, a_3, \cdots, a_n$）（$b_1, b_2, b_3, \cdots, b_m$），若 A 因素的各个水平分别与 B 因素的各个水平一一配对（图 7-1），则构成两因素的完全对。

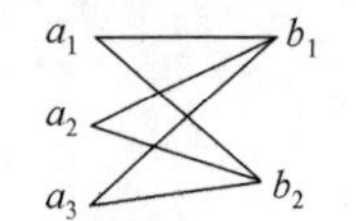

图 7-1 因素 A、B 之间构成的完全对

2. 搭配均衡

一个矩阵的某两列中同行元素构成完全对，且每个元素对出现的次数相同，则称这两列元素搭配均衡（equilibrium arrange in pairs or groups），否则为搭配不均衡。表 7-1 中 A、B 两列为搭配均衡，A、C 或 B、C 两列为搭配不均衡。正交表就是一个搭配均衡的表格。

表 7-1 搭配均衡与不均衡

A	B	C
1	1	1
1	2	2
1	1	2
1	2	1
2	1	1
2	2	2
2	1	2
2	2	2

3. 正交表

正交表（orthogonal layout）是一种数字矩阵，简记为 $L_n(t_1 \times t_2 \times t_3 \times \cdots \times t_s)$，其中，L 是正交表的代号，来源于拉丁方（Latin square）；n 代表试验总次数；t_j（j=1, 2, ⋯, s）表示第 j 列由 t_j 个水平组成。例如，$L_8(4\times2\times2\times2)$表示一个四水平因素和三个二水平因素八次试验的正交表。当所有 t_j 均相等时，记为 $L_n(t^m)$，其中，m 为正交表最多可安排的因素数；$L_n(t^m)$为至多可以安排 m 个因素，每个因素 t 个水平，共做 n 次试验的正交表。

拉丁方格源于希腊时代的一种数学游戏，是用拉丁字母 A、B、C、D、⋯排列起来的方格，要求每个字母不论在行内或是列内都只出现一次。关于拉丁方格还有一个著名的故事：18 世纪，欧洲普鲁士王国腓特烈国王要举行盛大的阅兵仪式，他计划挑选一支由 36 名军官组成的方队作为阅兵式的先导。当时有六支部队，要求从每支部队中选出六个不同级别的军官各一名，共 36 名。六个不同的军衔是：少尉、中尉、上尉、少校、中校、上校。排成 6×6 的方阵，每行、每列都有各部队、各级别的代表。可是 36 名军官累得筋疲力尽也没有排出符合要求的方阵。司令官去请教当时欧洲最有名的数学家欧拉，欧拉从简到繁，4×4（表 7-2）、5×5 都排出了，但无论怎样努力也没排成 6×6 的方阵。他去世前一年发表了一篇文章，把这个问题化成数学问题提出来，他猜想 6×6 方阵根本排不出来，想寻找和证明 $n\times n$ 方阵当 n 等于多少时排不出来。后来称这种方阵为欧拉方阵。

表 7-2　4×4 的欧拉方阵

A_1	C_2	D_3	B_4
D_4	B_3	A_2	C_1
B_2	D_1	C_4	A_3
C_3	A_4	B_1	D_2

1949 年日本的田口玄一博士创造了正交试验设计的方法，1952 年他在日本东海电报公司运用正交试验法取得成功。该法在日本工业生产中得到迅速推广，取得极大的经济效益。例如，用此法研制“线性弹簧继电器”的数十个特征值，2000 多个变量进行正交试验，经过 7 年时间，解决了关键部件的质量问题，实现产品由进口到出口，带来巨大的效益。几年后，他们的对手美国西方电器公司不得不停止生产这种产品，转而从日本引进。日本专家估计“日本经济发展中至少 10%的功劳应归于正交设计”。

4. 同时试验和序贯试验

同时试验：对于所设计的多次试验，先做哪个后做哪个都不会影响试验效果与试验进程，这时采用抽签等方法随机安排试验较好。正交试验和均匀试验都属于同时试验。

序贯试验（sequential trials）：先进行几次试验后，根据试验结果规划下一次试验，其次序不能改变，是逐步向最优条件靠近的过程，如第 6 章中的黄金分割法、二分法及单纯形法就属于序贯试验。

7.1.2 正交表及其性质

1. 正交表的构造

以二水平表为例，第一列将 2^m 个试验分为两半，前一半是水平 1，后一半是水平 2；第二列再将第一列的两个水平 1、2 再均分为水平 1 和水平 2。所有序号为 2 的 k 次方列（k=0，1，2，…）构成二水平正交表的基本列，基本列为主要因素列，其余列为交互作用列。对于 $L_2^n(2^q)$有 n 个基本列，位于 1、2、4、8、…、2^{n-1} 列，安排试验时，各基本列贯以 a、b、c、d 命名。基本列之间的列由前一基本列与该列前面所有列依次进行某种运算而得，为交互作用列。例如，$L_8(2^7)$表如表 7-3 所示。

表 7-3 $L_8(2^7)$表

序号	A	B	$A\times B$	C	$A\times C$	$B\times C$	$A\times B\times C$
1	1	1	1	1	1	1	1
2	1	1	1	2	2	2	2
3	1	2	2	1	1	2	2
4	1	2	2	2	2	1	1
5	2	1	2	1	2	1	2
6	2	1	2	2	1	2	1
7	2	2	1	1	2	2	1
8	2	2	1	2	1	1	2

三水平的正交表用同样的方法构成，$L_9(3^4)$表如表 7-4 所示，其中由于两个三水平的交互作用需要占两列，因此用下标 1、2 加以区分。

表 7-4 $L_9(3^4)$表

序号	A	B	$(A\times B)_1$	$(A\times B)_2$
1	1	1	1	1
2	1	2	2	2
3	1	3	3	3
4	2	1	2	3
5	2	2	3	1
6	2	3	1	2
7	3	1	3	2
8	3	2	1	3
9	3	3	2	1

2. 正交表的特点

1）均衡分散性——代表性

在二水平正交表中，任何一列都有数码“1”与“2”，且任何一列中它们出现的次数是相等的；如在三水平正交表中，任何一列都有“1”“2”“3”，且在任一列的出现数均相等。

2）整齐可比性——便于统计分析

在二水平正交表中，任何两列（同一横行内）有序对共有 4 种：（1，1）、（1，2）、（2，1）、（2，2）。每种对数出现次数相等。在三水平情况下，任何两列（同一横行内）有序对共有 9 种：（1，1）、（1，2）、（1，3）、（2，1）、（2，2）、（2，3）、（3，1）、（3，2）、（3，3），且每对出现数也均相等。

以上两点充分地体现了正交表的两大优越性，即“均衡分散，整齐可比”。通俗地说，每个因素的每个水平与另一个因素各水平各碰一次，这就是正交性。

3. 正交表的性质

（1）正交表中任意两行或两列交换仍为正交表。例如，$L_8(2^7)$表的第一列（1，1，1，1，2，2，2，2）和第二列（1，1，2，2，1，1，2，2）互相交换，仍然不影响其正交性。

（2）将某一列中各数码对换，仍为正交表。例如，将 $L_8(2^7)$表的第一列（1，1，1，1，2，2，2，2）变为（2，2，2，2，1，1，1，1）也不影响其正交性。

4. 正交试验法的优点

（1）试验点代表性强，试验次数少。例如，四个三水平因素的全面试验需要 81 次，而正交试验只需要 9 次，见图 7-2，考虑交互作用的话也仅需要 27 次试验。

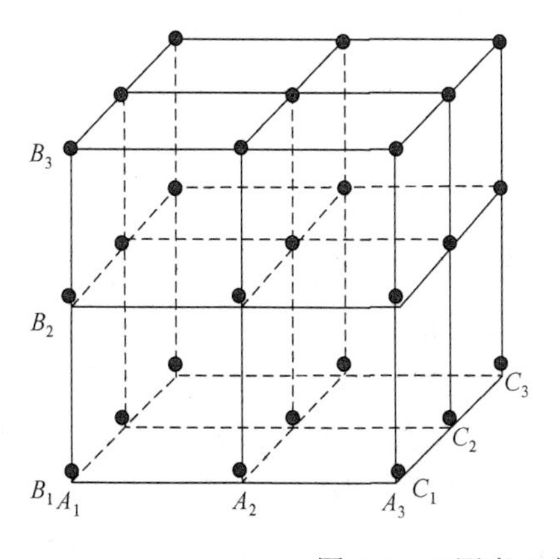

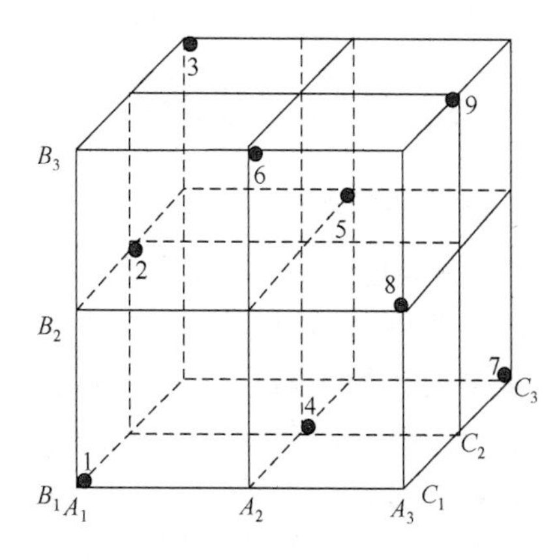

图 7-2 三因素三水平全面试验和正交对比

（2）无需重复试验就可以估计试验误差。正交试验表中的空列就可以用来估计试验误差，因而一般无需重复试验。

（3）可以使用数理统计的方法处理试验结果，提出展望好条件。通过极差分析和方差分析可以得到最优组合、因素主次顺序、因素对指标影响的显著性等信息，找到的最佳条件可能是试验表中没有的试验条件。

5. 正交表的分类

（1）正交表可以按其水平数分类，若记正交表为 $L_n(t^m)$，则称其为 t 水平的正交表。例如

二水平正交表：$L_4(2^3)$、$L_8(2^7)$、$L_{16}(2^{15})$、$L_{12}(2^{11})$等；

三水平正交表：$L_9(3^4)$、$L_{27}(3^{13})$、$L_{18}(3^7)$等；

四水平正交表：$L_{16}(4^5)$等；

五水平正交表：$L_{25}(5^6)$等；

混合水平正交表：$L_{18}(2\times3^7)$等。

（2）完全正交表和不完全正交表。常用的正交表也可以按其行数 n、列数 m、水平数 t 之间的关系分为两大类。

一类正交表的行数 n、列数 m、水平数 t 之间有如下两个关系：

$$n = t^k,\ \ k = 2, 3, \cdots \tag{7-1}$$

$$m = \frac{n-1}{t-1} \tag{7-2}$$

符合式（7-1）和式（7-2）两个等式关系的正交表为完全正交表，如上述的 $L_9(3^4)$、$L_8(2^7)$。用这类正交表安排试验，可以考察因素间的交互作用，通常正交表都附有一张交互作用列表。

另一类正交表称为不完全正交表，上述两个关系中至少有一个不成立，如 $L_{18}(3^7)$、$L_{12}(2^{11})$等，一般不能考察因素间的交互作用，但是在某些场合也常使用。

7.1.3　正交试验安排及数据处理

1. 正交试验步骤

正交试验设计是按照正交表安排试验的，其基本过程如下所述。

（1）明确试验目的，确定试验指标。试验指标分为定量指标和定性指标。正交试验设计的试验指标最好是定量指标。对于定量指标要明确指标是越大越好还是越小越好，有时也可能是趋近某个值好（如聚合反应的聚合度），这时可以用试验值与该标准值的差的平方值表示，其值越小越好。定性指标能够转化为定量指标的尽量转化为定量指标，如防腐材料的防腐性用腐蚀率数据表示；没有适当的定量指标的试验可以用有经验的试验人员给出的评分表示（如颜色

的调配、织物的感观等）。有时试验指标不止一个，这时应抓住主要矛盾，兼顾其他要求。

（2）确定要考察的因素，选取适当水平。尽量少选因素，主要选取对指标影响大的因素。各水平间差别太小会导致水平数过多，试验次数增多，同时指标的变化较小可能看不出差别；水平间差别太大，最后确定的范围大，离最佳值远。正交试验水平数不宜过多，一般取二水平到四水平，并且尽量使各因素水平数相等，以利于数据处理。

（3）选用合适的正交表进行表头设计，编制试验方案。选择正交表的步骤是先根据因素的水平数选取对应水平的一类正交表，再根据因素数目（包括交互作用数目在内）小于等于正交表 $L_n(m^t)$中的 t 值的原则选择试验次数较少的正交表。

（4）进行试验：按照正交表的安排进行试验，得到各次试验的指标值。为了防止因素同一水平连续重复带来的系统误差，往往采用抽签的办法决定试验次序。

（5）实验数据处理：分为直观分析和方差分析两种。

2. 正交试验表头设计

表头设计就是将要考察的试验因素安排到相应的列中。表头设计原则是要考察的因素及交互作用的自由度总和必须不大于所选正交表的自由度。关于正交表的自由度规定如下。

正交表的总自由度：

$$f_T=\text{试验次数}-1 \tag{7-3}$$

正交表每列的自由度：

$$f_{col}=\text{此列的水平数}-1 \tag{7-4}$$

因素 A 的自由度：

$$f_A=\text{因素 } A \text{ 的水平数}-1 \tag{7-5}$$

A、B 交互作用的自由度：

$$f_{AB}=f_A\times f_B \tag{7-6}$$

首先根据所考察的因素水平数选择具有该水平数的一类正交表，再根据因素的个数具体选定一张表。选择好合适的正交表后，首先安排有交互作用的各因素及其交互作用，交互作用不能任意安排，而应根据交互作用表中现实的列号安排；交互作用不影响试验方案的实施；高级交互作用通常不考虑，主要考虑效果明显的交互作用。然后，将没有交互作用的各因素任意安排到剩下的列中。

表头设计有一个重要原则——不可混杂原则。例如，在 $L_8(2^7)$表上安排 A、B、C、D 及 AB、AC、BC，交互作用的安排是依据交互作用表进行，如第 1 列和第 2

列的交互作用安排在第 3 列，可以有多种设计方案，因为因素 D 与其他因素之间没有交互作用，故用删除线将其划掉（表 7-5），可见方案 1 中第 6 列是因素 D 和 $B\times C$ 共同占据，就是说此列的试验结果是它们共同作用的结果，无法区分因素 D 的作用效果和 BC 交互作用的效果，这种现象就称为混杂现象。表头设计应避免出现混杂现象，而方案 2 则满足不可混杂的要求。

表 7-5　$L_8(2^7)$常用表头设计

列号	1	2	3	4	5	6	7
方案 1	A	B ~~$C\times D$~~	$A\times B$	C ~~$B\times D$~~	$A\times C$	D $B\times C$	~~$A\times D$~~
方案 2	A	B	$A\times B$ ~~$C\times D$~~	C	$A\times C$ ~~$B\times D$~~	$B\times C$ ~~$A\times D$~~	D

正交表的基本列：对于完全正交表 $L_n(t^m)$，它的列是分组的，如果 $n=t^k$，那么全部列可以分为 k 组，从前到后，各组所包含的列数分别为：t^0、t^1、t^2、…、t^{k-1}，每一组的第 1 列称为基本列，第 1、2 列必为基本列。例如，$L_8(2^7)$表中 $8=2^3$，$k=3$，表中的列被分成三组：第一组含 2^0 列即第 1 列；第二组含 2^1 列，即第 2、3 列；第三组含 2^2 列即第 4、5、6、7 列，其基本列是 1、2、4 列。一般来说，将主效应安排在基本列上可以减少混杂现象的发生。

表 $L_{16}(2^{15})$ 的基本列是 1、2、4、8 列。

表 $L_{27}(3^{13})$ 的基本列是 1、2、5 列。

例题 7-1　某一试验有两水平因素 A、B、C、D 及 AB、AC、BC、BD 因素之间的交互作用对试验指标有影响，选择合适的正交表，并设计表头。

解：

$$f_A=f_B=f_A=f_B=1$$

$$f_{AB}=f_{AC}=f_{BC}=f_{BD}=1\times1=1$$

$$f_{\text{all}}=4\times1+4\times1=8$$ ［所有因素（包括交互作用）自由度总和］

选两水平正交表有 $L_8(2^7)$、$L_{16}(2^{15})$、$L_{32}(2^{31})$等，其中 $L_8(2^7)$自由度不够，后两个满足条件，选试验次数较少的 $L_{16}(2^{15})$正交表。先把因素 A、B 安排在第 1、2 列，则根据交互作用表第 1、2 列的交互作用在第 3 列；因素 C 安排在第 4 列，第 1、2 列与第 4 列的交互作用 AC、BC 在第 5、6 列，因素 D 安排在第 7 列，所以正交试验表头安排如表 7-6 所示。

表 7-6　例题 7-1 正交表表头设计

列号	1	2	3	4	5	6	7	8	9	10	11	12	13	14	15
因素	A	B	AB	C	AC	BC	D			BD					

3. 正交试验结果的极差分析

极差分析又称为直观分析，主要包括求极差、排出因素主次、找到优水平组合和趋势分析等内容。

例题 7-2　药厂改革某药物合成反应工艺，其试验指标是产物的收率，设有三个因素影响收率：反应温度（*A*）、反应时间（*B*）和反应物的物质的量比（*C*），设因素间没有交互作用，每个因素取三个水平（表 7-7），试对试验结果进行直观分析。

表 7-7　制药正交试验设计各因素水平安排

水平＼因素	*A*/℃	*B*/h	*C*
1	100	6	1∶1.2
2	110	8	1∶1.6
3	120	10	1∶2.0

解：（1）选正交表，进行表头设计。本例是三水平试验，常用的三水平正交表有 $L_9(3^4)$、$L_{27}(3^{13})$等，因为只有三个因素，且因素间没有交互作用，选用 9 次试验的正交表取前三列即可，第 4 列空列作为估计误差的列，同样进行数据处理，但不影响试验进程。

（2）进行试验并得到如下结果：根据表 7-7 将正交试验表各试验条件确定，如第 1 号试验，*A*、*B*、*C* 均取水平 1，相应的试验条件为反应温度 100℃，反应时间 6 h，反应物配比 1∶1.2，依次类推。试验结果填入该试验相应的单元格（图 7-3）。

	A	B	C	D	E	F
1	试验号	A	B	C	e	试验结果
2	1	1	1	1	1	40.9
3	2	1	2	2	2	58.2
4	3	1	3	3	3	71.6
5	4	2	1	2	3	40.0
6	5	2	2	3	1	73.7
7	6	2	3	1	2	39.0
8	7	3	1	3	2	62.1
9	8	3	2	1	3	43.2
10	9	3	3	2	1	57.0
11	K1	170.7	143	123.1	171.6	
12	K2	152.7	175.1	155.2	159.3	
13	K3	162.3	167.6	207.4	154.8	
14	k1	56.9	47.7	41.0	57.2	
15	k2	50.9	58.4	51.7	53.1	
16	k3	54.1	55.9	69.1	51.6	
17	R	6.0	10.7	28.1	5.6	
18	因素主次:	C>B>A				
19	优组合:	A1B2C3				

图 7-3　制药工艺优化正交试验安排及结果

进行试验时要注意：①严格按照正交试验表所列的方案执行每一次试验，即使该条件结果可能不好，也要认真完成，因为每一次试验都从不同角度提供有用信息，并且如果所有试验都结果非常好，反倒使试验设计没有了区分效应，说明了试验设计的失败；②试验顺序可能对试验结果产生影响，例如，上午做的试验结果和下午做的同一个试验结果可能由于环境温度等因素的差异而不同，为了消除这种差异，试验应采用随机顺序（抽签）的办法进行；③试验条件的控制一定要十分严格，尤其是某因素对指标影响高度显著时，试验条件的微小波动都会影响到试验指标，而当不知道每个因素对指标影响的显著性时，应当都按高度显著对待。

（3）计算极差，确定因素的主次顺序。图 7-3 中符号的含义如下所述。

K_i：任意一列水平号为 i 时，所对应试验结果之和。例如，C 因素对应的 K_3 为 C 因素取水平 3 的结果之和，K_3=71.6+73.7+62.1=207.4，同理可以计算其他 K 值。表中各因素在不同水平下的平均值在 Excel 中可以用 sumif（）函数计算，如 B 因素水平 2 的 K 计算公式“=sumif（C$2: C$10，2，$F$2: $F$10）”。其中 F2: F10 存放的是试验结果，C2: C10 是因素 B 对应的水平编号，公式的意义就是将 C2: C10 中凡是等于“2”的对应的 F2: F10 中的结果加和，绝对引用是为了便于公式横向和纵向拖曳自动填充。依次类推，计算其他 K 值。

k_i：任一列上因素取水平 i 时试验结果的算术平均值。$k_i=K_i/s$，s 为任一列水平 s 出现的次数。C 因素 k_3=207.4/3=69.1。

R：R 称为极差，任一列 K（或 k）的极大值减去极小值。例如，C 因素用 k 计算的极差 R=69.1−41=28.1。极差越大该因素对指标的影响越大，因此根据极差的大小就能确定因素的主次顺序。有时空白列的极差比因素的极差还大，这有几种可能：①极差小的因素对试验指标没有影响；②因素之间存在不可忽略的交互作用；③试验者漏掉考察了对试验有影响的其他因素。所以安排正交试验时最好留一些空列，并将空列的结果也计算出来，从中可以得到一些有用的信息。

图 7-4　条件格式窗口

（4）优方案的确定。本例中试验结果都是越高越好，图 7-3 中将每个因素最高水平的结果标记出来，这是利用 Excel 的条件格式进行的。步骤如下：选取需要处理的单元格区域（如 B14: B16），点击菜单栏中的条件格式选项，弹出以下窗口（图 7-4）。

根据需要选择“突出显示单元格规则“→“等于”将单元格条件填入（图 7-5），所选区域中满足条件的单元格就变成规定的格式，公式横向拖曳，其他区域也变成符合各自条件的格式。

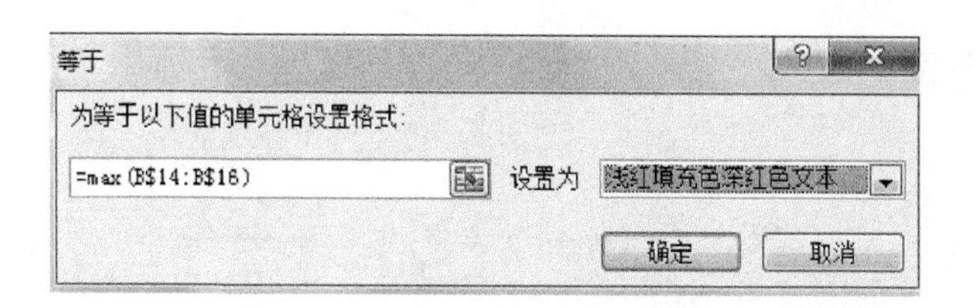

图 7-5　条件格式之填充“条件”

将满足条件的因素最优水平组合在一起就是优方案。本例中为 $A_1B_2C_3$，是表中没有的组合，应用试验验证。需要注意的是，如果某列的极差比空列还小，说明该因素可能对指标的影响不显著，这时该因素最优条件的选取应该本着降低成本、减少消耗的原则进行。

（5）验证试验和趋势分析。本例中优方案为 $A_1B_2C_3$，是表中没有的试验条件组合，应当用试验验证。

对试验结果进行趋势分析，可以找到更优的方案。即以试验指标 K 或 k 为纵坐标，画出因素与指标的关系图。画趋势图时应注意，对数量因素，横坐标应按水平的实际大小排列，并将各坐标点连成折线图（如果是属性因素可以不考虑因素次序，坐标点之间不连线）（图 7-6）。从趋势图上看，因素 A 取更低的反应温度、因素 C 取更高的反应物配比，可能会取得更好的试验结果，也应当做些外推条件的试验，以找到真正的最佳结果。

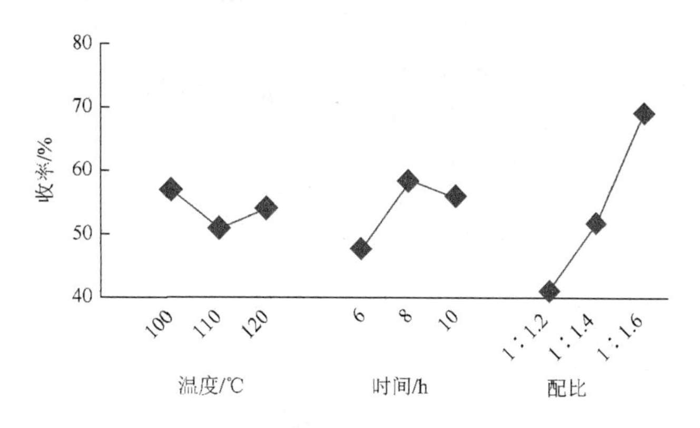

图 7-6　制药正交试验结果的趋势分析

4. 正交试验结果的方差分析

表面上正交试验的方差分析与第 3 章所介绍的方差分析不同，首先正交试验不是全面试验，其次正交试验多数没有重复试验，第三正交试验的因素更多，一般都多于两个因素，但正交试验的方差分析与双因素有重复试验的方差分析非常接近。

1）总离差平方和

$$SS_T=\sum_{i=1}^{n}(y_i-\overline{y})^2=\sum_{i=1}^{n}y_i^2-\frac{\left(\sum_{i=1}^{n}y_i\right)^2}{n} \tag{7-7}$$

令

$$Q=\sum_{i=1}^{n}y_i^2 \tag{7-8}$$

$$T=\sum_{i=1}^{n}y_i \tag{7-9}$$

$$P=\frac{T^2}{n} \tag{7-10}$$

则
$$SS_T=Q-\frac{T^2}{n}=Q-P \tag{7-11}$$

2）各因素离差平方和（以 8 次二水平试验为例）

$$\begin{aligned}SS_A&=4\times\left(\frac{K_{\rm I}}{4}-\overline{y}\right)^2+4\times\left(\frac{K_{\rm II}}{4}-\overline{y}\right)^2\\&=4\left[\frac{K_{\rm I}^2}{16}-\frac{K_{\rm I}}{2}\overline{y}+\overline{y}^2+\frac{K_{\rm II}^2}{16}-\frac{K_{\rm II}}{2}\overline{y}+\overline{y}^2\right]\\&=4\left[\frac{K_{\rm I}^2+K_{\rm II}^2}{16}-\frac{\overline{y}}{2}(K_{\rm I}+K_{\rm II})+2\overline{y}^2\right]\\&=\frac{K_{\rm I}^2+K_{\rm II}^2}{4}-4(4\overline{y}^2-2\overline{y}^2)\\&=\frac{K_{\rm I}^2+K_{\rm II}^2}{4}-8\overline{y}^2\end{aligned} \tag{7-12}$$

同样对于 $L_{27}(3^{13})$正交表：

$$SS_A=\frac{K_{\rm I}^2+K_{\rm II}^2+K_{\rm III}^2}{9}-27\overline{y}^2 \tag{7-13}$$

3）误差的离差平方和

$$SS_e=\sum SS_{空列} \tag{7-14}$$

4）交互作用的离差平方和

$$SS_{AB}=\overline{SS}_{AB_1}+\overline{SS}_{AB_2}+\cdots \tag{7-15}$$

5）自由度

$$df_T=n-1,\ df_A=\text{因素}\ A\ \text{的水平数}-1,\ df_{AB}=f_A\times f_B,\ df_e=\sum f_{\text{空列}}$$

6）平均离差平方和

$$MS_A=SS_A/df_A \qquad (7\text{-}16)$$

7）F_A值

$$F_A=MS_A/MS_e \qquad (7\text{-}17)$$

8）显著性检验

F_A与F_α（df_A，df_e）比较，确定因素 A 的显著性。

例题 7-3　对例题 7-2 的正交试验进行方差分析。

解：在图 7-3 的基础上进行计算，如图 7-7 所示。

21		值	公式
22	P	26211.61	=(SUM(F2:F10))^2/9
23	SS_T	1499.34	=DEVSQ(F2:F10)
24	SS_A	54.08	=3*SUMSQ(B14:B16)-$B$22
25	SS_B	187.98	=3*SUMSQ(C14:C16)-$B$22
26	SS_C	1206.86	=3*SUMSQ(D14:D16)-$B$22
27	SS_e	50.42	=3*SUMSQ(E14:E16)-$B$22
28	df_T	8	
29	$df_A=df_B=df_C$	2	
30	MS_A	27.04	=B24/$B$29
31	MS_B	93.99	=B25/$B$26
32	MS_C	603.43	=B26/$B$26
33	MS_e	25.21	=B27/$B$29
34	F_A	1.07259	=B30/$B$33
35	F_B	3.728282	=B31/$B$33
36	F_C	23.93614	=B32/$B$33
37	FINV(0.05,2,2)	19	
38	FINV(0.01,2,2)	99	

图 7-7　制药正交试验结果的方差分析

将结果汇总为方差分析表 7-8。

表 7-8　例题 7-3 方差分析表

差异源	SS	df	MS	F	显著性
C	1206.86	2	603.43	23.94	*
B	187.98	2	93.99	3.73	不显著
A	54.08	2	27.04	1.07	不显著
e	50.42	2	25.21		
总和	1499.34	8			

虽然正交试验结果的方差分析比直观分析复杂一些，但是通过方差分析可以得到因素对指标影响的显著性这样的结果，这是直观分析做不到的，所以在以后的分析中应尽量多地用方差分析来处理正交试验结果。

从正交试验的方差分析可见，正交试验的方差分析是把空列的离差平方和作为误差项处理的，因此要进行正交试验的方差分析，就需要有空列存在。但是当正交表都被影响因素填满时（此时称为饱和的正交试验设计），没有空白列估计试验误差，通常的处理方法有：①设置重复试验进行方差分析（7.1.7 节）；②改用较大的正交表，补做一些试验；③将平方和比较小的列看作误差项，但这样处理是有一定风险的，因为一旦离差平方和比较小的因素对指标也有影响，会导致所有因素的 F 值都偏小，可能一些显著的因素变得不显著了。

7.1.4　多指标正交试验设计及结果的分析

有时评价试验结果的指标不止一个，如化学反应的收率、成本、污染情况等都是需要考虑的指标。对于多指标的正交试验数据处理方法一般有综合平衡法和综合评分法。

1. 综合平衡法

先对各指标分别进行极差分析，得到因素主次、最优组合，然后根据经验和理论对各指标综合比较和分析。

例题 7-4　在磨削滚动轴承内圈外滚道工序中，探索磨削参数对加工精度、表面粗糙度和生产率的影响，以确定最佳生产条件。确定砂轮修呖时间（A）、工件转速（B）、粗磨走刀量（C）、精磨走刀量（D）四个因素对指标有影响，各取三水平，三项指标都是值越低越好，试验结果如表 7-9 所示，试分析最佳工艺条件。

表 7-9　轴承生产最佳工艺条件正交试验结果

试验号	A	B	C	D	加工精度	表面粗糙度	生产率
1	1	1	1	1	0.49	1.54	6.3
2	1	2	2	2	0.38	1.8	7.2
3	1	3	3	3	0.4	1.88	7.3
4	2	1	2	3	0.41	1.4	7.2
5	2	2	3	1	0.34	1.6	7.3
6	2	3	1	2	0.45	1.92	7.1
7	3	1	3	2	0.33	1.44	7.8
8	3	2	1	3	0.32	1.88	6.8
9	3	3	2	1	0.31	1.68	7.8

续表

试验号		A	B	C	D	加工精度	表面粗糙度	生产率
加工精度	M_1	1.27	1.23	1.26	1.14			
	M_2	1.2	1.04	1.1	1.16			
	M_3	0.96	1.16	1.07	1.13			
	R	0.31	0.19	0.19	0.03			
	优水平 因素主次	$A_3B_2C_3D_3$ $A>B=C>D$						
表面粗糙度	M_1	5.22	4.38	5.34	4.82			
	M_2	4.92	5.28	4.88	5.16			
	M_3	5	5.48	4.92	5.16			
	R	0.3	1.1	0.46	0.34			
	优水平 因素主次	$A_2B_1C_2D_1$ $B>C>D>A$						
生产率	M_1	20.8	21.3	20.2	21.4			
	M_2	21.6	21.3	22.2	22.1			
	M_3	22.4	22.2	22.4	21.3			
	R	1.6	0.9	2.2	0.8			
	优水平 因素主次	A_1B_1 或 $B_2C_1D_3$ $C>A>B>D$						

解：对于因素 A，它在加工精度这一指标中是最重要因素，同时精度又是最重要指标，因此其他指标都服从重要的指标，A 取水平 3；因素 B 在粗糙度指标中最重要，取水平 1；因素 C 在生产率指标中最重要，取水平 1；D 在各指标中都不太重要，按照方便操作降低成本的原则选取水平 3，最终的最佳工艺为 $A_3B_1C_1D_3$。

总之，综合平衡的原则是：①相对重要的指标优先满足其对因素优水平的选取，不太重要的指标要服从主要指标；②某因素对指标 A 是主因素，对指标 B 是次要因素，应取主因素时的优水平；③当因素对指标影响重要程度相差不大，按“少数服从多数”的原则，取出现次数多的优水平；④影响不显著的因素，其水平选取应本着降低成本、减少污染、节约时间的原则。当各个试验指标的重要性不相同时，综合平衡法有时会很难决断因素的水平，此时综合评分法会给出比较直观的结果。

2. 综合评分法

综合评分法是根据每一个指标的重要程度，给每一个试验评一个分数作为所有指标的总指标，然后利用总指标的结果进行进一步的直观分析和方差分析，确定较佳的试验方案。其关键就在于如何评分。

根据评分方法，综合评分法又分为以下几种：①对所有指标综合评价给出总分（类似歌唱比赛给出的综合分）；②对每个指标各自给出每次试验的评分，然后各项评分相加；③各项指标评分乘以权重后相加得到总分。第一种方法需要经验丰富的专业人员给出，其可靠性很大程度上取决于评分者的理论知识和实践经验，而后两种方法则没有如此苛刻的要求，因而更常用。

由于各指标的单位不同，取值可能相差很大，甚至相差几个数量级，因此各试验指标不能直接相加，而应先进行标准化处理。标准化处理就是将试验指标转化为0～1之间的数值，称为指标隶属度

$$指标隶属度=\frac{指标值-指标最小值}{指标最大值-指标最小值} \quad (7\text{-}18)$$

将各个试验指标的隶属度乘以各自权重以后相加减（如果指标都是越大越好则相加，若有的指标越大越好，有的越小越好，则用越大越好的减去越小越好的），得到最终的评价指标，再进行数据分析。

例题 7-5　利用例题 7-4 的数据，按照权重 60%、30%、10%的比例用综合评分法找出最佳工艺条件。

解：因为三个指标值都是越低越好，因此计算隶属度乘以权重加和后的结果也是越小越好，计算结果见表 7-10。

表 7-10　综合评分法处理多指标正交试验结果

序号	A	B	C	D	Y_1	Y_2	Y_3	Y_1'	Y_2'	Y_3'	Y
1	1	1	1	1	0.49	1.54	6.3	1.00	0.27	0.00	0.68
2	1	2	2	2	0.38	1.8	7.2	0.39	0.77	0.60	0.52
3	1	3	3	3	0.4	1.88	7.3	0.50	0.92	0.67	0.64
4	2	1	2	3	0.41	1.4	7.2	0.56	0.00	0.60	0.39
5	2	2	3	1	0.34	1.6	7.3	0.17	0.38	0.67	0.28
6	2	3	1	2	0.45	1.92	7.1	0.78	1.00	0.53	0.82
7	3	1	3	2	0.33	1.44	7.8	0.11	0.08	1.00	0.19
8	3	2	1	3	0.32	1.88	6.8	0.06	0.92	0.33	0.34
9	3	3	2	1	0.31	1.68	7.8	0.00	0.54	1.00	0.26
K_1	1.848	1.26	1.84	1.22							
K_2	1.495	**1.15**	1.18	1.53							
K_3	**0.96**	1.16	**1.07**	**1.13**							
R	0.888	0.11	0.77	0.4							
优水平	$A_3B_2C_3D_3$										
因素主次	$A>C>D>B$										

可见综合评分法是将多指标运用适当的评分办法转化成了单指标的问题，其分析结果的可靠性取决于评分是否合理，如果权重选取不当，评分不合理，所得到的结果就会不可靠。

7.1.5　有交互作用的正交试验

交互作用：因素 A 的变化对指标的影响与因素 B 取的水平有关，如表 7-11 所示，则称因素 A 与因素 B 之间存在交互作用。

表 7-11　判别交互作用数据表

	A_1	A_2		A_1	A_2
B_1	50	55	B_1	50	55
B_2	53	58	B_2	53	62
AB 间不存在交互作用			AB 间存在交互作用		

交互作用及其大小还可以从示意图（图 7-8）上直观地显示出来。

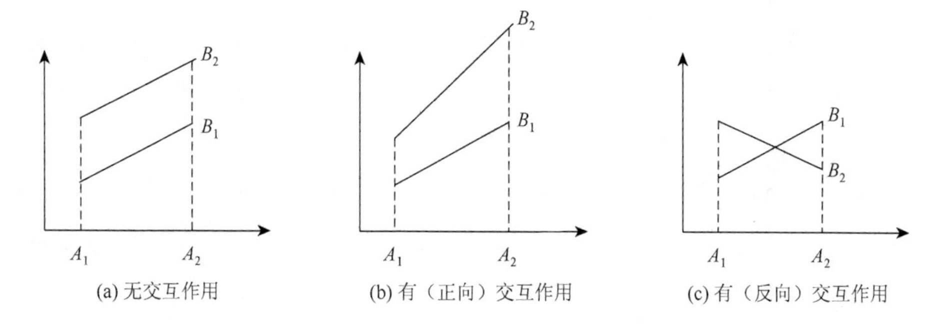

图 7-8　因素 A 与因素 B 之间交互作用示意图

有交互作用的正交试验的安排应按照相应的正交表表头设计进行，即第 1、2、4 列为主效应列，其他为交互作用列。至于是哪两种主效应的交互作用，则要根据实际情况具体分析。

例题 7-6　电镀前金属零件要除油去锈，原工艺是分两步分别进行，现探索除油除锈一步法，以达到节省工序和省时的目的，配方中选用了表 7-12 中的因素和水平。

表 7-12　除油除锈试验因素水平表

水平＼因素	H_2SO_4（A）	op 乳化剂（B）	硫脲（C）	温度（D）
1	250	9	6	60
2	300	12	4	45

从经验知道因素 D 与其他三个因素无交互作用，而 A、B、C 之间可能存在交互作用，如何制订试验方案及如何分析试验结果？

解： 若用 $L_{16}(2^{15})$正交表安排 16 次试验，则 4 个因素的所有交互作用都能分析出来，但试验次数太多，考虑到 D 与其他因素无交互作用，可以用 $L_8(2^7)$正交表及相应的交互作用表安排试验（表 7-13）。

表 7-13　$L_8(2^7)$交互作用表

列号	1	2	3	4	5	6	7
因素或交互作用	A	B	$A\times B$ $C\times D$	C	$A\times C$ $B\times D$	$B\times C$ $A\times D$	D

因为 $A\times D$、$B\times D$、$C\times D$ 为 0，所以可以选上一行为考察对象。以除油除锈时间为试验指标，指标越低越好。试验安排如表 7-14 所示。

表 7-14　除油除锈一步工艺正交试验及结果

列号	1 （A）	2 （B）	3 （AB）	4 （C）	5 （AC）	6 （BC）	7 （D）	结果
1	1	1	1	1	1	1	1	7.7
2	1	1	1	2	2	2	2	6.1
3	1	2	2	1	1	2	2	6.0
4	1	2	2	2	2	1	1	17.7
5	2	1	2	1	2	1	2	17.3
6	2	1	2	2	1	2	1	10.5
7	2	2	1	1	2	2	1	13.3
8	2	2	1	2	1	1	2	16.2
K_1	9.375	10.40	10.825	11.075	10.10	14.725	12.30	
K_2	14.325	13.30	12.875	12.625	13.60	8.975	11.40	
R	4.95	2.9	2.05	1.55	3.50	5.75	0.90	

因素主次顺序：$B\times C>A>A\times C>B>A\times B>C>D$。选最优水平组合先要考虑重要的因素和交互作用，本题中 $B\times C$ 是最主要的。

列 BC 水平搭配表（表 7-15）以选择最优 BC 组合，可以利用 Excel 的“sumifs”函数来计算多条件求和的问题，如 B_1C_1 搭配，可以在相应单元格输入“=sumifs（$I$3: $I$10，$C$3: $C$10，1，$E$3: $E$10，1）/2”，其中 I3: I10 存放各试验结果，C3: C10 为 B 的水平号，E3: E10 为 C 的水平号，求和公式中的两个“1”表示同时满足 B 的水平为 1，C 的水平也为 1 时试验指标的和，除以 2 为两次重复的平均值。

表 7-15　*BC* 水平搭配表

	B_1	B_2
C_1	12.5	9.65
C_2	8.3	12.95

表中显示 B_1C_2 组合最佳，然后根据因素主次确定因素 A 的水平为 A_1，AC 存在交互作用，A_1C_1 搭配较好（表 7-16），但与 B_1C_2 组合最佳组合矛盾，因 $B\times C$ 是最重要的因素，所以服从 $B\times C$，C 取 C_2，D 取 D_2。最后的最佳组合为 $A_1B_1C_2D_2$，为第 2 号试验，但 3 号试验也很好，可将两个试验重复一下，再最后下结论。

表 7-16　*AC* 水平搭配表

	A_1	A_2
C_1	6.85	15.3
C_2	11.9	13.35

7.1.6　水平不等的正交试验

正交试验设计尽量使各因素的水平数相等，但是有些情况下某些因素难以达到与其他因素相同的水平数，如催化剂的种类等属性类的量，这样就产生了水平数不等的正交试验设计与数据处理的问题。其解决方法主要有正交表合并、拟水平法两种。

1. 正交表合并

正交表合并是当小水平数是大水平数的约数的情况下进行的。

例题 7-7　聚氨酯合成橡胶的试验中，要考察因子 A、B、C、D 对抗张强度的影响，其中因子 A 取 4 个水平，B、C、D 均取二水平，同时 $A\times B$、$A\times C$ 对指标也有影响，应如何进行试验以及如何处理试验数据？

解：

$$f_A = 4-1 = 3 \quad f_B = f_C = f_D = 2-1=1$$

$$f_{A\times B} = f_{A\times C} = (4-1)\times(2-1) = 3$$

$$f_{\mathrm{T}} = 3+3\times1+2\times3 = 12$$

至少用 $L_{16}(2^{15})$表，并对其进行改造。首先从 $L_{16}(2^{15})$表中任取两列，如第 1、2 列，将此两列同行的水平数看成四种有序数对（1，1）、（1，2）、（1，3）、（1，4），分别对应 A 的四个水平 1、2、3、4；再将第 1、2 列的交互作用列从表中划去，相当于 1、2、3 列合并成一个新的四水平列。由于 A 列是由 1、2、3 列合并而成，故 A 与 B 列的交互作用列是原来 1、2、3 列与 B 列如第 4 列的交互列——第 5、6、7

列，这与因素的自由度也相符合。表头设计如表 7-17 所示。

表 7-17　例题 7-7 表头设计

列号	1、2、3	4	5、6、7	8	9、10、11	12
因素	A	B	$A\times B$	C	$A\times C$	D

同样 L_{16}（2^{15}）表还可以改造为 L_{16}（$4^2\times2^9$）、$L_{16}(4^3\times2^6)$、$L_{16}(4^4\times2^3)$、$L_{16}(4^5)$表等，见书后附录 14。

水平数不等的正交试验数据处理与水平数相等的正交试验数据处理基本相同，但是有几点不同：①由于水平数不同，极差分析时不能用各水平下试验指标之和 K 的极差来互相比较，而应该用平均值 k 的极差来相互比较；②交互作用的大小不能只看一列，而要看全部交互作用列，例题中为三列。要用方差分析法判定交互作用对指标的影响。

试验数据处理见表 7-18（见下页）。其中计算与水平数相同的正交试验计算大体相同，要注意的是，如果计算出某因素的 MS 值比 MS_e 还小，则说明该因素对指标基本没有影响，可以将其归入误差项，计算新的 MS_e 后再计算 F 值。通过查表 $F_{0.05}$（1，3）=10.13，$F_{0.05}$（3，3）=9.3，$F_{0.01}$（1，3）=34.12，$F_{0.01}$（3，3）=29.46，因素 B、C、D 为二水平因素，其 F 值与 F（1，3）相比，结果因素 C 对指标影响高度显著；因素 B 为显著；因素 A 为四水平，AB、AC 的交互作用也都是自由度为 3，应与 F（3，3）值相比，结果为：除因素 D 外，这几项因素都对指标影响显著。

因素主次的确定：由于各因素水平不相同，自由度也不同，相应的 F 判据也发生改变，不能凭 F 的大小判断因素的主次顺序；而交互作用有 3 个极差，也无法用极差大小来判断因素的主次。因此，应根据 F 值及相应的因素、误差自由度求出显著性水平，由显著性水平值确定因素的主次顺序。根据 F 及自由度求显著性水平的函数是 fdist(X, f_1, f_2)，其中 X 为因素的 F 值，f_1 是因素的自由度，f_2 是误差项的自由度。本例中各因素的显著性水平见表 7-19，因此因素的主次顺序为：$C>AB>B>AC>A>D$。

表 7-19　例题 7-7 各因素对指标影响的显著性水平

因素	A	B	C	D	AB	AC
显著性水平	0.0295	0.0174	0.00972	0.1244	0.01407	0.02664

优方案的确定：试验指标越大越好，应选 k 值大时对应的水平。根据因素对指标的影响次序，先确定因素 C 选 C_2，然后根据 AB 的交互作用确定 A、B 最佳搭配，见表 7-20，结果为 A_3B_2 和 A_3C_2 搭配较好（表 7-21），因此 B 取二水平，A 取三水平，D 取二水平，优组合为 $A_3B_2C_2D_2$。

表 7-18　例题 7-7 正交试验结果及方差分析

序号	A	B	AB_1	AB_2	AB_3	C	AC_1	AC_2	AC_3	D	e	e	e	Y
1	1	1	1	1	1	1	1	1	1	1	1	1	1	175.2
2	1	1	1	1	1	2	2	2	2	2	2	2	2	231.0
3	1	2	2	2	2	1	1	1	1	2	2	2	2	97.0
4	1	2	2	2	2	2	2	2	2	1	1	1	1	135.5
5	2	1	1	2	2	1	1	2	2	1	1	2	2	169.0
6	2	1	1	2	2	2	2	1	1	2	2	1	1	198.0
7	2	2	2	1	1	1	1	2	2	2	2	1	1	162.0
8	2	2	2	1	1	2	2	1	1	1	1	2	2	141.7
9	3	1	2	1	2	1	2	1	2	1	2	1	2	149.5
10	3	1	2	1	2	2	1	2	1	2	1	2	1	225.0
11	3	2	1	2	1	1	2	1	2	2	1	2	1	169.5
12	3	2	1	2	1	2	1	2	1	1	2	1	2	239.5
13	4	1	2	2	1	1	2	2	1	1	2	2	1	191.0
14	4	1	2	2	1	2	1	1	2	2	1	1	2	188.0
15	4	2	1	1	2	1	2	2	1	2	1	1	2	204.0
16	4	2	1	1	2	2	1	1	2	1	2	2	1	190.0
K_1	638.7	1526.7	1576.2	1478.4	1497.9	1317.2	1445.7	1308.9	1471.4	1391.4	1407.9	1451.7	1446.2	
K_2	670.7	1339.2	1289.7	1387.5	1368	1548.7	1420.2	1557	1394.5	1474.5	1458	1414.2	1419.7	
K_3	783.5													
K_4	773													

续表

序号	A	B	AB_1	AB_2	AB_3	C	AC_1	AC_2	AC_3	D	e	e	e	Y
k_1	159.7	190.8	197	184.8	187.2	164.7	180.7	163.6	183.9	173.9	176	181.5	180.8	
k_2	167.7	167.4	161.2	173.4	171	193.6	177.5	194.6	174.3	184.3	182.3	176.8	177.5	
k_3	195.9													
k_4	193.3													
	T=2865.9			Q=534519.9			P=513336.4			SS_T=21183.5				
SS_i	3957.9	2197.3	5130.1	516.4	1054.6	3349.5	40.6	3847.1	369.6	431.6	156.9	87.9	43.9	
SS_i合并	3957.9	2197.3		6701.2		3349.5		4257.3		431.6		288.7		
f	3	1		3		1		3		1		3		
MS_i	1319.3	2197.3		2233.7		3349.5		1419.1		431.6		96.2		
F	13.7	22.8		23.2		34.8		14.7		4.5				
显著性	*	*		*		**		*						

表 7-20　*AB* 的搭配

	A_1	A_2	A_3	A_4
B_1	406.2	367.0	374.5	379.0
B_2	232.5	303.7	**409.0**	394.0

表 7-21　*AC* 的搭配

	A_1	A_2	A_3	A_4
C_1	272.2	331.0	319.0	395.0
C_2	366.5	339.7	**464.5**	378.0

2. 拟水平法

正交表改造是利用水平数较少的正交表，而拟水平法则是利用水平数较多的正交表，把实际上水平数较少的因素安排到某列时，将它的水平数想象为与该列水平数相同，而实际上将该列多余的水平用这个因素的某个水平（通常是较好的水平）代替。例如，某试验，其他两个因素 *B*、*C* 都可以取到三水平，唯独某一因素 *A* 仅有二水平，这时可将较好的水平重复一次，使之变为三水平，这是虚拟的，称为拟水平，用 $L_9(3^4)$试验表。

例题 7-8　三甲酯合成试验中考察二水平因素 *A* 和三水平因素 *B*、*C* 对转化率的影响。

解：对于拟三水平的因素，由于实际只有二水平，水平 1 进行了 3 次试验，$k_1=K_1/3$；水平 2 进行了 6 次试验，$k_2=K_2/6$，只能比较平均值 k_1、k_2，而不能直接比较各水平的和 K_1、K_2。试验安排及结果分析如表 7-22 所示。

表 7-22　拟水平正交试验结果及方差分析

序号	*A*	*B*	*C*	e	*Y*
1	1	1	1	1	80.5
2	1	2	2	2	87.5
3	1	3	3	3	89.0
4	2	1	2	3	79.6
5	2	2	3	1	82.8
6	2	3	1	2	88.2
7	2	1	3	2	78.2
8	2	2	1	3	83.3
9	2	3	2	1	83.4
K_1	257	238.3	252.0	246.7	
K_2	495.5	253.6	250.5	253.9	T=752.5
K_3		260.6	250.0	251.9	
k_1	**85.67**	79.43	**84.00**	82.23	Q=63038.4

续表

序号	A	B	C	e	Y
k_2	82.58	84.53	83.5	**84.63**	P=62917.4
k_3		**86.87**	83.33	83.97	
R	3.08	7.43	0.67	2.40	
因素主次	B>A>C				
最优组合	$B_3A_1C_1$		SS_T=121.1		
SS_i	19.0	86.7	0.7	14.6	
f_i	1	2	2	3	
MS_i	19.01	43.35	0.36	4.87	
SS_e^{new}	15.3				
f_e^{new}	5				
MS_e^{new}	3.07				
F_i	6.20	14.13			
$F_{0.05}$（1，5）	6.61	$F_{0.05}$（2，5）	5.79		
$F_{0.01}$（1，5）	16.3	$F_{0.01}$（2，5）	13.3		
显著性	不显著	**			

需要注意的是：因子 A 仅有两个水平，为此对因子 A 可以虚拟一个水平，即其第三个水平为原有的两个水平中的某一个。这导致二水平因子的两个水平参与的试验次数不等，从而现在的试验缺乏正交性。第 4 列的 SS 值已经不能代表误差项的离差平方和（其实是第 1 列与第 2 列的交互作用），总的误差离差平方和是 SS_T 与各个因素离差平方和的差值。

$$SS_e=SS_T-(SS_A+SS_B+SS_C)$$

本例中，因素 C 的离差平方和仅为 0.7，小于误差项的离差平方和 14.6（121.1−19.01−43.35−0.36=14.6），因此归到误差项里一并算作误差的离差平方和。

$$SS_e^{new}=14.6+0.7=15.3$$

而新的误差项的自由度 f_e^{new}=8−2−1=5，后面的计算与以前的例题相同。

7.1.7 有重复试验的正交试验

前面进行的正交试验都是没有重复试验的设计方案，但如果因素较多，正交表出现饱和而没有空列时，就无法估计误差项的影响程度，从而不易进行方差分析，此时较好的解决办法就是进行重复试验。进行重复是科学试验的基本原则之一，只有重复才能估计真正的试验误差。

在多因子试验场合进行重复试验还可用来考察统计模型的真实性，这里所指的重复试验是指在同一水平组合下进行若干次试验，而不是重复取样和重复测量。其实只有真正的重复试验才能精确地考察误差的影响，而用空列代表误差的影响只不过是把因素间的交互作用忽略了，将交互作用当作了空列来处理，这在交互作用较弱时是可以的，但交互作用较强不能忽略时，就需要重复试验。在有重复试验的情况下，试验设计并没有变化，仍按无重复试验时进行，但数据处理有一些变化。

有重复的正交试验共获得 ns 个有差异的数据，n 为正交表行数，s 为每号试验重复次数，m 是因素的水平数，r 是某水平重复的次数。

（1）在计算 K_{1j}，K_{2j}，…时，是以各号试验下 s 个数据之和进行计算。

（2）重复试验时，总偏差平方和 SS_T 及自由度 df_T 按式（7-19）和式（7-20）计算：

$$SS_T=\sum_{i=1}^{n}\sum_{j=1}^{s}(y_{i,j}-\overline{y})^2=\sum_{i=1}^{n}\sum_{j=1}^{s}y_{i,j}^2-\frac{T^2}{ns} \tag{7-19}$$

$$df_T=ns-1 \tag{7-20}$$

其中

$$T=\sum_{i=1}^{n}\sum_{j=1}^{s}y_{i,j} \tag{7-21}$$

（3）重复试验时，各列偏差平方和计算公式中水平重复次数改为“水平重复次数乘以试验重复次数”，SS_j 的自由度 df_j 为因素的水平数减 1

$$SS_i=\frac{1}{rs}\sum_{t=1}^{m}K_{i,t}^2-\frac{T^2}{ns} \tag{7-22}$$

$$df=m-1 \tag{7-23}$$

其中，各列离差平方和称为组间离差平方和，记为 SS_{col}

$$SS_{col}=\sum_{i=1}^{n}m(\overline{y}_i-\overline{y})^2 \tag{7-24}$$

（4）重复试验时，总误差平方和包括空列误差 SS_{e1} 和重复试验误差 SS_{e2}，即

$$SS_e=SS_{e1}+SS_{e2} \tag{7-25}$$

自由度等于 df_{e1} 和 df_{e2} 之和，即

$$df_e=df_{e1}+df_{e2} \tag{7-26}$$

SS_{e2} 和 df_{e2} 的计算公式如下

$$SS_{e2}=\sum_{i=1}^{n}\sum_{j=1}^{s}y_{i,j}^2-\frac{1}{s}\sum_{i=1}^{n}\left(\sum_{j=1}^{s}y_{i,j}\right)^2 \tag{7-27}$$

$$df_2=n(m-1) \tag{7-28}$$

SS_{e2} 反映的是纯误差，也称纯误差平方和。SS_{e1} 是所有空列误差平方和，如果有交互作用存在，就会混杂在 SS_{e1} 之中。

（5）重复试验时，首先要检验空白列中是否包含了交互作用的影响。方法是用

纯误差 SS_{e2} 检验 SS_{e1}，如果确认空列中存在交互作用，将它提取出来；若没有交互作用，可以将它合并到 SS_{e2} 中。下面通过一个例子来进行分析。

例题 7-9 某厂为提高零件内孔研磨工序质量进行工艺参数的选优试验，考察孔的锥度值，希望其越小越好，每个试验重复做了四次（表 7-23）。

表 7-23 例题 7-9 的因子水平表

因子	水平 1	水平 2
研孔工艺设备（*A*）	通用夹具	专用夹具
生铁研圈材质（*B*）	特殊铸铁	一般灰铸铁
留研量（*C*）/mm	0.01	0.015

解：采用正交表 $L_8(2^7)$，表头设计及试验结果如表 7-24 所示。

表 7-24 锥度考察正交试验安排及结果

试验号	*A*	*B*	e(*AB*)	*C*	e	e	e	试验结果 *Y*				sum
1	1	1	1	1	1	1	1	1.5	1.7	1.3	1.5	6.0
2	1	1	1	2	2	2	2	1.0	1.2	1.0	1.0	4.2
3	1	2	2	1	1	2	2	2.5	2.2	3.2	2.0	9.9
4	1	2	2	2	2	1	1	2.5	2.5	1.5	2.8	9.3
5	2	1	2	1	2	1	2	1.5	1.8	1.7	1.5	6.5
6	2	1	2	2	1	2	1	1.0	2.5	1.3	1.5	6.3
7	2	2	1	1	2	2	1	1.8	1.5	1.8	2.2	7.3
8	2	2	1	2	1	1	2	1.9	2.6	2.3	2.0	8.8
K_1	29.4	23	26.3	29.7	31.0	30.6	28.9					
K_2	28.9	35.3	32	28.6	27.3	27.7	29.4					
SS_i	0.008	4.728	1.015	0.038	0.428	0.263	0.008	T=58.3 SS_T=10.27				
df_i	1	1	1	1	1	1	1					
SS_{e2}	3.79	df_{e2}=24										
空列 *F* 比			6.43		2.71	1.67	0.05	$F_{0.05}$（1，24）=4.26				
空列显著性			*									
SS 合并误差	4.49											
df_e 合并	27											
MS 合并误差	0.17							$F_{0.05}$（1，27）=4.21 $F_{0.01}$（1，27）=7.68				
MS^{new}	0.16											
F		30.256	6.4976									
显著性		**	*									

本例首先通过纯误差检验空列，发现第 3 列对试验指标影响显著，分析其为 *AB*

交互作用，而其他列对指标影响不显著，归入误差项，算出均方差；再观察各个因素的均方差，发现因素 A、C 的均方差比误差项的均方差小，说明这两个因素对指标也没有影响，归入误差项，计算得到新误差的离差平方和 MS^{new}，用此离差平方和对剩下对指标有影响的因素进行检验，得到因素 B 对指标影响高度显著，AB 对指标影响显著，其余均无影响。

优水平组合：因锥度越小越好，所以 B 选水平 1，AB 的搭配表如表 7-25 所示。

表 7-25　AB 的搭配表

	A_1	A_2
B_1	1.275	1.600
B_2	2.400	2.0125

综上可知，A_1B_1 为最佳水平组合，C 可以根据方便操作的原则选取水平 2，最终优组合为 $A_1B_1C_2$。

正交试验方法可以大大减少试验次数，同样是四个没有交互作用的三水平因素，全面试验需要 81 次试验，而正交试验只需 9 次。但是对于因素较少而水平数较多的试验，仍需很可观的试验次数才能完成。这个问题可以通过均匀试验设计的方法解决。

7.2　均匀试验设计

背景：20 世纪 70 年代，我国七机部航天三院（航三院）由于导弹设计的要求，提出一个五因素的试验，每一个因素的水平数为 31 个，而总的试验次数要小于 50 次，如用全面试验需要 2800 多万次，用正交设计最少也得 961 次，于是航三院求助于中国科学院数学所。方开泰、王元两位数学家合作经过三个多月的深入研究，把数论方法用于试验设计，共同创造出“均匀设计”这一全新的试验设计方法，成功地解决了科研难题。该方法是只考虑试验点在试验范围内均匀散布的试验设计方法。均匀设计是我国独创的一种重要的科学试验方法，能以最少的试验次数获得事物变化的主要规律，得到国际上的承认，受到国际数学界的高度评价。

均匀试验设计（uniform design）使用均匀表，记为 $U_n(t^s)$表。其中，U 表示均匀试验；n 为试验次数；t 为水平数；s 为最多可安排的因素数。

7.2.1　均匀表的构造及特点

1. 均匀表构造

U 表的第一列按 1，2，3，…，n 顺序排列，第二列为第一列相应值的 2 倍除以 n 求余数，第三列为第一列的 3 倍除以 n 求余数，依次类推。均匀表的使用要严格按照使用方法表（右半部）（表 7-26），如有三个因素则要安排在第 1、2、4 列，不可随意安排。U 表均为奇数表，若想用偶数表，划去最后一行即可。

表 7-26　$U_5(5^4)$均匀表

试验号	1	2	3	4	因素数	列号
1	1	2	3	4		
2	2	4	1	3	2	1、2
3	3	1	4	2	3	1、2、4
4	4	3	2	1	4	1、2、3、4
5	5	5	5	5		

如上所述构造的均匀试验表有一个特点，就是最后一行各因素都取最高水平，这样容易造成试验在极端条件下进行，有可能使反应过于剧烈而难以控制，因此人们在原来的均匀表基础上进行改进，得到新的均匀试验用表（U^*表），U^*表比 U 表有更好的均匀性。因为新的均匀表很少有相同的列，故新的均匀表是按照因素数分别列出各自的均匀表，常用均匀表见附录 15。

2. 均匀表的特点

观察均匀试验设计表会发现均匀表具有如下特点：

（1）每个因素的每个水平只做一次试验。

（2）任两个因素的试验点画在平面的格子点上，每行每列仅有一个点（图 7-9）。

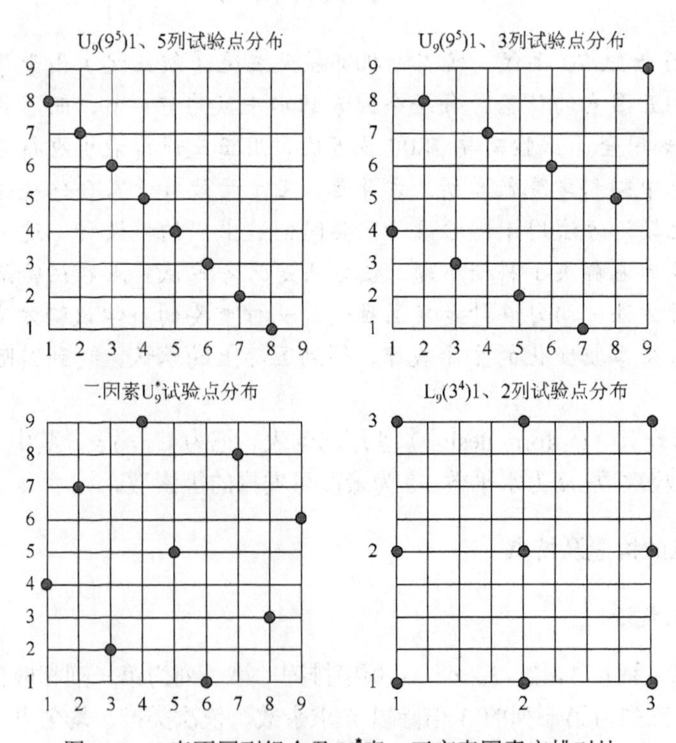

图 7-9　U 表不同列组合及U^*表，正交表因素安排对比

（3）均匀设计表任两列之间不一定是平等的，在使用均匀表时一般不宜随便安排，而应当选均匀性比较好的列。

（4）试验次数与水平数相等，水平数增加，试验次数随之等量增加。

3. 水平不等的均匀试验设计

当各个因素水平数不等时，可以利用拟水平法得到混合水平的均匀试验表。拟水平方法与正交试验设计的拟水平方法一样。例如，三个因素，六次试验，*A* 有 6 个水平，*B* 有 3 个水平，*C* 有 2 个水平。用均匀表 $U_{56}^{*}(6^3)$，第一列安排因素 *A*，第二列安排因素 *B*，（1、2）=1，（3、4）=2，（5、6）=3，第三列安排因素 *C*，（1、2、3）=1，（4、5、6）=2，得到混水平均匀试验表（表 7-27）。

表 7-27　三因素六水平均匀表与混水平 $U_6^{*}(6\times3\times2)$ 表

三因素六水平均匀表				混水平 $U_6^{*}(6\times3\times2)$ 表			
序号	*A*	*B*	*C*	序号	*A*	*B*	*C*
1	2	4	6	1	2	2	2
2	3	6	2	2	3	3	1
3	6	5	4	3	6	3	2
4	1	2	3	4	1	1	1
5	5	3	1	5	5	2	1
6	4	1	5	6	4	1	2

7.2.2　均匀试验方法及数据处理

均匀试验设计的步骤如下：

（1）根据研究课题和设备条件（仪器、药品、人力、时间等）选定自变量个数（因素个数）*m*——均匀试验的因素必须是数量，不能是属性类的因素，确定自变量上、下限，确定试验次数，一般 $n\geqslant3m$（一般取 $3m\sim5m$）。确定变量水平数，列出自变量水平表。

（2）根据试验次数确定均匀试验表，根据变量个数和水平数，将各个变量水平对号入座，填入表中。

（3）随机试验（可用抽签、捻纸球、随机数产生等规定试验次序），将结果填入表中。

（4）直观分析法试验结果或多元线性回归分析拟合出描述因素与指标函数关系的方程，并求出最佳试验条件。

例题 7-10　Tollens 反应是制备 2-羟甲基环戊酮的一个常用方法，为了提高收率，考察如下影响因素：*A* 为环戊酮与甲醛的比，1～5.5；*B* 为反应温度，5～60℃；*C* 为反应时间，1～6.5 h；*D* 为碱量（1 $mol\cdot L^{-1}$ 碳酸钾水溶液），15～70 mL。如何安排试验及处理试验结果以得到最优条件？

解： 根据生产情况因素 *A*、*B* 取 6 个水平，*C*、*D* 取 12 个水平，用混水平均匀

试验表 U_{12} 表。

试验安排及结果如表 7-28 所示，括号外为水平号，括号内为因素实际取值。

表 7-28　2-羟甲基环戊酮生产工艺优化均匀设计表

x	A	B	C	D	Y
1	1（1）	3（27）	8（4.5）	10（60）	0.022
2	1（1）	6（60）	3（2.0）	7（45）	0.0283
3	2（1.9）	3（27）	11（5.0）	4（30）	0.0062
4	2（1.9）	6（60）	6（3.5）	1（15）	0.1049
5	3（2.8）	2（16）	1（1.0）	11（65）	0.042
6	3（2.8）	5（49）	9（4.0）	8（50）	0.0987
7	4（3.7）	2（16）	4（2.5）	5（35）	0.1022
8	4（3.7）	5（49）	12（5.5）	2（20）	0.2424
9	5（4.4）	1（5）	7（4.0）	12（70）	0.0938
10	5（4.4）	4（38）	2（1.5）	9（55）	0.1327
11	6（5.5）	1（5）	10（4.5）	6（40）	0.1243
12	6（5.5）	4（38）	5（3.0）	3（25）	0.2777

1. 直观分析法

从表中的试验结果看，第 12 号试验结果最优。这个条件即使不是最优的，也是较优的试验条件。这样从试验结果中找最优条件作为最终条件的方法为直观分析法。

2. 多元线性回归法

用多元线性回归（MLR）法，也可以分析均匀试验的结果。

设 y 与因素 x_1、x_2、x_3、…、x_p 的联系是线性的，第 i 次试验的结果与各因素间的关系为 $y_i=\beta_0+\beta_1x_{i1}+\beta_2x_{i2}+\cdots+\beta_px_{ip}+e_i$，其中 β_0、β_1、β_2、…、β_p 是 $p+1$ 个待估参数；x_1、x_2、…、x_p 是可以准确测量的量或可控的自变量；e_1、e_2、…是相互独立、服从正态分布的随机误差。建立回归方程后，对每一个回归系数做显著性检验，并逐个剔除不显著的变量，直到所有系数都显著为止。若考虑 y 与 x_1、x_2、x_3、…、x_p 的二次回归，则除了每个因素的一次项以外，还要考虑二次项及变量之间的乘积项，回归系数为 $(p+1)(p+2)/2$ 个，可能超过试验次数，这时需要用逐步回归分析的方法从中选出显著的项建立回归方程（4.5.4 节）。有时自变量还需要经过一些数学处理，变换以后再与 y 进行回归分析，如取对数、e 指数等。

如上面的例题 7-10，经逐步回归分析建立如下方程：

$$Y=-0.1462+0.5136A+0.00263B$$

因素主次的判断是根据因素对指标影响的显著性水平（图 7-10），$P_A=0.000224$，$P_B=0.00486$，因此重要性为 $A>B$。

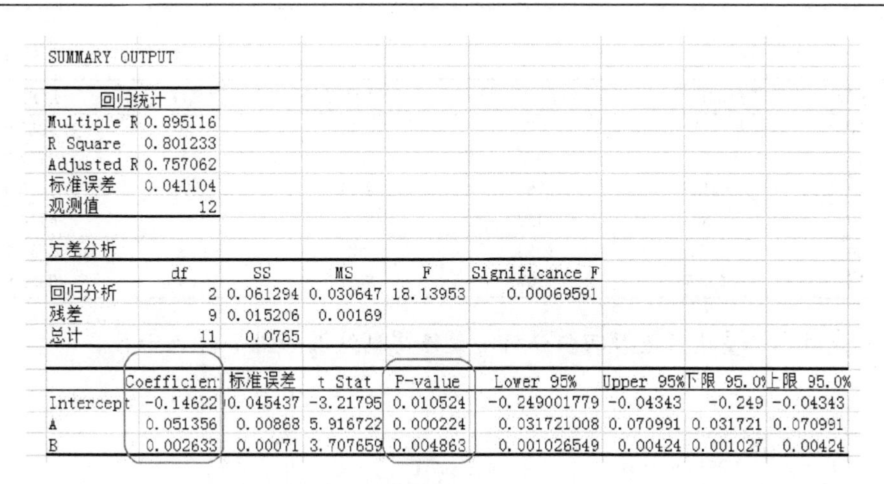

SUMMARY OUTPUT

回归统计	
Multiple R	0.895116
R Square	0.801233
Adjusted R	0.757062
标准误差	0.041104
观测值	12

方差分析

	df	SS	MS	F	Significance F
回归分析	2	0.061294	0.030647	18.13953	0.00069591
残差	9	0.015206	0.00169		
总计	11	0.0765			

	Coefficien	标准误差	t Stat	P-value	Lower 95%	Upper 95%	下限 95.0%	上限 95.0%
Intercept	-0.14622	0.045437	-3.21795	0.010524	-0.249001779	-0.04343	-0.249	-0.04343
A	0.051356	0.00868	5.916722	0.000224	0.031721008	0.070991	0.031721	0.070991
B	0.002633	0.00071	3.707659	0.004863	0.001026549	0.00424	0.001027	0.00424

图 7-10　例题 7-10 最终回归结果

用规划求解求得此方程的最佳试验条件为 A=5.5，B=60。最佳条件下得拟合值为 y=29.4%（C、D 对指标没有影响，可以根据试验条件，本着易于操作、节约的原则选取适当的水平）。

一般求得的最佳条件不在实验表中，应重新安排实验，并与预测值相比较，两者之差小于或等于试验误差时，则试验结束，否则将此值加入回归方程继续计算，直到拟合值与试验验证值基本吻合，均匀试验结束。

3. 多指标均匀试验设计

当试验指标不止一个时，可以按照多指标正交试验的综合评分法，将多个指标根据权重折算成一个指标进行处理，也可以将两个指标分别拟合出方程，以一个主要指标为目标，另一个作为约束条件进行处理。

例题 7-11　对某煤样进行干燥实验，求使煤样水分小于 3%的最节省能量的温度、载气流量和干燥时间的工艺条件。

解：本实例 m=3，总的实验次数 n 可以取 9～15 次，共用 U_{15} 表进行 15 次实验，根据文献值或经验，每个因素取 15 水平进行均匀试验，结果如表 7-29 所示。

表 7-29　煤样处理均匀试验设计及结果

序号	干燥温度 A/℃	热风流量 B/($m^3 \cdot h^{-1}$)	处理时间 C/min	水含量(Y)/%	$E(Y)$/kJ
1	195.5	3348	47	8.96	3927.4
2	257	2326	102	17.23	6983.3
3	359.5	2180	41.5	7.94	6057.6
4	462	1888	80	2.83	8198.3
5	318.5	2618	25	14.61	5256.6
6	236.5	1742	30.5	19.06	3233.9
7	441.5	2910	36	3.55	6021.5
8	298	1596	91	14.12	6923.7
9	339	3494	74.5	0.98	7040.9

续表

序号	干燥温度 A/℃	热风流量 B/($m^3 \cdot h^{-1}$)	处理时间 C/min	水含量(Y)/%	$E(Y)$/kJ
10	421	2472	63.5	0.78	7082.9
11	175	2034	69	12.93	2732.2
12	216	2764	85.5	10.97	5410.9
13	380	1450	52.5	7.27	6714.7
14	277.5	3056	58	4.83	5638.2
15	400.5	3202	96.5	5.69	8363.8

首先对水含量进行逐步回归分析，最终得到结果如图 7-11 所示。

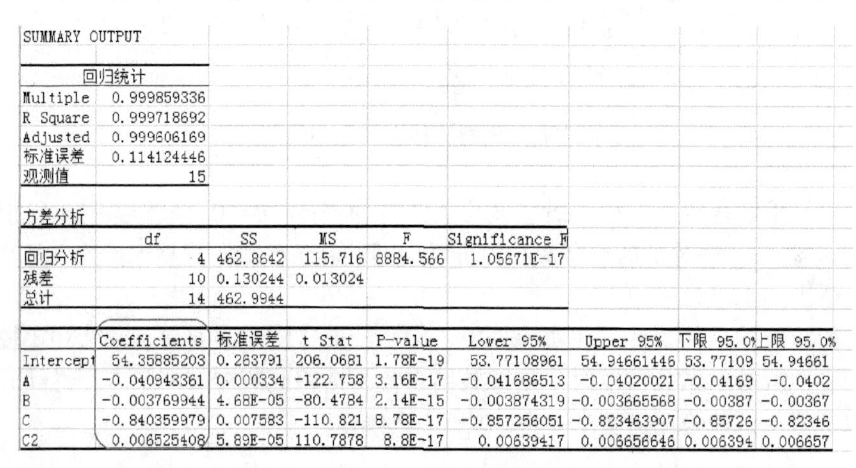

SUMMARY OUTPUT

回归统计	
Multiple	0.999859336
R Square	0.999718692
Adjusted	0.999606169
标准误差	0.114124446
观测值	15

方差分析

	df	SS	MS	F	Significance F
回归分析	4	462.8642	115.716	8884.566	1.05671E-17
残差	10	0.130244	0.013024		
总计	14	462.9944			

	Coefficients	标准误差	t Stat	P-value	Lower 95%	Upper 95%	下限 95.0%	上限 95.0%
Intercept	54.35885203	0.263791	206.0681	1.78E-19	53.77108961	54.94661446	53.77109	54.94661
A	-0.040943361	0.000334	-122.758	3.16E-17	-0.041686513	-0.04020021	-0.04169	-0.0402
B	-0.003769944	4.68E-05	-80.4784	2.14E-15	-0.003874319	-0.003665568	-0.00387	-0.00367
C	-0.840359979	0.007583	-110.821	8.78E-17	-0.857256051	-0.823463907	-0.85726	-0.82346
C2	0.006525408	5.89E-05	110.7878	8.8E-17	0.00639417	0.006656646	0.006394	0.006657

图 7-11　例题 7-11 水含量回归结果

$$Y_w=54.36-0.0409A-0.00377B-0.8404C+0.00653C^2$$

方程置信度大于 99.9%。

对于水含量，各因素的重要性顺序为 $A>C>C^2>B$。

再对能量进行回归（图 7-12）。

SUMMARY OUTPUT

回归统计	
Multiple R	0.997547723
R Square	0.99510146
Adjusted R	0.99238005
标准误差	138.0085963
观测值	15

方差分析

	df	SS	MS	F	Significance F
回归分析	5	34822146	6964429	365.6565	4.14499E-10
残差	9	171417.4	19046.37		
总计	14	34993563			

	Coefficients	标准误差	t Stat	P-value	Lower 95%	Upper 95%	下限 95.0%	上限 95.0%
Intercept	-10962.24443	811.2723	-13.5124	2.78E-07	-12797.46998	-9127.02	-12797.5	-9127.02
A	67.74494519	3.943892	17.17718	3.46E-08	58.8232408	76.66665	58.82324	76.66665
B	2.226580415	0.232539	9.57507	5.13E-06	1.700539865	2.752621	1.70054	2.752621
A2	-0.059625748	0.005163	-11.5488	1.07E-06	-0.071305168	-0.04795	-0.07131	-0.04795
C2	0.278322315	0.011715	23.75807	1.98E-09	0.251821473	0.304823	0.251821	0.304823
AB	-0.006583053	0.000709	-9.27923	6.65E-06	-0.008187916	-0.00498	-0.00819	-0.00498

图 7-12　例题 7-11 消耗能量回归结果

回归方程为

$$y_{energy}=-10962+67.74A+2.227B-0.0596A^2+0.278C^2-0.00658AB$$

方程置信度大于 99%。

各因素重要性顺序为 $C^2>A>A^2>B>AB$。

加上水分的约束条件后，规划求解，得到最优方案。

规划求解得到最佳条件：A=500，B=3500，C=26.4，能量的拟合值为 4888.7 kJ，水分的拟合值为 3%。此时符合要求，拟合条件下进行试验确实能耗较低，且水含量达标。

4. 均匀试验结果的响应面分析

将得到的回归方程绘成三维立体曲面图，可以更加直观地展示因素对指标的影响情况，一般不需要把所有因素的两两组合都绘制出来，找出几组影响较大的因素组绘制即可，除了涉及的因素，其他因素可以取最佳值代入方程。

例如，例题 7-11 的响应面结果如图 7-13 所示。从响应面图上可以很直观地看出随着处理温度的升高，时间延长，煤炭中水含量下降，而且是基本随每个因素呈线性下降［图 7-13（a）］；而处理时间延长和流量增大到一定程度，水含量基本达到极值，很难继续降低［图 7-13（b）］；流量和温度及时间和温度对能耗的影响则表现为一个曲面，说明影响较复杂。

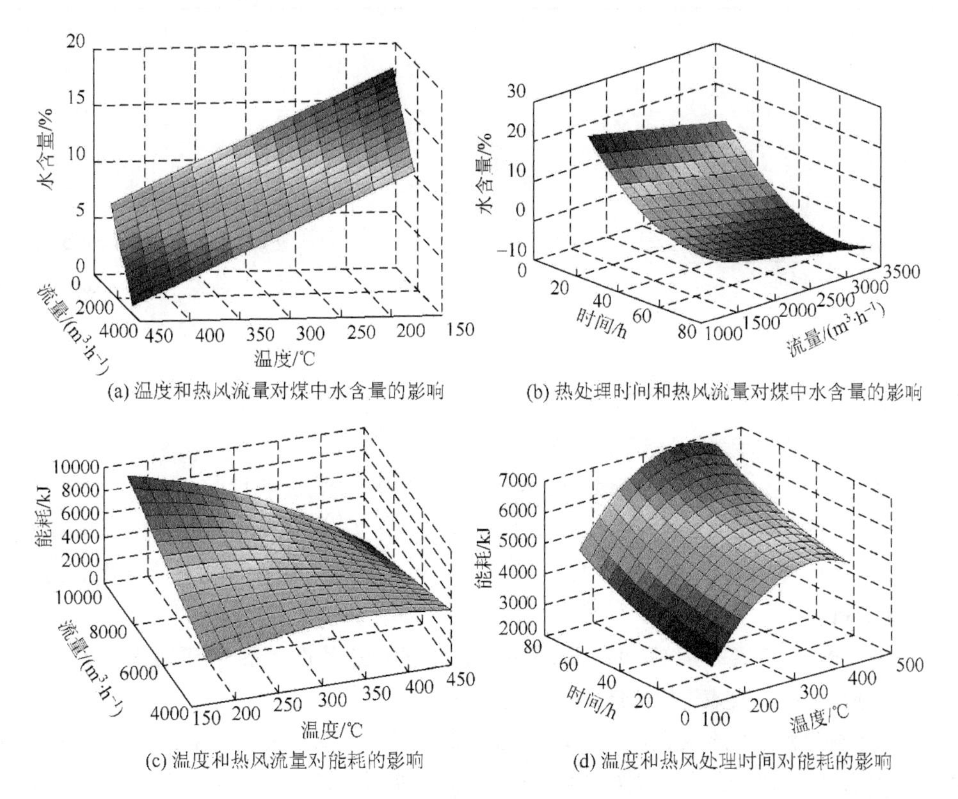

图 7-13　各因素对指标影响的响应面分析图

均匀试验的总结如下：①均匀试验是用较少的试验得到较佳结果的试验设计方法，均匀试验次数比正交试验次数更少一些；②均匀实验使用U表安排试验；③均匀试验更适合水平数较多的试验；④均匀试验数据处理复杂，需要专门的软件。

习　题

1. 用正交试验法测定反应温度、缓冲溶液的 pH 和离子浓度对蔗糖酶活性的影响，每个因素取三水平，具体条件见下表：

水平 \ 因素	温度(*A*)/℃	pH(*B*)	离子浓度(*C*)/($mol \cdot L^{-1}$)
1	15	2.6	0.1
2	35	4.6	0.05
3	55	6.6	0.15

选取 $L_9(3^4)$前三列进行试验，以 540 nm 下的吸光度为试验指标，指标越高越好，结果如下

序号	*A*	*B*	*C*	*Y*
1	1	1	1	0.310
2	1	2	2	0.526
3	1	3	3	0.120
4	2	1	3	0.368
5	2	2	1	0.620
6	2	3	2	0.410
7	3	1	2	0.090
8	3	2	3	0.568
9	3	3	1	0.160

请对试验结果进行直观分析和方差分析。

2. 考查 3 个三水平因素及各因素间交互作用对产率的影响，选用 L_{27}（3^{13}）进行试验，结果依次为 13.0、46.3、72.3、5.0、36.7、62.3、13.7、47.3、70.7、4.7、34.7、61.3、3.3、34.0、58.0、6.3、39.7、65.0、0.3、34.0、68.0、5.7、39.7、68.3、10.7、39.7、65.7，请对试验结果进行直观分析和方差分析。

3. 在选择某抗生素发酵培养基配方试验中，每个因素取三水平，考察 5 个因素及交互作用 *AB*、*AC*、*AE*，应选哪个正交表进行试验？并进行表头设计。

4. 进行维生素 C 二步发酵配方试验，指标是氧化率越高越好，影响因素有 7 个，其中尿素希望用工业尿素代替 CP 尿素，山梨糖是主要原料，希望增加用量以提高效率，还希望去掉 $CaCO_3$、$MgSO_4$、葡萄糖中的 1～2 个以简化配方，设计混水平正交试验。各因素水平如下

序号	尿素(A)/%	山梨糖(B)/%	玉米浆(C)/%	K_2HPO_4(D)/%	$CaCO_3$(E)/%	$MgSO_4$(F)/%	葡萄糖(G)/%
1	CP0.7	7.0	2.0	0.15	0.4	0.00	0.25
2	CP1.1	9.0	1.5	0.05	0.0	0.01	0.00
3	CP1.5	11.0	1.0	0.10	0.20	0.02	0.50
4	工业 0.7						
5	工业 1.1						
6	工业 1.5						

选择混水平正交表 $L_{18}(6\times3^6)$进行试验，结果依次为：65.1、47.8、29.1、70.0、68.1、42.5、63.0、65.3、59.0、45.7、56.4、42.0、70.0、58.3、53.6、66.3、66.7、50.0。

5. 选择三甲胺合成工艺条件，指标是三甲胺的转化率越高越好。试验安排及结果如下

序号	A	B	C	D（空列）	Y转化率（−85%）
1	1（4/1）	1（6.0）	1（400℃）	1	−9.1
2	1	2（7.8）	2（450℃）	2	−4.3
3	1	3（9.0）	3（450℃）	3	−3.9
4	2（5/1）	1	2	3	−3.4
5	2	2	3	1	3.8
6	2	3	1	2	−2.4
7	3（6/1）	1	3	2	6.0
8	3	2	1	3	3.4
9	3	3	2	1	2.9

请对试验结果进行直观分析和方差分析。

6. 培养白地霉核酸试验，取两项试验指标（核酸泥的纯度和纯核酸的回收率），都是越大越好，用综合评分法选出最优组合（取纯度的权重为 5，收率权重为 1）。

序号	粗品含量/%	时间/h	pH	加水量	核酸纯度/%	核酸回收率/%
1	1（7.4）	1（24）	1（4.8）	1（1∶4）	17.8	29.8
2	1	2（4）	2（6.0）	2（1∶3）	12.2	41.3
3	1	3（0）	3（9.0）	3（1∶2）	6.2	59.9
4	2（8.7）	1	2	3	8.0	24.3
5	2	2	3	1	4.5	50.6
6	2	3	1	2	4.1	58.2
7	3（6.2）	1	3	2	8.5	30.9
8	3	2	1	3	7.3	20.1
9	3	3	2	1	4.4	73.1

7. 考察酶浓度、底物浓度和反应时间 3 个因素，每个因素取四水平，选用 $L_{16}(4^5)$进行试验，

试验安排及结果见下表，以 540 nm 处的吸光度为试验指标，吸光度越大越好。试分析试验结果。

序号	酶液的稀释倍数(A)	蔗糖液的浓度(B)	反应时间(C)	$A_{540}(Y)$
1	1（稀释 80 倍）	1（1.5%）	1（5 min）	0.072
2	1	2（2.5%）	2（10 min）	0.350
3	1	3（3.5%）	3（15 min）	0.635
4	1	4（4.5%）	4（20 min）	0.925
5	2（稀释 60 倍）	1	4	0.222
6	2	2	3	0.412
7	2	3	2	0.563
8	2	4	1	0.628
9	3（稀释 40 倍）	1	2	0.196
10	3	2	1	0.325
11	3	3	4	1.000
12	3	4	3	1.280
13	4（稀释 20 倍）	1	3	0.228
14	4	2	4	0.509
15	4	3	1	0.667
16	4	4	2	1.000

8. 水稻分蘖期化学药剂除草效果试验，指标越高越好。考察四个因素 A、B、C、D，不考虑交互作用，用正交表 $L_8(2^7)$安排试验，将因素 A、B、C、D 依次安排在第 3、4、5、6 列。考察两项指标：一是除草率（%），结果依次为 80、75、85、90、95、83、60、87；第二项是苗株高度（cm），结果依次为 30、28、26、32、23、33、25、35。用方差分析法分析各因素对指标的影响，选出优水平组合。

9. 水稻合理施肥试验，指标亩产量越高越好。考察 3 个二水平因素 A、B、C 及 AB、AC 对亩产量的影响，用 $L_8(2^7)$安排试验结果依次为 394.8、477.9、400.4、445.4、427.5、378.0、429.0、340.5。

（1）对结果进行极差分析，找出影响指标的因素次序，选出优水平组合。

（2）对结果进行方差分析。

10. 选择微生物最适宜培养条件试验，指标抗生素产量越高越好，考察 5 个三水平因素 A、B、C、D、E 及 AB、AC、AE 对指标的影响，用 $L_{27}(3^{13})$进行试验，结果依次为：0.69、0.54、0.37、0.66、0.75、0.48、0.81、0.68、0.39、0.93、1.15、0.90、0.86、0.97、1.17、0.99、1.13、0.80、0.69、1.10、0.91、0.86、1.16、1.30、0.66、1.38、0.73。对结果进行方差分析，并找出影响指标的因素次序，选出优水平组合。

11. 提高产品收率的试验，考察 3 个四水平因素 A、B、C 及 2 个二水平因素 D、E 的作用，试验结果−90（%）后依次为（%）：7.00、3.38、5.50、4.81、6.70、6.16、3.04、2.27、1.74、1.24、3.14、−3.19、0.56、−2.58、7.36、2.32。

（1）将正交表 $L_{16}(2^{15})$改造成可安排此试验的混水平正交表。

（2）列出试验方案。

（3）对结果进行极差分析，找出影响指标的因素次序，选出优水平组合。

12. 某标号水泥凝固时放热量 Y（$cal \cdot g^{-1}$）与水泥中下列四种化学成分有关：

X_1（%）：$3CaO \cdot Al_2O_3$　　X_2（%）：$3CaO \cdot SiO_2$

X_3（%）：$4CaO \cdot Al_2O_3 \cdot Fe_2O_3$　X_4（%）：$2CaO \cdot SiO_2$

用多元线性方程回归求出各项系数并检验。

X_1	X_2	X_3	X_4	Y
7	26	6	60	78.5
1	29	15	52	74.3
11	56	8	20	104.3
11	31	8	47	87.6
7	52	6	33	95.9
11	55	9	22	109.2
3	71	17	6	102.7
1	31	22	44	72.5
2	54	18	22	93.1
21	47	4	26	115.9
1	40	23	34	83.8
11	66	9	12	113.3
10	68	8	12	109.4

第8章 因次分析

化学工程问题面对的研究对象不像基础学科那样具有理论性、严密性，其往往面对物料千差万别、设备大小悬殊、变量非常多等现实情况，因此化学工程的实验研究采用了不同于基础科学的研究方法，其主要研究方法有直接实验法、因次分析法和数学模型法三种。

直接实验法是解决工程问题的最基本方法，对特定的工程问题直接进行实验测定，得到的结果较为可靠，但它往往只适用于特定条件下的结果，具有较大的局限性。为了减少直接实验法的实验量，可以用前面介绍的正交试验设计、均匀试验设计等方法。

因次分析法是从定性和定量角度出发获得的规律性结果，它是将变量组合成无因次群，然后通过实验归纳整理出算图或准数关系式，从而大大减少实验工作量的方法，其结果也容易应用到工程计算和设计中。

数学模型法是用一个或一组函数方程来描述变量之间关系的方法。数学模型建立在对过程内在规律进行深入研究并充分认识的基础上，将复杂的工程问题高度概括，提出足够简化而又不失真的物理模型，然后获得描述过程的数学方程，最后求解方程，得出结论。

本章及第 9 章将围绕化学工程的后两种研究方法展开介绍。

8.1 单位与量纲

因次分析又称为量纲分析。

量纲：物理量的基本属性，表达为基本量幂的乘积。

单位：计量用的最小单元。

每个基本量纲都有一个基本单位。基本单位如表 8-1 所示，任何一个物理量都可以表示为一个纯数与基本单位组合的乘积。

表 8-1 基本量纲

基本量纲	符号
长度	L
质量	M
时间	T
温度	Θ

续表

基本量纲	符号
物质的量	N
电荷	Q
光照度	I

8.1.1 数学分析中因次的一致性

因次分析是一种十分有用的工具，在化学工程中至今仍占有特殊的地位。这是因为化学工程在由经验科学向技术科学发展的过程中，仍然碰到大量目前不能用纯数学方式描述的实际问题，所以不得不求助于因次分析。因次分析的唯一依据是方程的齐次性，它可以很方便地将未知函数转换为无因次的准数方程形式，是化工试验设计及整理化工试验数据的常用方法之一。

物理方程的因次一致性：观察某一现象并用数学关系表现时，如果使用的单位制一致，则不管用什么样的基本单位，此关系式都应成立。符合这个条件的关系式称为完全方程式。在该类方程中，各项的因次都是相同的，能以具有同次性的方程来描述的对象，就是因次分析的对象。在因次分析上具有同次性的关系式，可以推导为纯粹由一组无因次的量表示的关系式。

8.1.2 单位制、基本单位、导出单位

物理量的大小可以根据它是所选定的某一特定单位的多少倍来表示。在国际单位制中，选择如下量作为基本量：质量（M）、长度（L）、时间（T）、温度（Θ）、……，其他单位可以由上述基本单位导出，称为导出量，常用导出量列于表 8-2 中。

表 8-2 常用导出量

物理量	单位	物理量	单位
面积	L^2	密度	ML^{-2}
速度	LT^{-1}	功	ML^2T^{-2}
加速度	LT^{-2}	黏度	$ML^{-1}T^{-1}$
力	MLT^{-2}	热容	$ML^2T^{-2}\Theta^{-1}M^{-1}=L^2T^{-2}\Theta^{-1}$
压力	$MLT^{-2}L^{-2}=ML^{-1}T^{-2}$		

8.1.3 π定理

任何与 N 个物理量有关的全部函数关系，当这些物理量共有 m 个基本单位时，则此函数关系可以简化为用这些物理量的 $N-m$ 个无因次数群来表示。例如，伯努利方程 $\frac{\rho v^2}{2}+\rho gh+p=$ 常数，涉及变量是 ρ、v、h、p、g（因次常数），即 $N=5$，其中基本因次是 L、M、T，即 $m=3$，那么无因次量的数目是 5–3=2，即 $\frac{gh}{v^2}$，$\frac{p}{\rho v^2}$。应用

因次分析时，关系式的形式是不确定的。设 N 个有关的物理量为 $A_1, A_2, A_3, \cdots, A_n$，它们之间的关系式未知，但假定有如下关系：

$$A_1 = f(A_2, A_3, \cdots, A_n)$$

则 $N-m$ 个无因次量为 $\pi_1, \pi_2, \cdots, \pi_{N-m}$，它们之间的关系式也是未知的，但如下关系是存在的：

$$\pi_1 = \varphi(\pi_2, \pi_3, \cdots, \pi_{N-m})$$

另外，若 N 个物理量中具有不同因次的量的数目为 n，则简单无因次量（两个量纲相同的物理量的比值得到的无因次量）的数目 $t_s = N - n$，复杂无因次量（三项和三项以上的具有不同量纲的物理量组合得到的无因次量）的数目为 $t_\pi = n - m$，两项之和为总的准数数目：

$$t = t_s + t_\pi = N - m$$

8.2　因次分析的过程

以单摆的量纲分析为例讨论因次分析的过程。单摆的周期取决于什么参数？首先分析与单摆有关的参数（表 8-3）。

表 8-3　单摆的参数

物理量	符号	量纲
单摆长度	l	L
单摆质量	m	M
摆动周期	t	T
摆动幅度	α	1
重力加速度	g	$L \cdot T^{-2}$

这里忽略介质对单摆的影响，我们希望找到 $t=f(l, m, g, \alpha)$ 函数的具体形式。由于等式左边是时间量纲，因此等式右边也必须是时间量纲。可以肯定的是，等式右边一定不包括参数 m，因为没有可消除质量量纲的互补项。函数简化为 $t=f(l, g, \alpha)$。

那么单摆的周期与摆长有关吗？可能需要 l，因为常数 g 中也包含长度量纲。

$[l]=L$，$[g]=L/T^2$，因此用 l 除以 g，$[l/g]=L/(L/T^2)=T^2$，如果长度出现，则必然以 l/g 的形式出现，而且由于 $[t]=T$，$[l/g]=T^2$，因此 l 的出现必将是以 $(l/g)^{1/2}$ 的形式出现，才能保证等式两边量纲一致。由于 α 是弧度，即半径扫过的弧长与半径长之比，因此 α 没有量纲。量纲的一致性无法给出 $f(\alpha)$ 的信息。现在函数简化为 $[t] = (l/g)^{1/2} f(\alpha)$。通过实验发现当 $\alpha < \pi/2$ 时，摆动周期与摆角无关。再通过试验得到周期与 $(l/g)^{1/2}$ 成正比，斜率为 2π。函数关系确定为 $t = 2\pi(l/g)^{1/2}$。

通过上述分析可以发现，量纲分析可以简化模型分析，缩短实验进程。

例题 8-1 试用因次分析法求黏性液体在管内流动时的压力降。

解: 根据流体动力学的知识可知，其压力降Δp与平均流速u、流过的管长l、管径d、流体密度ρ、黏度μ等有关，即$\Delta p = f(u,l,d,\rho,\mu)$，式中各物理量的因次列于表8-4中。

表 8-4 黏性液体压力降涉及的物理量及其因次

物理量	因次
Δp	MLT^{-2}
u	LT^{-1}
l，d	L
ρ	ML^{-3}
μ	$ML^{-1}T^{-1}$

根据π定理N=6，n=5，m=3（M，L，T），故简单准数:

$$t_s = 6-5=1$$

复杂准数:

$$t_\pi = 5-3=2$$

总准数个数:

$$t = N-m=3$$

令$\Delta p = cu^{\alpha_1}\mu^{\alpha_2}\rho^{\alpha_3}l^{\alpha_4}d^{\alpha_5}$，代入各物理量的因次:

$$MLT^{-2} = c(LT^{-1})^{\alpha_1}(ML^{-1}T^{-1})^{\alpha_2}(ML^{-3})^{\alpha_3}L^{\alpha_4}L^{\alpha_5} = cM^{\alpha_2+\alpha_3}L^{\alpha_1-\alpha_2-3\alpha_3+\alpha_4+\alpha_5}T^{-\alpha_1-\alpha_2}$$

根据因次一致性原则:

$$\begin{cases}\alpha_2+\alpha_3=1\\ \alpha_1-\alpha_2-3\alpha_3+\alpha_4+\alpha_5=1\\ \alpha_1+\alpha_2=2\end{cases}$$

上式共5个变量，3个方程，必须人为指定2个变量，如α_1、α_4，求解得

$$\begin{cases}\alpha_2=2-\alpha_1\\ \alpha_3=1-\alpha_2=\alpha_1-1\\ \alpha_5=\alpha_1-\alpha_4\end{cases}$$

故有

$$\Delta p = cu^{\alpha_1}\mu^{2-\alpha_1}\rho^{\alpha_1-1}l^{\alpha_4}d^{\alpha_1-\alpha_4} = c\left(\frac{du\rho}{\mu}\right)^{\alpha_1}\left(\frac{l}{d}\right)^{\alpha_4}\left(\frac{\mu^2}{\rho}\right)$$

整理得

$$\frac{\Delta p\rho}{\mu^2} = c\left(\frac{du\rho}{\mu}\right)^{\alpha_1}\left(\frac{l}{d}\right)^{\alpha_4}$$

本题中，简单准数为l/d，复杂准数为$\dfrac{du\rho}{\mu}$、$\dfrac{\Delta p\rho}{\mu^2}$。然后通过试验得到试验数据，

用 $\ln\left(\dfrac{\Delta p\rho}{\mu^2}\right)$ 对 $\ln\left(\dfrac{du\rho}{\mu}\right)$ 和 $\ln\left(\dfrac{l}{d}\right)$ 作图，通过简单的回归计算就能够得到 c、α_1、α_2。

例题 8-2　求敞口水箱中底部小孔流量 q 与水面高度 h 的直接关系。已知小孔断面积为 A_0。

解：问题涉及的变量为 q、ρ、g、h、A_0。式中各变量的因次列于表 8-5 中。

表 8-5　水箱小孔流量涉及的物理量及其因次

物理量	因次
q	L^3T^{-1}
ρ	ML^{-3}
g	LT^{-2}
h	L
A_0	L^2

显然，$N=n=5$，$m=3$。

简单准数：$t_s=5-5=0$；

复杂准数：$t_\pi=5-3=2$；

总准数个数：$t=N-m=2$。

仍然假定 $q=c\rho^{\alpha_1}g^{\alpha_2}h^{\alpha_3}A_0^{\alpha_4}$，根据因次一致性原则：

$$L^3T^{-1}=c(MT^{-3})^{\alpha_1}(LT^{-2})^{\alpha_2}L^{\alpha_3}L^{2\alpha_4}=cM^{\alpha_1}L^{-3\alpha_1+\alpha_2+\alpha_3+2\alpha_4}T^{-2\alpha_2}$$

$$\begin{cases}\alpha_1=0\\-3\alpha_1+\alpha_2+\alpha_3+2\alpha_4=3\\-2\alpha_2=1\end{cases}$$

得

$$\begin{cases}\alpha_1=0\\\alpha_2=\dfrac{1}{2}\\\alpha_3=\dfrac{5}{2}-2\alpha_4\end{cases}$$

故有

$$q=cg^{\frac{1}{2}}h^{\frac{5}{2}-2\alpha_4}A_0^{\alpha_4}=cg^{\frac{1}{2}}h^{\frac{5}{2}}\left(\frac{A_0}{h^2}\right)^{\alpha_4}$$

整理得

$$\frac{q}{g^{1/2}h^{5/2}}=c\left(\frac{A_0}{h^2}\right)^{\alpha_4}$$

当实验确定 q 与 A_0/h^2 呈线性关系时，α_4=1，此时，$q = cA_0\sqrt{gh}$。

例题 8-3 用因次分析法，导出鼓泡式气液反应器或吸收器中气泡在液相中的上升速度表达式。

解： 气泡上升速度 u 与气泡大小 D、气相密度 ρ_g、液相密度 ρ_l、重力加速度 g、气液相黏度 μ_g 和 μ_l 有关。其中与液相相比，气相密度和黏度均很小，影响可以忽略不计。因此，共有 5 个变量，其因次列于表 8-6 中。

表 8-6 鼓泡式气液反应器涉及的物理量及其因次

物理量	因次
u	LT^{-1}
D	L
g	LT^{-2}
ρ_l，ρ_g	ML^{-3}
μ_l，μ_g	$ML^{-1}T^{-1}$

根据 π 定理，N=5，n=5，m=3。

简单准数：$t_s = 5-5=0$；

复杂准数：$t_\pi = 5-3=2$；

总准数个数：$t = N-m=2$。

仍令 $u = cD^{\alpha_1}\rho_l^{\alpha_2}g^{\alpha_3}\mu_l^{\alpha_4}$，因次等式为

$$\begin{aligned}LT^{-1} &= cL^{\alpha_1}(ML^{-3})^{\alpha_2}(LT^{-2})^{\alpha_3}(ML^{-1}T^{-1})^{\alpha_4}\\ &= cM^{\alpha_2+\alpha_4}L^{\alpha_1-3\alpha_2+\alpha_3-\alpha_4}T^{-2\alpha_3-\alpha_4}\end{aligned}$$

$$\begin{cases}\alpha_2+\alpha_4=0\\ \alpha_1-3\alpha_2+\alpha_3-\alpha_4=1\\ -2\alpha_3-\alpha_4=-1\end{cases}$$

指定 α_3，得

$$\begin{cases}\alpha_1=\dfrac{1}{2}-\dfrac{3}{2}\alpha_4\\ \alpha_2=-\alpha_4\\ \alpha_3=\dfrac{1}{2}(1-\alpha_4)\end{cases}$$

$u = cD^{\frac{1}{2}-\frac{3}{2}\alpha_4}\rho_l^{-\alpha_4}g^{\frac{1}{2}-\frac{1}{2}\alpha_4}\mu_l^{\alpha_4}$ 变形后得 $\left(\dfrac{u^2}{Dg}\right)^{\frac{1}{2}-\frac{1}{2}\alpha_4} = c\left(\dfrac{\mu_l}{\rho_l uD}\right)^{\alpha_4}$。

由于 $\dfrac{\mu_l}{\rho_l uD} = 1/Re$，$\dfrac{u^2}{Dg} = Fr$，故 $Fr=f(Re)$。

例题 8-4 研究球形固体颗粒在流体中运动时的阻力。

解： 显然，阻力 R 受粒径 D、速度 u、黏度 μ 的支配。此时，各物理量因次列

于表 8-7 中。

表 8-7　球形固体颗粒在流体中运动涉及的物理量及其因次

物理量	因次
R	MLT^{-2}
D	L
u	LT^{-1}
μ	$ML^{-1}T^{-1}$

根据π定理，$N=n=4$，$m=3$，$t=1$。

仍令 $R=cD^{\alpha_1}u^{\alpha_2}\mu^{\alpha_3}$，则

$$MLT^{-2}=cL^{\alpha_1}(LT^{-1})^{\alpha_2}(ML^{-1}T^{-1})^{\alpha_3}=cM^{\alpha_3}L^{\alpha_1+\alpha_2-\alpha_3}T^{-\alpha_2-\alpha_3}$$

$$\begin{cases}\alpha_3=1\\ \alpha_2+\alpha_3=2\\ \alpha_1+\alpha_2-\alpha_3=-1\end{cases}$$

得

$$\begin{cases}\alpha_1=1\\ \alpha_2=1\\ \alpha_3=1\end{cases}$$

即 $\dfrac{R}{Du\mu}=c$。下式为斯托克斯公式：$R=3\pi Du\mu$，它忽略了运动颗粒的惯性项。

因阻力与流体密度有关，故若考虑 D、u、ρ，则有表 8-8。

表 8-8　球形固体颗粒在流体中运动涉及的物理量及其因次（考虑 D、u、ρ）

物理量	因次
R	MLT^{-2}
D	L
u	LT^{-1}
ρ	ML^{-3}

令 $R=cD^{\alpha_1}u^{\alpha_2}\rho^{\alpha_3}$，则

$$\begin{aligned}MLT^{-2}&=cL^{\alpha_1}(LT^{-1})^{\alpha_2}(ML^{-3})^{\alpha_3}\\&=cM^{\alpha_3}L^{\alpha_1+\alpha_2-3\alpha_3}T^{-\alpha_2}\end{aligned}$$

$$\begin{cases}\alpha_3=1\\ \alpha_2=2\\ \alpha_1+\alpha_2-3\alpha_3=-1\end{cases}$$

得

$$\begin{cases}\alpha_1 = 2\\ \alpha_2 = 2\\ \alpha_3 = 1\end{cases}$$

即

$$\frac{R}{D^2u^2\rho} = c$$

若把惯性力和黏滞力均考虑在内，则有表8-9。

表8-9 球形固体颗粒在流体中运动涉及的物理量及其因次（考虑D、u、ρ、惯性和黏滞力）

物理量	因次
R	MLT^{-2}
D	L
u	LT^{-1}
ρ	ML^{-3}
μ	$ML^{-1}T^{-1}$

根据π定理，N=n=5，m=3，t=t_π=2，t_s=0。

令$R = cD^{\alpha_1}u^{\alpha_2}\mu^{\alpha_3}\rho^{\alpha_4}$，则

$$\begin{aligned}MLT^{-2} &= cL^{\alpha_1}(LT^{-1})^{\alpha_2}(ML^{-1}T^{-1})^{\alpha_3}(ML^{-3})^{\alpha_4}\\ &= cM^{\alpha_3+\alpha_4}L^{\alpha_1+\alpha_2-\alpha_3-3\alpha_4}T^{-\alpha_2-\alpha_3}\end{aligned}$$

$$\begin{cases}\alpha_1 + \alpha_2 - \alpha_3 - 3\alpha_4 = 1\\ \alpha_2 + \alpha_3 = 2\\ \alpha_3 + \alpha_4 = 1\end{cases}$$

指定α_4，得

$$\begin{cases}\alpha_1 = 1 + \alpha_4\\ \alpha_2 = 1 + \alpha_4\\ \alpha_3 = 1 - \alpha_4\end{cases}$$

即$R = cD^{1+\alpha_4}u^{1+\alpha_4}\mu^{1-\alpha_4}\rho^{\alpha_4}$，整理得$\dfrac{R}{D^2u^2\rho} = c\left(\dfrac{Du\rho}{\mu}\right)^{\alpha_4-1}$，即$\dfrac{R}{D^2u^2\rho} = f(Re)$。

以上例子说明因次分析是一种很有用的研究方法，用这种方法对物理现象进行分析时，由于把变量组合为无因次量，问题得以简化，有时偏微分方程变为常微分

方程，便于求解。

但是需指出，因次分析不是万能的，运用因次分析也有条件限制。与数学分析中函数的一般形式对比，因次上和谐的函数是特别的一类，因次分析原理就是这类函数的数学原理，这个原理是纯代数性质的；因次分析只涉及物理量的属性，不涉及物理量的大小或用度量单位表示的数字，所以不产生数学数据，数学数据只能通过试验取得；虽然因次分析可以提供一个完整集合的无因次乘积，但解不是唯一的，因次分析自身不能指出哪一个解最适合于有关的问题。要解决这个问题需要人们有物理上的洞察力，也可以参阅已有的成果，具体问题具体分析才能解决。

进行因次分析时常因为以下原因而发生错误：①遗漏了重要的表示物理量特征的变量；②错误地列入与所研究现象无关的变量；③把有因次的常数或系数看成无因次数，如万有引力常数 g；④因次分析不能控制无因次数；⑤遇到因次相同而物理意义不同的量，在分析时难以分清；⑥在所求得的若干无因次准数中，仅凭因次分析方法不能确定哪些是决定性的，哪些是次要的。

总之，因次分析非常有用，但是有局限性，它只是研究工作的一种辅助方法。正确的因次分析必须基于对物理现象本身正确的认识，而因次分析的结果也必须通过试验来核实确认。

习　题

1. 证明下列方程符合量纲一致性。

（1）牛顿引力定律：$F = G\dfrac{m_1 m_2}{d^2}$。

（2）固体摩尔热容的爱因斯坦方程，$c_v(\mathrm{J \cdot mol^{-1} \cdot K^{-1}})$：

$$c_v = 3R\left(\frac{h\nu}{kT}\right)^2 \frac{\exp(h\nu / kT)}{[\exp(h\nu / kT) - 1]^2}$$

（3）克劳修斯-克拉贝龙方程：$\dfrac{\Delta H}{T(V_{\mathrm{gas}} - V_{\mathrm{liquid}})} = \dfrac{\mathrm{d}p}{\mathrm{d}T}$。

（4）哈根-泊肃叶定律：当黏度为 μ 的流体以体积流速 Q 在半径为 r 的管内流动时，沿管长 l 上的压力降为 $\Delta p\left(Q = \dfrac{\pi(\Delta p) r^4}{8\mu l}\right)$。

2. 欲确定液体从大储罐底部的一个小孔中流出的速率，已知描述该体系的参数如下表所示，请导出描述该体系的一套无因次准数。

参数	符号	参数	符号	参数	符号
液面高度	h	流速（$\mathrm{L \cdot min^{-1}}$）	ν	流体黏度	μ
小孔直径	d	流体密度	ρ	重力加速度	g

3. 强制对流传热可用下列参数描述，请导出表征该体系的一套无因次准数。

参数	符号	参数	符号	参数	符号
流体质量热容	c_p	流速（$L·min^{-1}$）	v	流体黏度	μ
管直径	d	流体密度	ρ	流体导热系数	k

4. 流体分子不停地运动，分子的平均扩散自由程为 d，假定分子扩散可用下列物理量描述：自由程 d，时间 t，质量 m，扩散系数$[D]=L^2T^{-1}$。

（1）请导出分子扩散的无因次准数。

（2）$d \propto t^x$，x 是多少？

第 9 章　化工数学模型

数学模型是对现实世界某现象或过程，为特定目的做一些必要的简化与假设，运用适当的数学工具得到的一个数学结构。化工数学模型则是对化工过程的一些简化的数学描述。

数学模型方法的基本特征是过程的分解和简化。过程分解是将工业反应器中两个不同特征的化学过程和物理过程的规律分别加以研究。数学模型的简化是研究对象本身的简化。例如，流体通过催化剂颗粒床层时会由于流体在颗粒间不断分流、汇合，造成一定的轴向混合，这种混合在数学上描述十分困难。人们用轴向扩散过程代替随机的分流、汇合过程，如果实验证明两者是等效的，那么数学描述就可以大大简化。而等效轴向扩散模型描述时出现一个参数即扩散系数，需要通过实验确定。由此可见数学模型的方法实质上是将复杂的实际过程按等效性原则做出合理的简化，使其易于数学描述，这种简化来源于对过程深刻、本质的理解，其合理性需要实验验证，其参数需要由实验测定。

建立数学模型需要注意以下几个问题：①数学模型方程的数目等于变量的数目；②检查全部方程中所有各项的单位是否一致；③考虑所建立数学模型方程的求解方法；④对所建立的数学模型应当进行验证。

9.1　化工模型的基础

化工模型的基础就是基本的物理和化学定律，如质量守恒定律、能量守恒定律和动量守恒定律。这些定律针对的具体体系称为体积元。体积元有确定的边界，由边界围住的体积称为系统体积，在体积元中物料温度、浓度必须是均匀的。

9.1.1　连续性方程

稳态是流体流动过程中内部各处相对稳定的状态，而动态则是与稳态对应的状态，如从静止到稳定流动的过程就是动态过程。

连续性方程是质量守恒定律在流体力学中的具体表述形式。连续性方程包括总连续性方程（质量衡算式）和组分连续性方程（组分衡算式）。

当质量守恒定律用于动态系统时，写作：

进入系统的质量流量-离开系统的质量流量=系统内质量的时间变化率　（9-1）

这个方程中各项的单位都是单位时间的质量，一个系统只能写出一个总连续性方程。对于连续性稳态流动体系，总连续性稳态方程可以描述为“进去多少，出来多少”，而连续性动态体系的连续性动态方程则描述为“进去多少，最终必出来多少”。

例题 9-1　一个理想混合液槽，一种液体以流量 F_0（$m^3 \cdot s^{-1}$）流入槽内，液体密度是 ρ_0；液体在槽内滞留量是 V（m^3），密度为 ρ；从槽流出的流量是 F（$m^3 \cdot s^{-1}$），密度与槽内液体密度一样。请写出总的连续性方程。

解：$F\rho_0 - F\rho = \rho V$ 的时间变化率。

由题意已知槽内液体是理想混合的，因此槽内液体密度处处相同，槽内滞留液体的体积及液体密度随时间变化，且仅是 t 的函数。所以总的连续性方程为

$$\frac{\mathrm{d}(\rho V)}{\mathrm{d}t} = F\rho_0 - F\rho \tag{9-2}$$

在一个系统中，各个化学组分的量是不守恒的。若发生化学反应，则组分的分子数要发生变化；若组分是反应物，则分子数要减少；若组分是产物，则分子数要增加。因此，组分 j 的组分连续性方程为

组分 j 进入系统的摩尔流量 − 组分 j 离开系统的摩尔流量+

组分 j 的生成速率 = 组分 j 在系统内的时间变化率　　(9-3)

对一个 m 组分系统，有一个总质量衡算式及 m 个各组分衡算式，但仅有 $m-1$ 个独立的连续方程，故通常采用一个总质量衡算式和 $m-1$ 个组分衡算式。

例题 9-2　与例题 9-1 同样的理想混合槽，槽内发生一个不可逆化学反应 $A \xrightarrow{k} B$，k 为速率常数。C_{A0} 为进料物料流中 A 组分浓度，假定反应为一级反应，因此单位时间内 A 的消耗速率正比于槽内 A 的瞬时浓度

组分 A 进入系统的流量=F_0C_{A0}

组分 A 离开系统的流量=F_0C_A

组分 A 的生成速率=$-VkC_A$（“−”是由于 A 是消耗的）

反应器内组分 A 的时间变化率 $= \dfrac{\mathrm{d}(VC_A)}{\mathrm{d}t}$

把以上各项代入式（9-3），得

$$\frac{\mathrm{d}(VC_A)}{\mathrm{d}t} = F_0C_{A0} - FC_A - VkC_A \tag{9-4}$$

可以仿照组分 A 的形式写出组分 B 的连续性方程：

$$\frac{\mathrm{d}(VC_B)}{\mathrm{d}t} = F_0C_{B0} - FC_B - VkC_A$$

同时，因为存在 C_A、C_B 和 ρ 的对应关系 $M_AC_A+M_BC_B=\rho$，说明 A 和 B 中只有一个独立组分，所以通常采用总的连续性方程 $\dfrac{\mathrm{d}(\rho V)}{\mathrm{d}t} = F\rho_0 - F\rho$ 和组分 A 的连续性方程。

9.1.2　能量方程

根据能量守恒原理，敞开系统的能量守恒式为

$$\begin{pmatrix}\text{由输送和扩散进入}\\\text{系统的热力学能、动能}\\\text{和势能流量}\end{pmatrix}-\begin{pmatrix}\text{由输送和扩散离开}\\\text{系统的热力学能、动能}\\\text{和势能流量}\end{pmatrix}+\begin{pmatrix}\text{由传导、辐射、}\\\text{化学反应加给}\\\text{系统的流量}\end{pmatrix}-\begin{pmatrix}\text{系统对外}\\\text{做的轴功}\\\text{和体积功}\end{pmatrix}=\begin{pmatrix}\text{系统的热力学能、}\\\text{动能和势能的}\\\text{时间变化率}\end{pmatrix} \tag{9-5}$$

化工系统中能量方程一般简化为焓的衡算式。

例题 9-3　如例题 9-2 所示反应装置，为了去除反应放出的热量 λ（$J\cdot kg^{-1}$），在反应器内安装冷却蛇管。按规定放热反应时体系热力学能减少，λ 为负，吸热反应 λ 为正。请写出能量衡算式。

解：反应放出热量的速率为

$$Q_G=-\lambda VC_Ak$$

冷却蛇管带走热量的速率是 Q（$J\cdot s^{-1}$）。系统进料温度为 T_0（K），反应器中的温度为 T（K），根据式（9-5）写出能量衡算式

$$F_0\rho_0(U_0+K_0+\varphi_0)-F\rho(U+K+\varphi)+(Q_G+Q)-(W+FP-F_0P_0)=\frac{d}{dt}[(U+K+\varphi)V\rho] \tag{9-6}$$

式中，U 为热力学能（$kJ\cdot kg^{-1}$）；K 为动能（$kJ\cdot kg^{-1}$）；φ 为势能（$kJ\cdot kg^{-1}$）；W 为系统所做轴功（kJ）；P 为系统压力（kPa）；P_0 为进料流体压力（kPa）；F_0 为进料流量（$m^3\cdot s^{-1}$）；ρ_0 为进料物流密度（$kg\cdot m^{-3}$）；F 为反应器出料物流流量（$m^3\cdot s^{-1}$）；ρ 为出料物流的密度（$kg\cdot m^{-3}$）。

此系统不存在轴功，W=0，进口出口流速都不大时动能项互相抵消，若进口和出口高度大致相当，势能项也很小，此时式（9-6）可以简化为

$$\begin{aligned}\frac{d}{dt}[UV\rho]&=F_0\rho_0U_0-F\rho U+Q_G+Q-\left(\frac{F\rho P}{\rho}-\frac{F_0\rho_0P_0}{\rho_0}\right)\\&=F_0\rho_0(U_0+P_0\bar{V}_0)-F\rho(U+P\bar{V})+Q_G+Q\end{aligned} \tag{9-7}$$

式中，$\bar{V}$ 为比容，密度的倒数。

焓（H 为蒸气焓，h 为流体焓）的定义为

$$H（或 h）=U+PV \tag{9-8}$$

式（9-7）变为

$$\frac{d}{dt}[\rho VU]=F_0\rho_0h_0-F\rho h+Q-\lambda VC_Ak \tag{9-9}$$

在许多系统中，与热力学能 U 相比，$P\bar{V}$ 项可以忽略不计，因此可以用系统焓随时间的变化率代替热力学能随时间的变化率。

$$\frac{d}{dt}[\rho Vh]=F_0\rho_0h_0-F\rho h+Q-\lambda VC_Ak \tag{9-10}$$

根据热力学定律，恒压热容和恒容热容分别为

$$C_p=\left(\frac{\partial H}{\partial T}\right)_p\qquad C_V=\left(\frac{\partial U}{\partial T}\right)_V \tag{9-11}$$

为了说明能量方程主要受温度影响，我们做一些假定来简化问题。首先假定液体的焓可以表示为热力学温度和恒压热容 C_p 的乘积，$h=C_pT$，C_p 是常数。同时假定液体的密度是常数，因此 $C_p=C_V$，热力学能也是 C_pT。式（9-11）变为

$$\frac{\mathrm{d}(\rho VC_pT)}{\mathrm{d}t}=F_0\rho_0C_pT_0-F\rho C_pT+Q-\lambda VC_{\mathrm{A}}k$$

$$\rho C_p\frac{\mathrm{d}(VT)}{\mathrm{d}t}=\rho C_p(F_0T_0-FT)+Q-\lambda VC_{\mathrm{A}}k \tag{9-12}$$

9.1.3 运动方程

运动方程多用于描述传输过程，其理论依据是牛顿第二运动定律：

$$F=ma$$

式中，F 为力，N；m 为质量，kg；a 为加速度，$\mathrm{m\cdot s^{-2}}$。

更一般的形式是系统质量可以随时间变化：

$$\frac{\mathrm{d}(mv_i)}{\mathrm{d}t}=\sum_{j=1}^{N}F_{ji} \tag{9-13}$$

式中，v_i 为在 i 方向上的速度，$\mathrm{m\cdot s^{-1}}$；F_{ji} 为作用在 i 方向上的第 j 个力。

例题 9-4　如图 9-1 所示，敞开高位液槽以可变流量 F_0（$\mathrm{m^3\cdot s^{-1}}$）泵入不可压缩液体（密度不变液体），来料流量受前一工段影响可能随时间变化。垂直放置的圆筒形槽内液体高度为 h（m），物料流出槽的流量为 F（$\mathrm{m^3\cdot s^{-1}}$），输出管线长度为 L，截面积为 A_{p}，竖直放置液槽的横截面积记为 A_{T}。其中 F_0、h 和 F 都将随时间变化，请写出这一体系的运动方程。

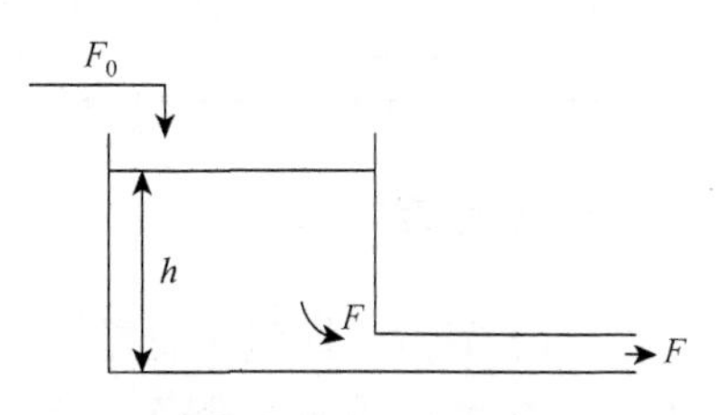

图 9-1　高位液槽

解：现以管内流动的液体为研究对象，其质量等于管道容积（$A_{\mathrm{p}}L$）乘以液体密度（ρ），管内液体流速等于液体的体积流量除以管的横截面积（F/A_{p}），由于液体是不可压缩的，因此管内全部液体流速相同。

$$M=A_{\mathrm{p}}L\rho \tag{9-14}$$

$$V=F/A_{\mathrm{p}} \tag{9-15}$$

因为管中的液体量将不随时间变化，若要改变流出的速率，就必须改变液体流速，而要改变流速就必须对液体施加一个作用力。由于假定管线水平放置，因此我们只关心水平方向的力，管道左端作用于液体的力是液体的静压力。

$$F=A_{\mathrm{p}}\rho gh \tag{9-16a}$$

从左到右阻碍液体流动的作用力只有由液体黏度产生的摩擦力。如果流动是湍流，摩擦力正比于流速的平方和管子长度：

$$摩擦力=K_FL_V^2 \tag{9-16b}$$

把式（9-16）代入式（9-13）中得

$$\frac{\mathrm{d}(A_{\mathrm{p}}L\rho V)}{\mathrm{d}t}=A_{\mathrm{p}}\rho gh-K_{F}LV^{2}$$

$$\frac{\mathrm{d}V}{\mathrm{d}t}=\frac{g}{L}h-\frac{K_{F}}{A_{\mathrm{p}}\rho}V^{2} \tag{9-17}$$

9.1.4　传递方程

能量、质量和动量传递的通式：单位面积上的传递速率正比于推动力（温度梯度、浓度梯度、速率梯度），比例常数为系统的物理性质（导热系数、扩散系数、黏度）（表 9-1）。

表 9-1　各传递定律列表

物理量	热量	质量	动量
通量单位	$\mathrm{J \cdot s^{-1} \cdot m^{-2}}$	$\mathrm{mol \cdot s^{-1} \cdot m^{-2}}$	$\mathrm{kg \cdot m \cdot s^{-1} \cdot s^{-1} \cdot m^{-2}}$
分子级推动力单位	$\partial T/\partial z$：$\mathrm{K \cdot m^{-1}}$	$\partial C_{\mathrm{A}}/\partial z$：$\mathrm{mol \cdot m^{-3} \cdot m^{-1}}$	$\partial V_{z}/\partial z$：$\mathrm{s^{-1}}$
定律	傅里叶	菲克	牛顿
性质	导热系数 k	扩散系数 D	黏度 μ
总推动力方程	ΔT：K	ΔC_{A}：$\mathrm{mol \cdot m^{-3}}$	Δp：$\mathrm{N \cdot m^{-2}}$

9.1.5　状态方程

为了写数学模型，总需要一些方程来计算物理性质，如密度、焓等，如何随温度、压力和组成的改变而改变。

液体密度$=\rho_{l}=f$（p，T，x_i）

蒸气密度$=\rho_{v}=f$（p，T，y_i）

液体焓$=h=f$（p，T，x_i）

蒸气焓$=H=f$（p，T，y_i）

例如，液体焓与热容有关，而热容又是温度的函数

$$h=\int_{T_0}^{T}C_p(T)\mathrm{d}T \tag{9-18}$$

C_p常用 T 的多项式表示

$$C_p=a+bT+CT^2 \tag{9-19}$$

因此，式（9-19）变为

$$h=h_0+\left(aT+\frac{b}{2}T^2+\frac{C}{3}T^3\right)\Bigg|_{T_0}^{T} \tag{9-20}$$

式中，h_0为积分常数，将某一温度及该温度下纯组分的标准焓代入即可求出。

欲计算混合物总焓，如果混合热效应可以忽略不计，则可以取各组分焓的平均值：

$$h=\frac{\sum_{j=1}^{j}x_jh_jM_j}{\sum_{j=1}^{j}x_jM_j} \tag{9-21}$$

式中，x_j为第j种组分的摩尔分数；M_j为第j种组分的相对分子质量；h_j为第j种组分的纯组分焓。

除非是组成和温度发生很大改变，一般都可以假定系统中液体密度是常数。但蒸气的密度通常都是随p、T变化的，此时最常用的是理想气体状态方程：

$$pV=nRT \tag{9-22}$$

9.1.6　平衡方程

热力学第二定律是平衡方程的基础。由平衡方程可知一个系统达到平衡状态的条件。

对化学平衡：

$$\sum \nu_i\mu_i=0 \quad (\nu_i\text{为化学计量系数；}\ \mu_i\text{为化学势})$$

若某可逆反应$\nu_a A \rightleftharpoons \nu_b B$的化学平衡的条件是

$$\nu_b\mu_B-\nu_a\mu_A=0 \tag{9-23}$$

其中理想气体混合物的化学势为

$$\mu_i=\mu_i^0+RT\ln p_i \quad (p_i\text{为组分分压})$$

代入式（9-23），得

$$\nu_b(\mu_B^0+RT\ \ln p_B)-\nu_a(\mu_A^0+RT\ \ln p_A)=0$$

$$\ln\left(\frac{p_B^{\nu_b}}{p_A^{\nu_a}}\right)=\frac{\nu_a\mu_A^0-\nu_b\mu_B^0}{RT} \tag{9-24}$$

方程右边仅是温度的函数，左边就是平衡常数K_p。

对相平衡有

$$\mu_i^{\mathrm{I}}=\mu_i^{\mathrm{II}} \quad （\mu_i^{\mathrm{I}},\mu_i^{\mathrm{II}}\text{为组分在相 I 和相 II 中的化学势}）$$

9.1.7　化学动力学

化学动力学主要包括阿伦尼乌斯方程和质量作用定律。

（1）质量作用定律：表示化学反应速率与反应物浓度之间的关系。定义化学反

应速率为

$$r = \frac{1}{\nu_i}\left(\frac{\mathrm{d}C_i}{\mathrm{d}t}\right) \tag{9-25}$$

质量作用定律：化学反应速率与反应物浓度的 n 次方成正比，比例常数称为速率常数，n 为反应级数。

$$aA + bB \xrightarrow{k} cC + dD$$

$$r = kC_A^a C_B^b \tag{9-26}$$

（2）阿伦尼乌斯方程表示反应速率常数与温度的关系：

$$k = A\mathrm{e}^{-E_a/RT} \tag{9-27}$$

9.2　反　应　器

把物料在反应器内返混情况作为反应器分类的依据，能够较好地反映出反应器的本质差异。

（1）间歇操作的充分搅拌反应器（又称间歇反应器，BR），反应器中物料被充分混合，各处物料物理化学性质相同；但由于间歇操作，所有物料同一时间进入，物料之间的混合属于简单混合，不存在返混。

（2）理想置换反应器（又称平推流反应器或活塞流反应器，PFR），在反应器内物料允许做径向混合，但不存在轴向混合（无轴向返混）。例如，物料在管式反应器内快速流过属于理想置换反应器。

（3）连续操作的充分搅拌槽式反应器（又称全混流反应器，CSTR），这类反应器中物料进入反应器瞬间即与反应器内原有的物料达到完美混合，物料返混达到最大值。

（4）非理想流动反应器，物料在这类反应器中存在一定程度返混，返混程度在平推流反应器和全混流反应器之间。

以上（1）～（3）类反应器为理想反应器，是本节重点讨论的内容，第（4）类反应器比较复杂，要定量确定返混程度，再结合反应过程特性进行计算，有兴趣的同学可以参考相应文献。本节讨论几种不同类型的反应器，通过其数学模型的建立，使大家能够掌握建立数学模型的方法和思路。本节仅讨论如何把实际过程中的主要现象写成定量的数学方程组。

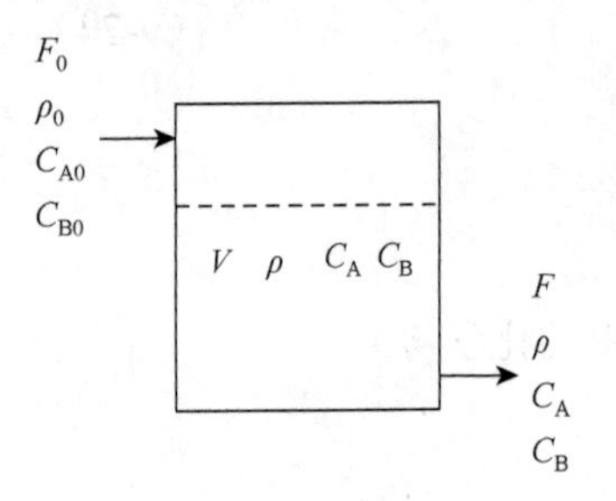

图 9-2　理想混合槽

9.2.1　等温等容连续均混反应器串联系统

先考察单一反应器 CSTR。

如图 9-2 所示为理想混合槽，其中发生如下液相化学反应：

$$A \xrightarrow{k} B$$

已知组分连续方程：

$$\begin{pmatrix} j\text{组分进入系统} \\ \text{的分子流量} \end{pmatrix} - \begin{pmatrix} j\text{组分离开系统} \\ \text{的分子流量} \end{pmatrix} + \begin{pmatrix} j\text{组分的分子} \\ \text{生成速率} \end{pmatrix} = \begin{pmatrix} j\text{组分在系统内} \\ \text{的时间变化率} \end{pmatrix}$$

假定反应为一级，则

$$\text{A组分进入系统的流量} = F_0 C_{A0}$$

$$\text{A组分离开系统的流量} = FC_A$$

$$\text{A组分的生成速率} = -VkC_A$$

$$\text{反应器内A组分的时间变化率} = \frac{d}{dt}(VC_A)$$

最终得关于组分 A 的连续性方程：

$$\frac{d}{dt}(VC_A) = F_0 C_{A0} - FC_A - VkC_A$$

同理，得组分 B 的连续性方程：

$$\frac{d}{dt}(VC_B) = F_0 C_{B0} - FC_B + VkC_A$$

总连续性方程：

$$\frac{d}{dt}(\rho V) = F_0 \rho_0 - F\rho$$

若体系仅有 A 和 B，则

$$M_A C_A + M_B C_B = \rho$$

若在此反应器中发生连串反应：

$$A \xrightarrow{k_1} B \xrightarrow{k_2} C$$

且两个反应均为一级，则三个组分的连续性方程为

$$\frac{d}{dt}(VC_A) = F_0 C_{A0} - FC_A - Vk_1 C_A$$

$$\frac{d}{dt}(VC_B) = F_0 C_{B0} - FC_B + Vk_1 C_A - Vk_2 C_B$$

$$\frac{d}{dt}(VC_C) = F_0 C_{C0} - FC_C + Vk_2 C_B$$

若体系仅有 A、B、C，则

$$M_A C_A + M_B C_B + M_C C_C = \rho$$

现在考虑上述三个反应器串联系统（图 9-3）：

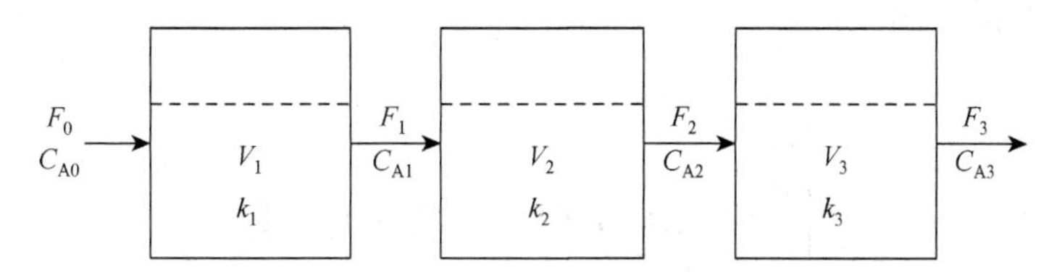

图 9-3　三反应器串联系统

仍考虑反应 A$\longrightarrow$B，假定三个反应器的温度和滞留量各不相同但保持恒定；假定系统物料流为 A+B 双组分液体流，物流密度恒定。

对反应器做总物料衡算：

$$\frac{\mathrm{d}}{\mathrm{d}t}(\rho V_1)=\rho F_0-\rho F_1=0$$

有

$$F_3=F_2=F_1=F_0=\text{常量}$$

要理解反应物 A 或产物 B 在每个反应器中的变化曲线，需有三个组分连续性方程：

$$V_1\frac{\mathrm{d}}{\mathrm{d}t}C_{\mathrm{A1}}=F(C_{\mathrm{A0}}-C_{\mathrm{A1}})-V_1k_1C_{\mathrm{A1}}$$

$$V_2\frac{\mathrm{d}}{\mathrm{d}t}C_{\mathrm{A2}}=F(C_{\mathrm{A1}}-C_{\mathrm{A2}})-V_2k_2C_{\mathrm{A2}}$$

$$V_3\frac{\mathrm{d}}{\mathrm{d}t}C_{\mathrm{A3}}=F(C_{\mathrm{A2}}-C_{\mathrm{A3}})-V_3k_3C_{\mathrm{A3}}$$

各反应速率常数由下式定义：

$$k_i=A_0\mathrm{e}^{-E/RT_i}\quad(i=1,2,3)$$

上述模型中，需知参数有 V_1、V_2、V_3、k_1、k_2、k_3，需给定量为 C_{A0}和 F，初始值即 $t=0$ 时的 C_{A1}、C_{A2}、C_{A3} 也需已知。

定义滞留时间为反应器体积与流量之比：$\tau_i=V_i/F$，则上述方程可简化为

$$\left[\frac{\mathrm{d}}{\mathrm{d}t}+\left(k_1+\frac{1}{\tau_1}\right)\right]C_{\mathrm{A1}}=\frac{1}{\tau_1}C_{\mathrm{A0}}$$

$$\left[\frac{\mathrm{d}}{\mathrm{d}t}+\left(k_2+\frac{1}{\tau_2}\right)\right]C_{\mathrm{A2}}=\frac{1}{\tau_2}C_{\mathrm{A1}}$$

$$\left[\frac{\mathrm{d}}{\mathrm{d}t}+\left(k_3+\frac{1}{\tau_3}\right)\right]C_{\mathrm{A3}}=\frac{1}{\tau_3}C_{\mathrm{A2}}$$

下面考察可变滞留量的连续均混反应器的串联系统。仍考察上述三个反应器的串联系统。假定每个反应器的滞留量均随时间而变，同时假定反应为 n 级。

对第一个反应器：

$$\begin{cases}\dfrac{\mathrm{d}}{\mathrm{d}t}V_1=F_0-F_1\\[2mm]\dfrac{\mathrm{d}}{\mathrm{d}t}(V_1C_{\mathrm{A1}})=F_0C_{\mathrm{A0}}-F_1C_{\mathrm{A1}}-V_1k_1C_{\mathrm{A1}}^n\end{cases}$$

同理

$$\begin{cases} \dfrac{\mathrm{d}}{\mathrm{d}t}V_2 = F_1 - F_2 \\ \dfrac{\mathrm{d}}{\mathrm{d}t}(V_2C_{\mathrm{A2}}) = F_1C_{\mathrm{A1}} - F_2C_{\mathrm{A2}} - V_2k_2C_{\mathrm{A2}}^n \end{cases}$$

$$\begin{cases} \dfrac{\mathrm{d}}{\mathrm{d}t}V_3 = F_2 - F_3 \\ \dfrac{\mathrm{d}}{\mathrm{d}t}(V_3C_{\mathrm{A3}}) = F_2C_{\mathrm{A2}} - F_3C_{\mathrm{A3}} - V_3k_3C_{\mathrm{A3}}^n \end{cases}$$

上述 6 个方程求解时，k_1、k_2、k_3、n 需已知，各积分因变量初始值需已知，扰动函数 C_{A0} 和 F_0 需已知。现在方程中的未知量为：C_{A1}、C_{A2}、C_{A3}、V_1、V_2、V_3、F_1、F_2、F_3，显然，需要另外三个方程来得到唯一解。目前，所缺方程为三个反应器的流出量，即无论反应器的控制方式如何，需要有如下三个方程：

$$F_1=f(V_1)，F_2=f(V_2)，F_3=f(V_3)$$

9.2.2　有压气体的连续均混反应器

假定气体混合物中发生如下反应：$2\mathrm{A} \underset{k_2}{\overset{k_1}{\rightleftharpoons}} \mathrm{B}$，且正反应对 A 为 1.5 级，逆反应对 B 为 1 级。反应器中 A 组分的摩尔分数为 y，压力为 p，y 和 p 均随时间而变（图 9-4）。反应器容积恒定。

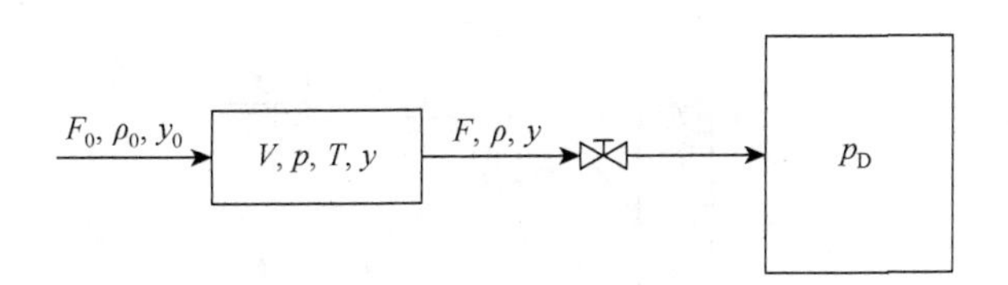

图 9-4　有压气体连续均混反应器

假定：①等温，即 T=常量；②理想气体。

总连续性方程：

$$V\frac{\mathrm{d}}{\mathrm{d}t}\rho = \rho_0F_0 - \rho F$$

式中，ρ_0 为进料流的密度；F_0 为进料流的流量。

组分连续性方程：

$$V\frac{\mathrm{d}}{\mathrm{d}t}C_{\mathrm{A}} = F_0C_{\mathrm{A0}} - FC_{\mathrm{A}} - 2Vk_1C_{\mathrm{A}}^{1.5} + 2Vk_2C_{\mathrm{B}} \tag{9-28}$$

式中，气体密度 ρ 由式（9-29）计算：

$$\rho = \frac{Mp}{RT} = [yM_{\mathrm{A}} + (1-y)M_{\mathrm{B}}]\frac{p}{RT} \tag{9-29}$$

反应器中反应物 A 的浓度和生成物 B 的浓度为

$$C_{\mathrm{A}}=\frac{py}{RT} \tag{9-30}$$

$$C_{\mathrm{B}}=\frac{p(1-y)}{RT} \tag{9-31}$$

由反应器流出的量 F 与 p_{D} 和 p 有关，由式（9-32）给出：

$$F=C_{\mathrm{V}}\sqrt{\frac{p-p_{\mathrm{D}}}{\rho}} \tag{9-32}$$

式中，C_{V} 为阀的尺寸系数。

求解过程中需知参数为 V、C_{V}、T、k_1、k_2，常量为 R、M_{A}、M_{B}，扰动函数为 p_{D}、ρ_0、F_0、y_0，未知量为 y、p、ρ、C_{A}、C_{B}；五个未知数，五个方程［式（9-28）～式（9-32）］可求解。

9.2.3　变温的连续均混反应器

假定在如图 9-5 所示的反应器中，发生不可逆的放热化学反应：

$$\mathrm{A}\xrightarrow{k}\mathrm{B}$$

该反应是关于 A 的 n 级反应，反应热为 λ（$\mathrm{J\cdot mol^{-1}}$），假定密度为常数。

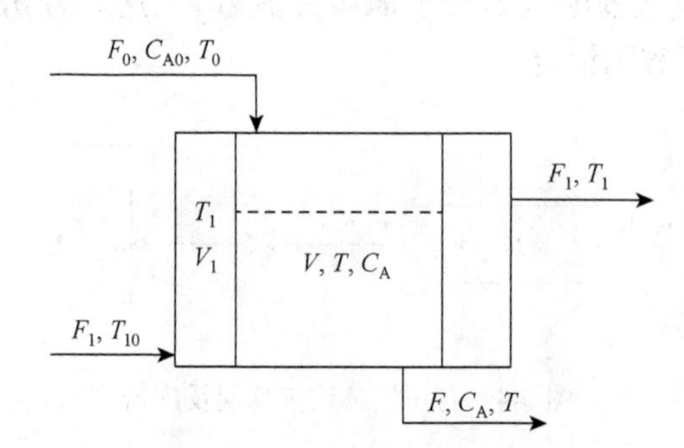

图 9-5　变温连续均混反应器

为了除去反应放出的热量，反应器周围有冷却夹套，冷却水流量为 F_1（$\mathrm{m^3\cdot s^{-1}}$）。冷却水入口温度是 T_{10}，夹套中冷却水的体积是 V_1，V_1 是一个常数。

针对最简单的情况：夹套中的冷却水是理想混合的，金属壁的质量可忽略不计。

在温度为 T 的操作液和温度为 T_1 的冷却水之间的传热可用总传热系数方程来描述：

$$Q=UA(T-T_1)$$

式中，Q 为传热速率，$\mathrm{J\cdot s^{-1}}$；U 为总传热系数，$\mathrm{J\cdot s^{-1}\cdot m^{-2}\cdot ℃^{-1}}$；$A$ 为传热面积，$\mathrm{m^2}$。

操作系统的方程如下：

（1）总连续性方程：$\dfrac{\mathrm{d}}{\mathrm{d}t}V=F_0-F$ 。

（2）组分连续性方程：$\dfrac{\mathrm{d}}{\mathrm{d}t}(VC_{\mathrm{A}})=F_0C_{\mathrm{A0}}-FC_{\mathrm{A}}-vkC_{\mathrm{A}}^n$ 。

（3）能量方程：$\rho\frac{\mathrm{d}}{\mathrm{d}t}(Vh)=\rho(F_0h_0-Fh)-\lambda vkC_{\mathrm{A}}^n-UA(T-T_1)$。

（4）夹套能量方程：$\rho_1V_1\frac{\mathrm{d}}{\mathrm{d}t}h_1=F_1\rho_1(h_{10}-h_1)+UA(T-T_1)$。

式中，ρ、ρ_1 分别为操作液和冷却水的密度，$\mathrm{kg\cdot m^{-3}}$，h、h_1 分别为相应的焓，$\mathrm{J\cdot kg^{-1}}$。

对反应器滞留量和流出量之间应有确定关系的情形，例如，在纯比例作用下的反馈控制器中

$$F=k_{\mathrm{V}}(V-V_{\min})$$

焓与温度之间的关系为

$h_1=C_1T_1$，$h=C_{\mathrm{p}}T$（C_1、C_{p} 分别为冷却水和操作液的比热容，$\mathrm{J\cdot kg^{-1}\cdot K^{-1}}$）

加上阿伦尼乌斯关系：$k=k_0\mathrm{e}^{-E/RT}$，方程中共有 5 个未知量：V、F、C_{A}、T、T_1，其初始条件必须已知。扰动变量为 T_0、F_0、C_{A0}、F_1，参数为 n、k_0、E、R、ρ、C_{p}、λ、U、A、ρ_1、V_1、C_1、T_{10}、k_{V}、$V_{\min}$，如果换热面积随反应器滞留量变化，则必须增加相应的方程：$A=f(V)$。

9.3　反应器及分离器

9.3.1　间歇反应器

由于间歇过程固有的动态特征，在其模型化和控制中，提供了一些有意义的复杂问题。

尽管大多数大型化生产中的化工过程都实现了连续化，但仍保留了部分间歇化学反应过程，对某些化学反应来说，间歇过程的内在动力学特点优胜于连续操作的过程。

考虑如图 9-6 所示的间歇反应器。

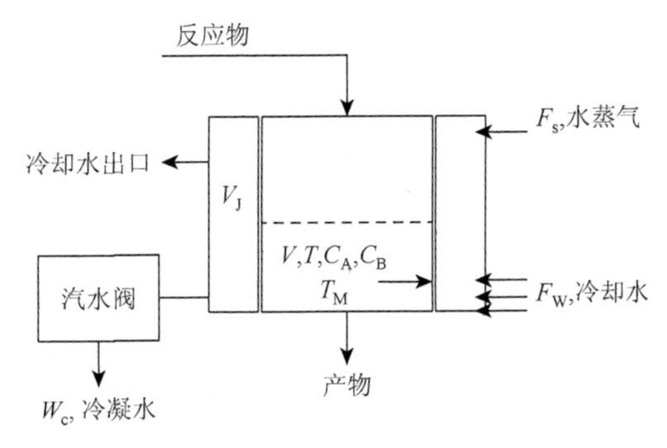

图 9-6　间歇反应器

（1）反应物装入反应器，向夹套通入水蒸气，加热至所需温度。

（2）停止加入加热蒸气，通入冷却水以除去反应热。

（3）通过控制使反应器温度曲线按规定值变化。

考虑下述一级联串反应：

$$A \xrightarrow{k_1} B \xrightarrow{k_2} C$$

目的产物是 B，若化学反应时间太长，就会有大量的 B 组分生成副产物 C。但若反应过早停止，A 组分发生化学反应的量就会太少，故存在一个最佳反应时间（图 9-7）。

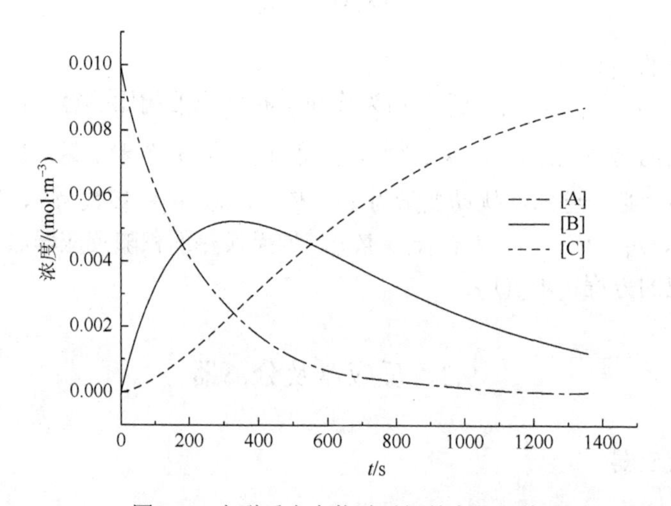

图 9-7　串联反应产物随时间的变化规律

关于最佳温度-时间曲线：①若 k_1、k_2 中活化能相等，反应温度应尽可能高，使间歇反应时间最短；②若 k_1 活化能大于 k_2，仍需要在尽可能高的温度下进行，并在适当的时候停止反应；③若 k_1 活化能小于 k_2，最优温度将是从高温开始然后下降的曲线。此时，温度曲线如图 9-8 所示。

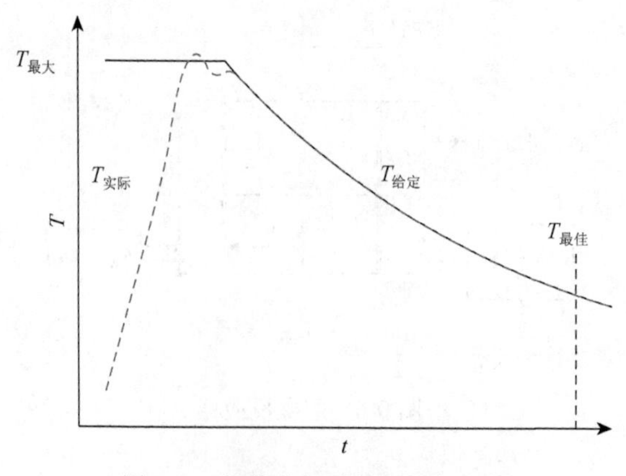

图 9-8　串联反应反应器温度曲线

以下讨论其数学模型。假定反应物密度是常数，则总连续性方程：

$$\frac{\mathrm{d}}{\mathrm{d}t}(\rho V)=0-0\text{，即}\frac{\mathrm{d}V}{\mathrm{d}t}=0$$

组分 A 的连续性方程：

$$V\frac{\mathrm{d}}{\mathrm{d}t}C_{\mathrm{A}}=-Vk_1C_{\mathrm{A}}$$

组分 B 的连续性方程：

$$V\frac{\mathrm{d}}{\mathrm{d}t}C_{\mathrm{B}}=Vk_1C_{\mathrm{A}}-Vk_2C_{\mathrm{B}}$$

化学动力学方程：

$$k_1=k_{10}\mathrm{e}^{-E_1/RT}\text{，}\quad k_2=k_{20}\mathrm{e}^{-E_2/RT}$$

反应液的能量方程：

$$\rho VC_{\mathrm{p}}\frac{\mathrm{d}T}{\mathrm{d}t}=\lambda_1Vk_1C_{\mathrm{A}}+\lambda_2Vk_2C_{\mathrm{B}}-h_{\mathrm{i}}A_{\mathrm{i}}(T-T_{\mathrm{M}})$$

金属壁的能量方程：

$$\rho_{\mathrm{M}}C_{\mathrm{M}}V_{\mathrm{M}}\frac{\mathrm{d}T_{\mathrm{M}}}{\mathrm{d}t}=h_{\mathrm{i}}A_{\mathrm{i}}(T-T_{\mathrm{M}})-h_{\mathrm{o}}A_{\mathrm{o}}(T_{\mathrm{M}}-T_{\mathrm{J}})$$

式中，T_{M}、T_{J} 分别为金属壁和夹套温度；h_{i}、h_{o} 分别为金属壁内、外侧传热系数；C_{p}、C_{M} 分别为反应液和金属壁的热容；A_{i}、A_{o} 分别为金属壁内、外侧的换热面积。

为了描述夹套中进行的过程，需要两个方程组，一个用于加热阶段，另一个用于冷却阶段。至于夹套注满水的时间，可以忽略不计。

在加热阶段，需对蒸气写一个总连续性方程和能量方程，再有一个状态方程，其中总连续性方程为

$$V_{\mathrm{J}}\frac{\mathrm{d}\rho_{\mathrm{J}}}{\mathrm{d}t}=F_{\mathrm{s}}\rho_{\mathrm{s}}-W_{\mathrm{c}}$$

式中，ρ_{J} 为夹套内水蒸气密度；V_{J} 为夹套容积；ρ_{s} 为进入夹套的水蒸气密度；W_{c} 为水蒸气的冷凝速率，$\mathrm{kg\cdot s^{-1}}$；F_{s} 为水蒸气流速，$\mathrm{m^3\cdot s^{-1}}$。

假定水蒸气一旦生成，立即由汽水阀排出，不在夹套内积存。

夹套中水蒸气的能量方程：

$$V_{\mathrm{J}}\frac{\mathrm{d}}{\mathrm{d}t}(U_{\mathrm{J}}\rho_{\mathrm{J}})=F_{\mathrm{s}}\rho_{\mathrm{s}}H_{\mathrm{s}}-h_{\mathrm{o}}A_{\mathrm{o}}(A_{\mathrm{J}}-A_{\mathrm{M}})-W_{\mathrm{c}}h_{\mathrm{c}}$$

式中，U_{J} 为水蒸气热力学能，$\mathrm{J\cdot kg^{-1}}$；H_{s} 为水蒸气的焓，$\mathrm{J\cdot kg^{-1}}$；h_{c} 为冷凝焓，$\mathrm{J\cdot kg^{-1}}$。

由于上式中热力学能变化比潜热效应小得多，故可写作稳态形式：

$$W_{\mathrm{c}}=\frac{h_{\mathrm{o}}A_{\mathrm{o}}(T_{\mathrm{J}}-T_{\mathrm{M}})}{H_{\mathrm{s}}-H_{\mathrm{c}}}$$

在稳态时

$$F_s\rho_s = W_c$$

水蒸气的状态方程：

$$\rho_J = \frac{M}{RT_J}e^{A_{vp}/T_J + B_{vp}}$$

式中，M 为水的相对分子质量；A_{vp}、B_{vp} 为水的蒸气压常数。

冷却阶段，仅需能量方程：

$$C_J\rho_J V_J\frac{dT_J}{dt} = F_W C_J\rho_J(T_{J0} - T_J) + h_0 A_0(T_M - T_J)$$

式中，T_J、T_{J0} 为夹套中冷却水温度、冷却水入口温度；C_J 为冷却水比热容；ρ_J 为冷却水密度。

加热阶段需七个变量：C_A、C_B、T、T_M、T_s、ρ_J、W_c，冷却阶段需五个变量：C_A、C_B、T、T_M、T_s。

9.3.2　伴有传质过程的反应器

化学反应器有时受传质过程控制。当反应物或生成物的组分在反应前或反应后需从一相传质到另一相时，传质就可能成为速控步骤。

考虑如图 9-9 所示的气液鼓泡反应器。反应物 A 是一种气体，通过一个气体分配器进入一个充有液体的反应器的底部。A 组分必须溶解在液相之中，才能与 B 组分在液相中发生化学反应，生成液态的 C：

$$A + B \xrightarrow{k} C$$

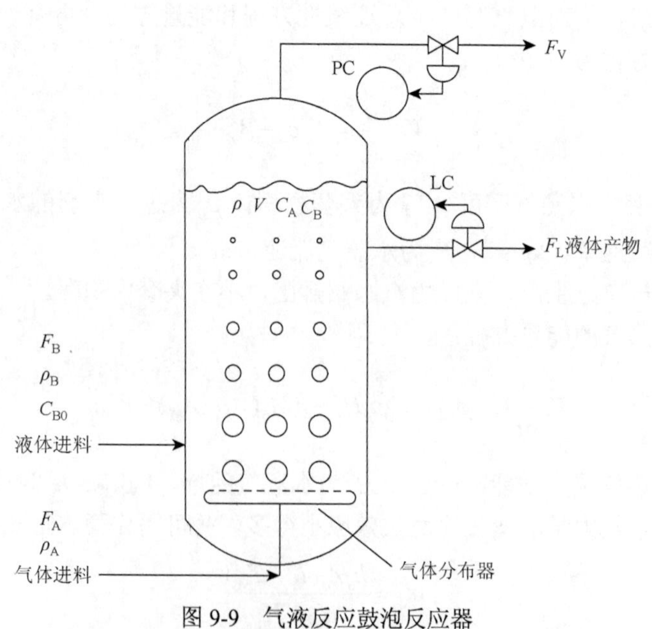

图 9-9　气液反应鼓泡反应器

（1）如果气体 A 进入液相的传质速率低，A 组分在液相中的浓度就小，其进入液相的速度有多快，被反应消耗的速度就有多快。因此，反应器就受传质控制。

（2）如果 A 组分由气相到液相的传质速率高，其在液相中的浓度就会增加至某一值，该值取决于稳态反应条件和 A 组分在液相中的饱和溶解度，此时有的反应受化学反应速率控制。

当反应器处于传质控制的范围内时：①因为液相中 A 的浓度太小，增加或减少反应物 B 在液相中的浓度，不会使反应速率和反应器的生产能力有多大变化；②提高反应器温度，也不会使反应速率按指数关系增长。随着温度的增加，由于 A 在液相中的饱和溶解度的减少，反应速率实际上还可能减少。

现在来做定量描述。为了简化，假定：①反应器为等温过程；②反应器中的滞留量为常数；③压力为常数；④液相理想混合。

若进料气体的气泡为纯组分 A，A 组分在气液界面上的饱和溶解度 C_A^* 也是常数（仅随温度和压力而变）。气液传质的总面积 A_{MT} 取决于进料气体的流量 F_A。假定传质系数 K_L（$m \cdot s^{-1}$）为常数，A 组分通过液膜进入液相的通量是推动力的函数：

$$N_A = K_L(C_A^* - C_A) \quad (N_A\text{：}mol \cdot m^{-2} \cdot s^{-1})$$

1）气相

总连续性方程：

$$F_V = F_A - \frac{A_{MT} N_A M_A}{\rho_A}$$

式中，F_V 和 F_A 为体积流量；A_{MT} 为总传质面积；M_A 为相对分子质量。

A 组分：

$$V\frac{d}{dt}C_A = A_{MT}N_A - F_L C_A - VkC_A C_B$$

B 组分：

$$V\frac{d}{dt}C_B = F_B C_{B0} - F_L C_B - VkC_A C_B$$

2）液相

总连续性方程：

$$\frac{d}{dt}(\rho V) = 0 = F_B \rho_B + M_A N_A A_{MT} - F_L \rho$$

上述五个方程中变量为 N_A、C_A、C_B、F_V、F_L，扰动函数为 F_A、F_B、C_{B0}，需知量为 M_A、A_{MT}、k、V、k_L、C_A^*。

9.4　吸 附 操 作

空气干燥、溶剂蒸气回收或特殊气体的分离精制等操作都要用到吸附方法，对被吸附气体浓度较低的情况，一般用 Hougen-Marshall 法，该法也是解析触媒反应器的基础。

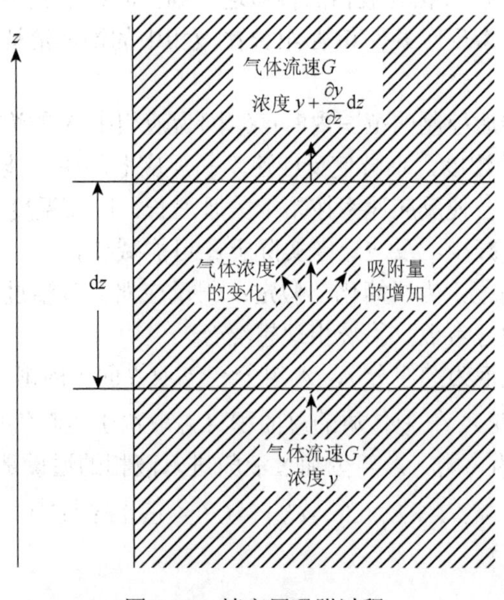

图 9-10　填充层吸附过程

考虑如图 9-10 所示填充层，以非吸附气体为基准，对高度为 dz 的填充层做物料衡算：

$$\begin{pmatrix}\text{时间}\mathrm{d}\theta\text{内}\\ \text{进入单位截面积}\\ \text{的填充层的}\\ \text{吸附气体的量}\end{pmatrix}=\begin{pmatrix}\text{时间}\mathrm{d}\theta\text{内}\\ \text{流出单位截面积}\\ \text{的填充层的}\\ \text{吸附气体的量}\end{pmatrix}+\begin{pmatrix}\text{时间}\mathrm{d}\theta\text{内}\\ \text{单位截面积}\\ \text{填充层内积蓄的}\\ \text{吸附气体的量}\end{pmatrix}+\begin{pmatrix}\text{时间}\mathrm{d}\theta\text{内}\\ \text{单位截面积填充层}\\ \text{气体中蓄积的}\\ \text{吸附气体的量}\end{pmatrix}$$

即

$$Gy\mathrm{d}\theta=G[y+\frac{\partial y}{\partial z}\mathrm{d}z]\mathrm{d}\theta+\rho_{\mathrm{B}}\mathrm{d}z\frac{\partial w}{\partial \theta}\mathrm{d}\theta+\rho_{\mathrm{G}}\varepsilon\mathrm{d}z\frac{\partial y}{\partial \theta}\mathrm{d}\theta$$

$$-G\frac{\partial y}{\partial z}=\rho_{\mathrm{B}}\frac{\partial w}{\partial \theta}+\rho_{\mathrm{G}}\varepsilon\frac{\partial y}{\partial \theta}$$

式中，G 为惰性气体的质量流量，$\mathrm{kg\cdot s^{-1}}$；y 为气相中吸附组分浓度，kg·（kg 惰性气体）$^{-1}$；w 为固相中吸附组分浓度，kg·（kg 床层填充物）$^{-1}$；ρ_{B} 为床层密度，$\mathrm{kg\cdot m^{-3}}$；ρ_{G} 为惰性气体密度，$\mathrm{kg\cdot m^{-3}}$；ε 为填充层外部空隙率；θ 为时间，s；z 为床层高度，m。

注意：若床层中气流线速度为 u（$\mathrm{m\cdot s^{-1}}$），则进入单位截面积填充层的气体的体积流量为 εu（$\mathrm{m^3\cdot s^{-1}}$），若气体密度为 ρ_{G}（$\mathrm{kg\cdot m^{-3}}$），则质量流量为 $\varepsilon u\rho_{\mathrm{G}}$（$\mathrm{kg\cdot s^{-1}}$）。

实际上，当气体流量较大时，空隙中的气体浓度的变化可以忽略不计，整理上述方程得

$$-G\frac{\partial y}{\partial z}=\rho_{\mathrm{B}}\frac{\partial w}{\partial \theta}$$

进出气体浓度的减小由吸附所致。而对于没有流动伴随的情形：

$$-\rho_{\mathrm{B}}\frac{\partial w}{\partial \theta}=\rho_{\mathrm{G}}\varepsilon\frac{\partial y}{\partial \theta}$$

床层气体浓度的减小由吸附所致。

引入总传质系数 K_{G}，吸附速率为

$$r_{\mathrm{A}}=K_{\mathrm{G}}a(p_{\mathrm{A}}-p_{\mathrm{A}}^{*})$$

式中，r_{A} 为单位体积床层的吸附速率，$\mathrm{mol\cdot m^{-3}\cdot s^{-1}}$；$K_{\mathrm{G}}$ 为总传质系数，$\mathrm{mol\cdot m^{-2}\cdot s^{-1}\cdot atm^{-1}}$；$a$ 为床层比表面积，$\mathrm{m^{2}\cdot m^{-3}}$；$p_{\mathrm{A}}$、$p_{\mathrm{A}}^{*}$ 分别为气相中吸附组分的蒸气压和填充层中的平衡蒸气压（与目前的 w 相平衡的气相分压），atm。

根据道尔顿分压定律：

$$\frac{p_{\mathrm{A}}}{p-p_{\mathrm{A}}}=\frac{M_{\mathrm{G}}}{M_{\mathrm{A}}}y \quad (y\text{ 为质量分数，不是体积分数})$$

式中，p 为总压，atm；M_{G}、M_{A} 为惰性气体和吸附组分的相对分子质量。

当 $p_{\mathrm{A}}\ll p$ 时，上式可以简化为

$$p_{\mathrm{A}}=\frac{M_{\mathrm{G}}}{M_{\mathrm{A}}}py$$

此时吸附速率为

$$r_{\mathrm{A}}=K_{\mathrm{G}}a\frac{M_{\mathrm{G}}}{M_{\mathrm{A}}}p(y-y^{*})$$

显然，$r_{\mathrm{A}}=\rho_{\mathrm{B}}\frac{\partial w}{\partial \theta}$，代入总物料衡算式，有

$$\rho_{\mathrm{B}}\frac{\partial w}{\partial \theta}=-G\frac{\partial y}{\partial z}-\rho_{\mathrm{G}}\varepsilon\frac{\partial y}{\partial \theta}=K_{\mathrm{G}}a\frac{M_{\mathrm{G}}}{M_{\mathrm{A}}}p(y-y^{*})$$

令 $\alpha=K_{\mathrm{G}}aM_{\mathrm{G}}p/GM_{\mathrm{A}}$，$\beta=K_{\mathrm{G}}aM_{\mathrm{G}}p/\rho_{\mathrm{B}}M_{\mathrm{A}}$，$\gamma=\rho_{\mathrm{G}}\varepsilon/G$，则对固相：

$$\frac{\partial w}{\partial \theta}=\beta(y-y^{*})$$

对气相：

$$\frac{\partial y}{\partial z}+\gamma\frac{\partial y}{\partial \theta}=-\alpha(y-y^{*})$$

解上述方程时，必须知道吸附剂中的组分浓度和与之平衡的气相组分浓度 y^{*} 的关系，若该关系比较简单，则可用下式表示：

$$y^{*}=cw$$

另外，由于床层中气体量与流量相比可以忽略不计，即此时床层中气体浓度变化可以忽略不计，故整理上述方程组得

固相：
$$\frac{\partial w}{\partial \theta}=b\left(\frac{y}{c}-w\right),\quad b=\beta c$$

气相：
$$-\frac{\partial y}{\partial z}=\alpha(y-cw)$$

在以下两个条件：①进料组成一定时，z=0，对所有时间，y_0=常数；②开始时床层内吸附浓度一定，θ=0，对所有高度，当 w_0=常数时，上述方程可解，其结果如下：

$$\frac{y-y_0^*}{y_0-y_0^*}=1-\mathrm{e}^{-b\theta}\int_0^{\alpha z}\mathrm{e}^{\alpha z}J_0(2i\sqrt{b\theta\alpha z})\mathrm{d}(\alpha z)$$

$$\frac{w-w_0^*}{w_0-w_0^*}=-\mathrm{e}^{-\alpha z}\int_0^{b\theta}\mathrm{e}^{-b\theta}J_0(2i\sqrt{\alpha z b\theta})\mathrm{d}(b\theta)$$

式中，y 为任一位置任一时刻气相中吸附组分浓度；y_0^* 为与最初（θ=0）的固相呈平衡的吸附组分浓度，若 w_0=0，则 $y_0^*=0$；w_0^* 为与进料气平衡的固相中吸附组分的浓度；w_0 为 θ=0 时固相中吸附组分的浓度；w 为任一时刻任一位置固相中吸附组分浓度；y_0 为进料气体中吸附组分浓度；i 为虚单位 $\sqrt{-1}$；J_0 为第一类贝塞尔函数：$J_0(x)=1-\frac{x^2}{2^2(1!)^2}+\frac{x^4}{2^4(2!)^2}-\frac{x^6}{2^6(3!)^2}+\cdots$。

9.5　数学模拟示例

9.5.1　数值方法

$$\frac{\mathrm{d}y}{\mathrm{d}x}=f(x,y) \tag{9-33}$$

式中，$f(x, y)$为已知函数，若函数

$$y=F(x, y) \tag{9-34}$$

满足上式成立，即

$$\frac{\mathrm{d}F(x)}{\mathrm{d}x}=f[x,F(x)] \tag{9-35}$$

则该函数 F 是微分方程的解。解微分方程用到积分，得到的解析式是含有一个任意常数的通解，若有初始条件，则可以得到特解。

例如，一级反应的速率方程：

$$\frac{\mathrm{d}[\mathrm{A}]}{\mathrm{d}t}=-k[\mathrm{A}]_t \tag{9-36}$$

式中，$[A]_t$ 是反应物 A 在时间 t 时的浓度，上述微分方程的通解有一任意常数 C，

$$[A]_t = Ce^{-kt} \tag{9-37}$$

若已知 $t=0$ 时 A 的浓度为$[A]_0$，则得到在初始条件下的特解：

$$[A]_t = [A]_0 e^{-kt} \tag{9-38}$$

1. 欧拉法

并非所有微分方程都有解析解。事实上，除了一些简单的基元反应，大多数动力学方程难以得到解析解或解析式很复杂，甚至不可能有解析解，因此必须求助于数值解。数值解有普适性，可用于复杂微分方程体系及任何初始条件。数值解的大量计算工作不难在 Excel 上完成。步骤如下：

（1）取等间距的 x 值，$x_1-x_0=x_2-x_1=\cdots=x_n-x_{n-1}=h$，$h$ 为步长。

（2）以初始条件 $x=x_0$ 代入式（9-30），得初始点的斜率：

$$\left.\frac{dy}{dx}\right|_{x=x_0} = f(x_0, y_0) \tag{9-39}$$

（3）以微差近似微商

$$\left.\frac{dy}{dx}\right|_{x=x_0} \approx \frac{\Delta y}{\Delta x} = \frac{y_1 - y_0}{x_1 - x_0} = f(x_0, y_0) \tag{9-40}$$

$$y_1 = y_0 + hf(x_0, y_0) \tag{9-41}$$

依次类推

$$y_2 = y_1 + hf(x_1, y_1) \\ \vdots \tag{9-42}$$

例题 9-5　根据一级反应动力学方程式（9-33），用欧拉法求反应物浓度在 0～500 s 内随时间的变化曲线，并与解析解对比。

解：在窗口输入以下程序（图 9-11）并执行，结果如图 9-12 所示，将所得浓度结果对时间作图得到图 9-13。

```
Sub 例题动力学一()
    Dim n, m As Integer
    '定义n为整型变量
    Dim T, y, A, e As Single
    '定义x,y为单精度浮点型变量
    A0 = 0.2: k = 0.01: n = 1: H = 10: m = 500 / H: T = 0: A = A0: y = A0
    '给各个变量赋予初值
    Cells(1, 1) = "T": Cells(1, 2) = "A": Cells(1, 3) = "y": Cells(1, 4) = "e"
    '第一行输入列标题
    Cells(2, 1) = 0: Cells(2, 2) = A: Cells(2, 3) = y: Cells(2, 4) = 0
    '第二行输入初值
    For n = 1 To m
        T = T + H
        A = A0 * Exp(-k * T)
        y = y - y * k * H
        e = (y - A) / A
        Cells(n + 2, 1) = T: Cells(2 + n, 2) = A: Cells(2 + n, 3) = y: Cells(2 + n, 4) = e
    Next n
End Sub
```

图 9-11　例题 9-5 对应的 EVBA 程序

	A	B	C	D
1	T	A	y	e
2	0	0.2	0.2	0
3	10	0.180967	0.18	-0.00535
4	20	0.163746	0.162	-0.01066
5	30	0.148164	0.1458	-0.01595
6	40	0.134064	0.13122	-0.02121
7	50	0.121306	0.118098	-0.02645
8	60	0.109762	0.106288	-0.03165
9	70	0.099317	0.095659	-0.03683
10	80	0.089866	0.086093	-0.04198
11	90	0.081314	0.077484	-0.0471
12	100	0.073576	0.069736	-0.05219
13	110	0.066574	0.062762	-0.05726
14	120	0.060239	0.056486	-0.0623
15	130	0.054506	0.050837	-0.06731
16	140	0.049319	0.045754	-0.0723
17	150	0.044626	0.041178	-0.07726
18	160	0.040379	0.03706	-0.08219
19	170	0.036537	0.033354	-0.0871
20	180	0.03306	0.030019	-0.09198
21	190	0.029914	0.027017	-0.09683
22	200	0.027067	0.024315	-0.10166

图 9-12　例题 9-5 程序执行结果（部分）

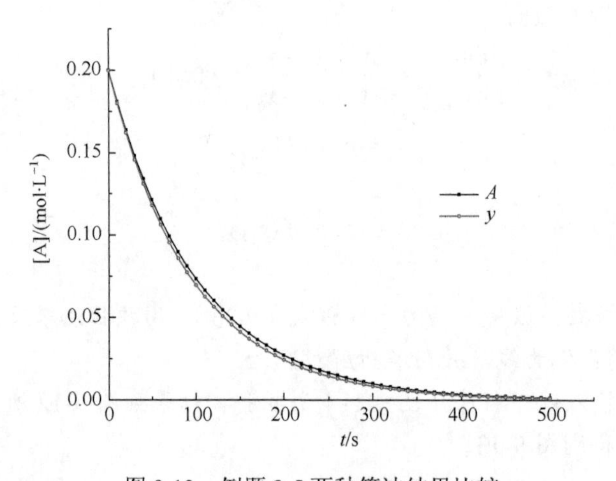

图 9-13　例题 9-5 两种算法结果比较

图 9-13 显示两种方法的计算结果基本吻合，但从图 9-12 可见随着反应时间的增加，数值解的误差越来越大，本例题 500 s 时的误差达到 23.5%（图 9-13 没有明显显示出误差，是由于 t 较大时反应物浓度的值太低了），误差就是微差近似微商造成的，并且误差逐步累加越来越大。可以通过减小步长的办法减小误差（读者可自行尝试），但需要更多的计算工作量。

对下列常微分方程组：

$$\begin{cases}\dfrac{\mathrm{d}}{\mathrm{d}t}x_1 = f_1(x_1,x_2,t) \\ \dfrac{\mathrm{d}}{\mathrm{d}t}x_2 = f_2(x_1,x_2,t)\end{cases} \quad 且 \quad \left.\begin{matrix}x_1 \\ x_2\end{matrix}\right|_{t=0} \begin{matrix}= x_1(0) \\ = x_2(0)\end{matrix}$$

则有下列迭代公式：

$$\begin{cases} x_1(n+1) = x_1(n) + \Delta t f_1[x_1(n), x_2(n), t_n] \\ x_2(n+1) = x_2(n) + \Delta t f_2[x_1(n), x_2(n), t_n] \end{cases} \quad t_n = n\Delta t$$

2. 四阶龙格-库塔法

欧拉法实际上是在泰勒展开式中取了一次项，其截断误差为一阶，为了提高计算精度，可在欧拉法的基础上提高截段误差的阶数，其方法很多，这里介绍应用较多的龙格-库塔（Runge-Kutta）法。

对常微分方程：

$$\frac{\mathrm{d}}{\mathrm{d}t}x = f(x,t) \qquad x\big|_{t=0} = x(0)$$

有

$$k_1 = \Delta t f(x_n, t_n)$$

$$k_2 = \Delta t f(x_n + \frac{1}{2}k_1, t_n + \frac{1}{2}\Delta t)$$

$$k_3 = \Delta t f(x_n + \frac{1}{2}k_2, t_n + \frac{1}{2}\Delta t)$$

$$k_4 = \Delta t f(x_n + k_3, t_n + \Delta t)$$

$$x_{n+1} = x_n + \frac{1}{6}(k_1 + 2k_2 + 2k_3 + k_4)$$

例题 9-6　用龙格-库塔法解例题 9-5 的微分方程，并与解析解对比，求出误差。

解：通过 EVBA 程序可以求得方程的数值解，代码如图 9-14 所示。

```
Sub 例题动力学—RK法()
    Dim n, m As Integer
    '定义n为整型变量
    Dim T, k1, k2, k3, k4, y, A, e As Single
    '定义x,y为单精度浮点型变量
    A0 = 0.2: k = 0.01: n = 1: h = 10: m = 500 / h: T = 0: A = A0: y = A0
    '给各个变量赋予初值
    Cells(1, 1) = "T": Cells(1, 2) = "A": Cells(1, 3) = "y": Cells(1, 4) = "e"
    '第一行输入列标题
    Cells(2, 1) = 0: Cells(2, 2) = A: Cells(2, 3) = y: Cells(2, 4) = 0
    '第二行输入初值
    For n = 1 To m
        T = T + h
        A = A0 * Exp(-k * T)
        k1 = h * (-1) * k * y
        k2 = h * (-1) * k * (y + k1 / 2)
        k3 = h * (-1) * k * (y + k2 / 2)
        k4 = h * (-1) * k * (y + k3)
        y = y + (k1 + 2 * k2 + 2 * k3 + k4) / 6
        e = (y - A) / A
        Cells(n + 2, 1) = T
        Cells(2 + n, 2) = A
        Cells(2 + n, 3) = y
        Cells(2 + n, 4) = e
    Next n
End Sub
```

图 9-14　例题 9-6 Excel VBA 代码

从图 9-15 可见龙格-库塔法的计算精度远高于欧拉法。

A	B	C	D
T	A	y	e
0	0.2	0.2	0.00E+00
10	0.180967484	0.1809675	9.06E-08
20	0.163746151	0.16374618	1.81E-07
30	0.148163644	0.148163684	2.72E-07
40	0.134064009	0.134064058	3.62E-07
50	0.121306132	0.121306187	4.53E-07
60	0.109762327	0.109762387	5.44E-07
70	0.099317061	0.099317124	6.34E-07
80	0.089865793	0.089865858	7.25E-07
90	0.081313932	0.081313998	8.15E-07
100	0.073575888	0.073575955	9.06E-07
110	0.066574217	0.066574283	9.96E-07
120	0.060238842	0.060238908	1.09E-06
130	0.054506359	0.054506423	1.18E-06
140	0.049319393	0.049319455	1.27E-06
150	0.044626032	0.044626093	1.36E-06
160	0.040379304	0.040379362	1.45E-06
170	0.036536705	0.036536761	1.54E-06
180	0.033059778	0.033059832	1.63E-06
190	0.029913724	0.029913775	1.72E-06
200	0.027067057	0.027067106	1.81E-06

图 9-15　例题 9-6 的运行结果

对如下两个联立的一阶常微分方程组：

$$\begin{cases} \dfrac{\mathrm{d}}{\mathrm{d}t}x_1 = f_1(x_1, x_2, t) \\ \dfrac{\mathrm{d}}{\mathrm{d}t}x_2 = f_2(x_1, x_2, t) \end{cases}$$

有

$$k_{11} = \Delta t f_1[x_1(n), x_2(n), t_n]$$

$$k_{12} = \Delta t f_2[x_1(n), x_2(n), t_n]$$

$$k_{21} = \Delta t f_1[x_1(n) + \frac{1}{2}k_{11}, x_2(n) + \frac{1}{2}k_{12}, t_n + \frac{1}{2}\Delta t)]$$

$$k_{22} = \Delta t f_2[x_1(n) + \frac{1}{2}k_{11}, x_2(n) + \frac{1}{2}k_{12}, t_n + \frac{1}{2}\Delta t)]$$

$$k_{31} = \Delta t f_1[x_1(n) + \frac{1}{2}k_{21}, x_2(n) + \frac{1}{2}k_{22}, t_n + \frac{1}{2}\Delta t)]$$

$$k_{32} = \Delta t f_2[x_1(n) + \frac{1}{2}k_{21}, x_2(n) + \frac{1}{2}k_{22}, t_n + \frac{1}{2}\Delta t)]$$

$$k_{41} = \Delta t f_1[x_1(n) + k_{31}, x_2(n) + k_{32}, t_n + \Delta t)]$$

$$k_{42} = \Delta t f_2[x_1(n) + k_{31}, x_2(n) + k_{32}, t_n + \Delta t)]$$

$$x_1(n+1) = x_1(n) + \frac{1}{6}(k_{11} + 2k_{21} + 2k_{31} + k_{41})$$

$$x_2(n+1) = x_2(n) + \frac{1}{6}(k_{12} + 2k_{22} + 2k_{32} + k_{42})$$

9.5.2　模拟示例

例题 9-7　串联的三个等温连续均混反应器，其模型为

$$\begin{cases} \dfrac{dC_{A1}}{dt} = \dfrac{1}{\tau}(C_{A0} - C_{A1}) - kC_{A1} \\ \dfrac{dC_{A2}}{dt} = \dfrac{1}{\tau}(C_{A1} - C_{A2}) - kC_{A2} \\ \dfrac{dC_{A3}}{dt} = \dfrac{1}{\tau}(C_{A2} - C_{A3}) - kC_{A3} \end{cases}$$

参数与初始条件如下：

假设：C_{A0}=2 mol·L^{-1}，　$\tau = 2$ min, $k = 0.5$ min^{-1}，$C_{A1}(0) = 0.4$ mol·L^{-1}，$C_{A2}(0) =$ 0.2 mol·L^{-1}, $C_{A3}(0) = 0.1$ mol·L^{-1}。

对于给定的时间步长 Δt，将方程组中的导数项分别表述为 dC_{A1}、dC_{A2}、dC_{A3}，显然，在第 n 步：

$$\begin{cases} dC_{A1}(n) = [C_{A0}(n) - C_{A1}(n)]/\tau - kC_{A1}(n) \\ dC_{A2}(n) = [C_{A1}(n) - C_{A2}(n)]/\tau - kC_{A2}(n) \\ dC_{A3}(n) = [C_{A2}(n) - C_{A3}(n)]/\tau - kC_{A3}(n) \end{cases}$$

用欧拉法，求出 C_{A1}、C_{A2}、C_{A3} 随时间的变化情况。

解：

$$\begin{cases} C_{A1}(n+1) = C_{A1}(n) + \Delta T \times dC_{A1}(n) \\ C_{A2}(n+1) = C_{A2}(n) + \Delta T \times dC_{A2}(n) \\ C_{A3}(n+1) = C_{A3}(n) + \Delta T \times dC_{A3}(n) \\ T(n+1) = T(n) + \Delta T \end{cases}$$

$$\begin{cases} dC_{A1}(n) = [C_{A0}(n) - C_{A1}(n)]/\tau - kC_{A1}(n) \\ dC_{A2}(n) = [C_{A1}(n) - C_{A2}(n)]/\tau - kC_{A2}(n) \\ dC_{A3}(n) = [C_{A2}(n) - C_{A3}(n)]/\tau - kC_{A3}(n) \end{cases}$$

$$\begin{cases} \tau = 2 \text{ min} \\ k = 0.5 \text{ min}^{-1} \\ C_{A1}(0) = 0.4 \text{ mol} \cdot \text{L}^{-1} \\ C_{A2}(0) = 0.2 \text{ mol} \cdot \text{L}^{-1} \\ C_{A3}(0) = 0.1 \text{ mol} \cdot \text{L}^{-1} \end{cases}$$

根据题意编写 EVBA 程序如下，运算结果如图 9-16 所示。

```
Sub 例题等温连续均混反应器（）
    Dim n，m As Integer
    '定义n，m 为整型变量
    Dim T，H，Tao，CA1，CA2，CA3，k As Single
    '定义T，H，Tao，CA1，CA2，CA3，k 为单精度浮点型变量
    T = 0
    Tao = 2
    k = 0.5
    CA0 = 2
    CA1 = 0.4
    CA2 = 0.2
    CA3 = 0.1
    H = 0.01
    '给各个变量赋予初值
    Cells（3，1）="T"
    Cells（3，2）="CA1"
    Cells（3，3）= "CA2"
    Cells（3，4）="CA3"
    '第一行输入列标题
    Cells（4，1）= T
    Cells（4，2）= CA1
    Cells（4，3）= CA2
    Cells（4，4）= CA3
    '第二行输入初值
        For m = 1 To 1000
        T = T+H
        CA1 = CA1+H*（（CA0–CA1）/Tao–k*CA1）
        CA2 = CA2+H*（（CA1–CA2）/Tao–k*CA2）
        CA3 = CA3+H*（（CA2–CA3）/Tao–k*CA3）
        Cells（m+4，1）= T
        Cells（m+4，2）= CA1
        Cells（m+4，3）= CA2
        Cells（m+4，4）= CA3
    Next m
End Sub
```

T	CA1	CA2	CA3
0	0.4	0.2	0.1
0.01	0.406	0.20003	0.1
0.02	0.41194	0.200089	0.100001
0.03	0.417821	0.200178	0.100001
0.04	0.423642	0.200294	0.100003
0.05	0.429406	0.200438	0.100005
0.06	0.435112	0.200609	0.100008
0.07	0.440761	0.200807	0.100012
0.08	0.446353	0.201031	0.100017
0.09	0.45189	0.20128	0.100023
0.1	0.457371	0.201554	0.100031
0.11	0.462797	0.201852	0.10004
0.12	0.468169	0.202175	0.10005
0.13	0.473487	0.20252	0.100062
0.14	0.478753	0.202889	0.100076
0.15	0.483965	0.20328	0.100092

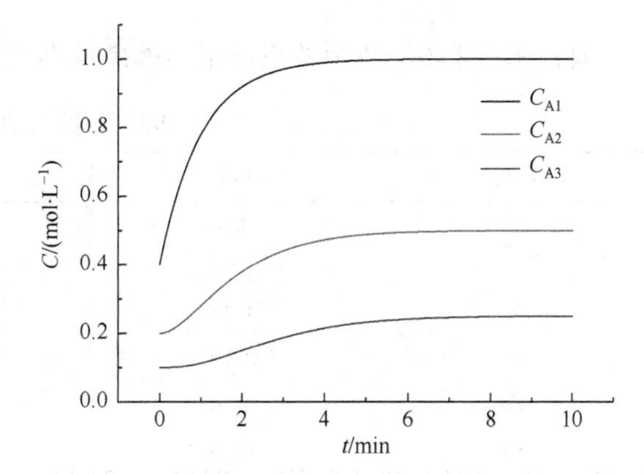

图 9-16　例题 9-7 的运算结果

例题 9-8　下列五步反应中，A 和 B 为反应原料，P 和 Q 为生成物，X、Y、Z 为中间产物：

$$\mathrm{A+Y} \xrightarrow{k_1} \mathrm{X}$$

$$\mathrm{X+Y} \xrightarrow{k_2} \mathrm{P}$$

$$\mathrm{B+X} \xrightarrow{k_3} \mathrm{2X+Z}$$

$$\mathrm{X+X} \xrightarrow{k_4} \mathrm{Q}$$

$$\mathrm{Z} \xrightarrow{k_5} f\mathrm{Y}\quad (f=0.5\sim2.4)$$

中间产物的数学表述如下：

$$\frac{\mathrm{d[X]}}{\mathrm{d}t}=k_1[\mathrm{A}][\mathrm{Y}]-k_2[\mathrm{X}][\mathrm{Y}]+k_3[\mathrm{B}][\mathrm{X}]-k_4[\mathrm{X}]^2$$

$$\frac{\mathrm{d[Y]}}{\mathrm{d}t}=-k_1[\mathrm{A}][\mathrm{Y}]-k_2[\mathrm{X}][\mathrm{Y}]+fk_5[\mathrm{Z}]$$

$$\frac{\mathrm{d[Z]}}{\mathrm{d}t}=k_3[\mathrm{B}][\mathrm{X}]-k_5[\mathrm{Z}]$$

假定反应过程中反应物 A 和 B 的浓度一定，根据表 9-2 给出的相关数据，用龙格-库塔法求解上述方程，并给出若干时间内的浓度变化曲线，其中 f 的值自选。

表 9-2　反应体系参数取值范围

参数	初始值	参数	初始值
A_0（mol·L^{-1}）	0.06	k_1（min^{-1}）	1.34
B_0（mol·L^{-1}）	0.06	k_2（min^{-1}）	1600.00
X_0（mol·L^{-1}）	0～0.01	k_3（min^{-1}）	80.00
Y_0（mol·L^{-1}）	0～0.01	k_4（min^{-1}）	400
Z_0（mol·L^{-1}）	0～0.01	k_5（min^{-1}）	1

解：根据表 9-2 中所给数据范围选定各参数初值如下（表 9-3）。

表 9-3　参数及初值

参数	初值	参数	初值
f	0.6	Δt	0.1
A_0	0.06	k_1	1.34
B_0	0.06	k_2	1.60×10^3
X_0	1.00×10^{-3}	k_3	8.00×10
Y_0	2.00×10^{-3}	k_4	4.00×10^2
Z_0	3.00×10^{-2}	k_5	1.00

在 Excel VBA 代码窗口输入如下程序并执行，得到每隔 1 s 的 x、y、z 浓度（计算步长为 0.1 s，每 10 个数据输出一组），绘成的浓度随时间变化关系曲线如图 9-17 所示，可见例题中的反应取上表中参数时为一逐渐衰减的振荡反应。

```
Sub 例题振荡反应（）
        Dim n，m As Integer
        Dim T，x，y，z，kx1，ky1，kz1，kx2，ky2，kz2，kx3，ky3，kz3，kx4，ky4，kz4，f As Single
        f = 0.6：A0 = 0.06：B0 = 0.06
        x = 0.001：y = 0.002：z = 0.03
        k1 = 1.34：k2 = 1600：k3 = 80：k4 = 400：k5 = 1
        H = 0.1：T = 0
        Cells（1，1）= "T"：Cells（1，2）= "x"：Cells（1，3）= "y"：Cells（1，4）= "z"
        Cells（2，1）= 0：Cells（2，2）= x：Cells（2，3）= y：Cells（2，4）= z
        For n = 1 To 50
          For m = 1 To 10
            T = T+H
            kx1 = H*（k1*A0*y−k2*x*y+k3*B0*x−k4*x*x）
            ky1 = H*（−k1*A0*y−k2*x*y+f*k5*z）
            kz1 = H*（k3*B0*x−k5*z）
    kx2 = H*（k1*A0*（y+ky1/2）−k2*（x+kx1/2）*（y+ky1/2）+k3*B0*（x+kx1/2）−k4*（x+kx1/2）^ 2）
            ky2 = H*（−k1*A0*（y+ky1/2）−k2*（x+kx1/2）*（y+ky1/2）+f*k5*（z+kz1/2））
            kz2 = H*（k3*B0*（x+kx1/2）−k5*（z+kz1/2））
            kx3 = H*（k1*A0*（y+ky2/2）−k2*（x+kx2/2）*（y+ky2/2）+k3*B0*（x+kx2/2）− k4*（x+kx2/2）*（x+kx2/2））
```

```
        ky3 = H*（–k1*A0*（y+ky2/2）– k2*（x+kx2/2）*（y+ky2/2）+f*k5*
（z+kz2/2））
        kz3 = H*（k3*B0*（x+kx2/2）–k5*（z+kz2/2））
        kx4 = H*（k1*A0*（y+ky3）–k2*（x+kx3）*（y+ky3）+k3*B0*（x+kx3）
–k4*（x+kx3）*（x+kx3））
        ky4 = H*（–k1*A0*（y+ky3）–k2*（x+kx3）*（y+ky3）+f*k5*（z+kz3））
        kz4 = H*（k3*B0*（x+kx3）–k5*（z+kz3））
        x = x+（kx1+2*kx2+2*kx3+kx4）/6
        y = y+（ky1+2*ky2+2*ky3+ky4）/6
        z = z+（kz1+2*kz2+2*kz3+kz4）/6
        Next m
        Cells（2+n，1）= T
        Cells（2+n，2）= x
        Cells（2+n，3）= y
        Cells（2+n，4）= z
    Next n
End Sub
```

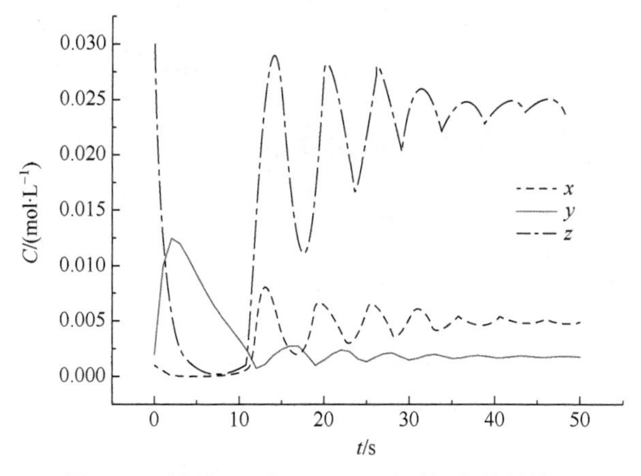

图 9-17　例题 9-8 中 x、y、z 随时间变化的情况

习　题

1. 考虑如下连续化学反应：

$$A \underset{k_{21}}{\overset{k_{12}}{\rightleftharpoons}} B \underset{k_{32}}{\overset{k_{23}}{\rightleftharpoons}} C$$

该反应的联立微分方程式如下：

$$\frac{d[A]}{dt} = -k_{12}[A] + k_{21}[B]$$

$$\frac{d[B]}{dt} = -k_{23}[B] - k_{21}[B] + k_{12}[A] + k_{32}[C]$$

$$\frac{d[C]}{dt} = k_{23}[B] - k_{32}[C]$$

显然，当 k_{21} 和 k_{32} 为 0 时，上述反应即为简单的连续反应。现根据下表所给参数，采用四阶龙格-库塔法给出各组分浓度随时间的变化规律。

参数	数值
k_{12}	1.20 min^{-1}
k_{21}	0.60 min^{-1}
k_{23}	0.40 min^{-1}
k_{32}	0.20 min^{-1}
A_0	1.00 $mol \cdot L^{-1}$
B_0	0.10 $mol \cdot L^{-1}$
C_0	0.10 $mol \cdot L^{-1}$

2. 考虑如下连续化学反应：

$$A \underset{k_{21}}{\overset{k_{12}}{\rightleftharpoons}} B$$

$$A + B \xrightarrow{k_3} C \xrightarrow{k_4} D$$

反应包含四个组分，且第二步和第三步反应无逆反应。该反应的联立微分方程式如下：

$$\frac{d[A]}{dt} = -k_{12}[A] + k_{21}[B] - k_3[A][B]$$

$$\frac{d[B]}{dt} = k_{12}[A] - k_{21}[B] - k_3[A][B]$$

$$\frac{d[C]}{dt} = k_3[A][B] - k_{42}[C]$$

$$\frac{d[D]}{dt} = k_4[C]$$

现根据下表所给参数，采用四阶龙格-库塔法给出各组分浓度随时间的变化规律。

参数	数值
k_{12}	1.00～2.50 min^{-1}
k_{21}	0.10～0.60 min^{-1}
k_3	0.40 $L \cdot mol^{-1} \cdot min^{-1}$
k_4	0.20 min^{-1}
A_0	1.00 $mol \cdot L^{-1}$
B_0	0.00～0.10 $mol \cdot L^{-1}$
C_0	0.00～0.10 $mol \cdot L^{-1}$
D_0	0.00～0.10 $mol \cdot L^{-1}$

参 考 文 献

陈寅生. 2008. 化工原理实验及仿真. 上海：东华大学出版社
杜长海. 2010. 化工原理实验. 武汉：华中科技大学出版社
耿维明. 2011. 测量误差与不确定度评定. 北京：中国质检出版社
郭锴，唐小恒，周绪美. 2007. 化学反应工程. 2 版. 北京：化学工业出版社
何晓群，刘文卿. 2001. 应用回归分析. 北京：中国人民大学出版社
胡武圣，肖本林. 2012. 误差理论与测量平差基础. 北京：北京大学出版社
姜体乾. 1999. 化工数学模型. 北京：中国石化出版社
李云雁，胡传荣. 2008. 试验设计与数据处理. 2 版. 北京：化学工业出版社
刘剑平，朱坤平，陆元鸿. 2012. 应用数理统计. 上海：华东理工大学出版社
卢伊本 W L. 1987. 化学工程师使用的过程模型、模拟和控制. 张竹波，王开正，译. 北京：原子能出版社
倪玲英. 2012. 工程流体力学. 青岛：中国石油大学出版社
区靖祥. 2010. 试验统计学. 2 版. 广州：广东高等教育出版社
宋素芳，秦豪荣，赵聘. 2008. 生物统计学. 北京：中国农业大学出版社
孙振东. 1979. 因次分析原理. 北京：人民铁道出版社
武爱文. 2011. 概率论与数理统计. 上海：上海交通大学出版社
杨旭武. 2009. 实验误差原理与控制. 北京：科学出版社
余家林，朱倩军. 2003. 概率论及试验统计. 北京：高等教育出版社
张宏亮，龙林，周永红. 2011. 统计学实验与习题指导. 成都：西南财经大学出版社
周永正. 2011. 现代数学方法. 天津：天津大学出版社
左东启. 1984. 模型试验的理论和方法. 北京：中国水利电力出版社
佐藤寿邦，佐藤洋子. 2002. Excel VBA による化学プログラミング. 培風館

附　　录

附录1　χ^2分布表

df	α											
	0.995	0.99	0.975	0.95	0.9	0.75	0.25	0.1	0.05	0.025	0.01	0.005
1	0	0	0.001	0.004	0.016	0.102	1.323	2.706	3.841	5.024	6.635	7.879
2	0.01	0.02	0.051	0.103	0.211	0.575	2.773	4.605	5.991	7.378	9.21	10.597
3	0.072	0.115	0.216	0.352	0.584	1.213	4.108	6.251	7.815	9.348	11.345	12.838
4	0.207	0.297	0.484	0.711	1.064	1.923	5.385	7.779	9.488	11.143	13.277	14.86
5	0.412	0.554	0.831	1.145	1.61	2.675	6.626	9.236	11.07	12.833	15.086	16.75
6	0.676	0.872	1.237	1.635	2.204	3.455	7.841	10.645	12.592	14.449	16.812	18.548
7	0.989	1.239	1.69	2.167	2.833	4.255	9.037	12.017	14.067	16.013	18.475	20.278
8	1.344	1.646	2.18	2.733	3.49	5.071	10.219	13.362	15.507	17.535	20.09	21.955
9	1.735	2.088	2.7	3.325	4.168	5.899	11.389	14.684	16.919	19.023	21.666	23.589
10	2.156	2.558	3.247	3.94	4.865	6.737	12.549	15.987	18.307	20.483	23.209	25.188
11	2.603	3.053	3.816	4.575	5.578	7.584	13.701	17.275	19.675	21.92	24.725	26.757
12	3.074	3.571	4.404	5.226	6.304	8.438	14.845	18.549	21.026	23.337	26.217	28.3
13	3.565	4.107	5.009	5.892	7.042	9.299	15.984	19.812	22.362	24.736	27.688	29.819
14	4.075	4.66	5.629	6.571	7.79	10.165	17.117	21.064	23.685	26.119	29.141	31.319
15	4.601	5.229	6.262	7.261	8.547	11.037	18.245	22.307	24.996	27.488	30.578	32.801
16	5.142	5.812	6.908	7.962	9.312	11.912	19.369	23.542	26.296	28.845	32	34.267
17	5.697	6.408	7.564	8.672	10.085	12.792	20.489	24.769	27.587	30.191	33.409	35.718
18	6.265	7.015	8.231	9.39	10.865	13.675	21.605	25.989	28.869	31.526	34.805	37.156
19	6.844	7.633	8.907	10.117	11.651	14.562	22.718	27.204	30.144	32.852	36.191	38.582
20	7.434	8.26	9.591	10.851	12.443	15.452	23.828	28.412	31.41	34.17	37.566	39.997
21	8.034	8.897	10.283	11.591	13.24	16.344	24.935	29.615	32.671	35.479	38.932	41.401
22	8.643	9.542	10.982	12.338	14.041	17.24	26.039	30.813	33.924	36.781	40.289	42.796
23	9.26	10.196	11.689	13.091	14.848	18.137	27.141	32.007	35.172	38.076	41.638	44.181
24	9.886	10.856	12.401	13.848	15.659	19.037	28.241	33.196	36.415	39.364	42.98	45.559
25	10.52	11.524	13.12	14.611	16.473	19.939	29.339	34.382	37.652	40.646	44.314	46.928
26	11.16	12.198	13.844	15.379	17.292	20.843	30.435	35.563	38.885	41.923	45.642	48.29
27	11.808	12.879	14.573	16.151	18.114	21.749	31.528	36.741	40.113	43.195	46.963	49.645

续表

df	α											
	0.995	0.99	0.975	0.95	0.9	0.75	0.25	0.1	0.05	0.025	0.01	0.005
28	12.461	13.565	15.308	16.928	18.939	22.657	32.62	37.916	41.337	44.461	48.278	50.993
29	13.121	14.256	16.047	17.708	19.768	23.567	33.711	39.087	42.557	45.722	49.588	52.336
30	13.787	14.953	16.791	18.493	20.599	24.478	34.8	40.256	43.773	46.979	50.892	53.672
31	14.458	15.655	17.539	19.281	21.434	25.39	35.887	41.422	44.985	48.232	52.191	55.003
32	15.134	16.362	18.291	20.072	22.271	26.304	36.973	42.585	46.194	49.48	53.486	56.328
33	15.815	17.074	19.047	20.867	23.11	27.219	38.058	43.745	47.4	50.725	54.776	57.648
34	16.501	17.789	19.806	21.664	23.952	28.136	39.141	44.903	48.602	51.966	56.061	58.964
35	17.192	18.509	20.569	22.465	24.797	29.054	40.223	46.059	49.802	53.203	57.342	60.275
36	17.887	19.233	21.336	23.269	25.643	29.973	41.304	47.212	50.998	54.437	58.619	61.581
37	18.586	19.96	22.106	24.075	26.492	30.893	42.383	48.363	52.192	55.668	59.893	62.883
38	19.289	20.691	22.878	24.884	27.343	31.815	43.462	49.513	53.384	56.896	61.162	64.181
39	19.996	21.426	23.654	25.695	28.196	32.737	44.539	50.66	54.572	58.12	62.428	65.476
40	20.707	22.164	24.433	26.509	29.051	33.66	45.616	51.805	55.758	59.342	63.691	66.766
41	21.421	22.906	25.215	27.326	29.907	34.585	46.692	52.949	56.942	60.561	64.95	68.053
42	22.138	23.65	25.999	28.144	30.765	35.51	47.766	54.09	58.124	61.777	66.206	69.336
43	22.859	24.398	26.785	28.965	31.625	36.436	48.84	55.23	59.304	62.99	67.459	70.616
44	23.584	25.148	27.575	29.787	32.487	37.363	49.913	56.369	60.481	64.201	68.71	71.893
45	24.311	25.901	28.366	30.612	33.35	38.291	50.985	57.505	61.656	65.41	69.957	73.166
46	25.041	26.657	29.16	31.439	34.215	39.22	52.056	58.641	62.83	66.617	71.201	74.437
47	25.775	27.416	29.956	32.268	35.081	40.149	53.127	59.774	64.001	67.821	72.443	75.704
48	26.511	28.177	30.755	33.098	35.949	41.079	54.196	60.907	65.171	69.023	73.683	76.969
49	27.249	28.941	31.555	33.93	36.818	42.01	55.265	62.038	66.339	70.222	74.919	78.231
50	27.991	29.707	32.357	34.764	37.689	42.942	56.334	63.167	67.505	71.42	76.154	79.49

附录2　t分布单侧分位数表

df	α				
	0.1	0.05	0.025	0.01	0.005
1	3.0777	6.3138	12.7062	31.8205	63.6567
2	1.8856	2.92	4.3027	6.9646	9.9248
3	1.6377	2.3534	3.1824	4.5407	5.8409
4	1.5332	2.1318	2.7764	3.7469	4.6041
5	1.4759	2.015	2.5706	3.3649	4.0321
6	1.4398	1.9432	2.4469	3.1427	3.7074

续表

df	α				
	0.1	0.05	0.025	0.01	0.005
7	1.4149	1.8946	2.3646	2.998	3.4995
8	1.3968	1.8595	2.306	2.8965	3.3554
9	1.383	1.8331	2.2622	2.8214	3.2498
10	1.3722	1.8125	2.2281	2.7638	3.1693
11	1.3634	1.7959	2.201	2.7181	3.1058
12	1.3562	1.7823	2.1788	2.681	3.0545
13	1.3502	1.7709	2.1604	2.6503	3.0123
14	1.345	1.7613	2.1448	2.6245	2.9768
15	1.3406	1.7531	2.1314	2.6025	2.9467
16	1.3368	1.7459	2.1199	2.5835	2.9208
17	1.3334	1.7396	2.1098	2.5669	2.8982
18	1.3304	1.7341	2.1009	2.5524	2.8784
19	1.3277	1.7291	2.093	2.5395	2.8609
20	1.3253	1.7247	2.086	2.528	2.8453
21	1.3232	1.7207	2.0796	2.5176	2.8314
22	1.3212	1.7171	2.0739	2.5083	2.8188
23	1.3195	1.7139	2.0687	2.4999	2.8073
24	1.3178	1.7109	2.0639	2.4922	2.7969
25	1.3163	1.7081	2.0595	2.4851	2.7874
26	1.315	1.7056	2.0555	2.4786	2.7787
27	1.3137	1.7033	2.0518	2.4727	2.7707
28	1.3125	1.7011	2.0484	2.4671	2.7633
29	1.3114	1.6991	2.0452	2.462	2.7564
30	1.3104	1.6973	2.0423	2.4573	2.75
40	1.3031	1.6839	2.0211	2.4233	2.7045
50	1.2987	1.6759	2.0086	2.4033	2.6778
80	1.2922	1.6641	1.9901	2.3739	2.6387
100	1.2901	1.6602	1.984	2.3642	2.6259

附录3　*t* 双侧分位数表

df	α				
	0.1	0.05	0.025	0.01	0.005
1	6.314	12.71	25.45	63.66	127.3
2	2.92	4.303	6.205	9.925	14.09
3	2.353	3.182	4.177	5.841	7.453

续表

df	α				
	0.1	0.05	0.025	0.01	0.005
4	2.132	2.776	3.495	4.604	5.598
5	2.015	2.571	3.163	4.032	4.773
6	1.943	2.447	2.969	3.707	4.317
7	1.895	2.365	2.841	3.499	4.029
8	1.86	2.306	2.752	3.355	3.833
9	1.833	2.262	2.685	3.25	3.69
10	1.812	2.228	2.634	3.169	3.581
11	1.796	2.201	2.593	3.106	3.497
12	1.782	2.179	2.56	3.055	3.428
13	1.771	2.16	2.533	3.012	3.372
14	1.761	2.145	2.51	2.977	3.326
15	1.753	2.131	2.49	2.947	3.286
16	1.746	2.12	2.473	2.921	3.252
17	1.74	2.11	2.458	2.898	3.222
18	1.734	2.101	2.445	2.878	3.197
19	1.729	2.093	2.433	2.861	3.174
20	1.725	2.086	2.423	2.845	3.153
21	1.721	2.08	2.414	2.831	3.135
22	1.717	2.074	2.405	2.819	3.119
23	1.714	2.069	2.398	2.807	3.104
24	1.711	2.064	2.391	2.797	3.091
25	1.708	2.06	2.385	2.787	3.078
26	1.706	2.056	2.379	2.779	3.067
27	1.703	2.052	2.373	2.771	3.057
28	1.701	2.048	2.368	2.763	3.047
29	1.699	2.045	2.364	2.756	3.038
30	1.697	2.042	2.36	2.75	3.03
40	1.684	2.021	2.329	2.704	2.971
50	1.676	2.009	2.311	2.678	2.937
80	1.664	1.99	2.284	2.639	2.887
100	1.66	1.984	2.276	2.626	2.871

附录4　F分布表

α=0.01

df_2	df_1=1	2	3	4	5	6	7	8	9	10	11	12	15	20	30	40	50	80	100
1	4052	5000	5403	5625	5764	5859	5928	5981	6022	6056	6083	6106	6157	6209	6261	6287	6303	6326	6334
2	98.5	99	99.17	99.25	99.3	99.33	99.36	99.37	99.39	99.4	99.41	99.42	99.43	99.45	99.47	99.47	99.48	99.49	99.49
3	34.12	30.82	29.46	28.71	28.24	27.91	27.67	27.49	27.35	27.23	27.13	27.05	26.87	26.69	26.5	26.41	26.35	26.27	26.24
4	21.2	18	16.69	15.98	15.52	15.21	14.98	14.8	14.66	14.55	14.45	14.37	14.2	14.02	13.84	13.75	13.69	13.61	13.58
5	16.26	13.27	12.06	11.39	10.97	10.67	10.46	10.29	10.16	10.05	9.96	9.89	9.72	9.55	9.38	9.29	9.24	9.16	9.13
6	13.75	10.92	9.78	9.15	8.75	8.47	8.26	8.1	7.98	7.87	7.79	7.72	7.56	7.4	7.23	7.14	7.09	7.01	6.99
7	12.25	9.55	8.45	7.85	7.46	7.19	6.99	6.84	6.72	6.62	6.54	6.47	6.31	6.16	5.99	5.91	5.86	5.78	5.75
8	11.26	8.65	7.59	7.01	6.63	6.37	6.18	6.03	5.91	5.81	5.73	5.67	5.52	5.36	5.2	5.12	5.07	4.99	4.96
9	10.56	8.02	6.99	6.42	6.06	5.8	5.61	5.47	5.35	5.26	5.18	5.11	4.96	4.81	4.65	4.57	4.52	4.44	4.41
10	10.04	7.56	6.55	5.99	5.64	5.39	5.2	5.06	4.94	4.85	4.77	4.71	4.56	4.41	4.25	4.17	4.12	4.04	4.01
11	9.65	7.21	6.22	5.67	5.32	5.07	4.89	4.74	4.63	4.54	4.46	4.4	4.25	4.1	3.94	3.86	3.81	3.73	3.71
12	9.33	6.93	5.95	5.41	5.06	4.82	4.64	4.5	4.39	4.3	4.22	4.16	4.01	3.86	3.7	3.62	3.57	3.49	3.47
13	9.07	6.7	5.74	5.21	4.86	4.62	4.44	4.3	4.19	4.1	4.02	3.96	3.82	3.66	3.51	3.43	3.38	3.3	3.27
14	8.86	6.51	5.56	5.04	4.69	4.46	4.28	4.14	4.03	3.94	3.86	3.8	3.66	3.51	3.35	3.27	3.22	3.14	3.11
15	8.68	6.36	5.42	4.89	4.56	4.32	4.14	4	3.89	3.8	3.73	3.67	3.52	3.37	3.21	3.13	3.08	3	2.98
16	8.53	6.23	5.29	4.77	4.44	4.2	4.03	3.89	3.78	3.69	3.62	3.55	3.41	3.26	3.1	3.02	2.97	2.89	2.86
17	8.4	6.11	5.18	4.67	4.34	4.1	3.93	3.79	3.68	3.59	3.52	3.46	3.31	3.16	3	2.92	2.87	2.79	2.76
18	8.29	6.01	5.09	4.58	4.25	4.01	3.84	3.71	3.6	3.51	3.43	3.37	3.23	3.08	2.92	2.84	2.78	2.7	2.68
19	8.18	5.93	5.01	4.5	4.17	3.94	3.77	3.63	3.52	3.43	3.36	3.3	3.15	3	2.84	2.76	2.71	2.63	2.6

续表

df_2	df_1																		
	1	2	3	4	5	6	7	8	9	10	11	12	15	20	30	40	50	80	100
20	8.1	5.85	4.94	4.43	4.1	3.87	3.7	3.56	3.46	3.37	3.29	3.23	3.09	2.94	2.78	2.69	2.64	2.56	2.54
21	8.02	5.78	4.87	4.37	4.04	3.81	3.64	3.51	3.4	3.31	3.24	3.17	3.03	2.88	2.72	2.64	2.58	2.5	2.48
22	7.95	5.72	4.82	4.31	3.99	3.76	3.59	3.45	3.35	3.26	3.18	3.12	2.98	2.83	2.67	2.58	2.53	2.45	2.42
23	7.88	5.66	4.76	4.26	3.94	3.71	3.54	3.41	3.3	3.21	3.14	3.07	2.93	2.78	2.62	2.54	2.48	2.4	2.37
24	7.82	5.61	4.72	4.22	3.9	3.67	3.5	3.36	3.26	3.17	3.09	3.03	2.89	2.74	2.58	2.49	2.44	2.36	2.33
25	7.77	5.57	4.68	4.18	3.85	3.63	3.46	3.32	3.22	3.13	3.06	2.99	2.85	2.7	2.54	2.45	2.4	2.32	2.29
26	7.72	5.53	4.64	4.14	3.82	3.59	3.42	3.29	3.18	3.09	3.02	2.96	2.81	2.66	2.5	2.42	2.36	2.28	2.25
27	7.68	5.49	4.6	4.11	3.78	3.56	3.39	3.26	3.15	3.06	2.99	2.93	2.78	2.63	2.47	2.38	2.33	2.25	2.22
28	7.64	5.45	4.57	4.07	3.75	3.53	3.36	3.23	3.12	3.03	2.96	2.9	2.75	2.6	2.44	2.35	2.3	2.22	2.19
29	7.6	5.42	4.54	4.04	3.73	3.5	3.33	3.2	3.09	3	2.93	2.87	2.73	2.57	2.41	2.33	2.27	2.19	2.16
30	7.56	5.39	4.51	4.02	3.7	3.47	3.3	3.17	3.07	2.98	2.91	2.84	2.7	2.55	2.39	2.3	2.25	2.16	2.13
31	7.53	5.36	4.48	3.99	3.67	3.45	3.28	3.15	3.04	2.96	2.88	2.82	2.68	2.52	2.36	2.27	2.22	2.14	2.11
32	7.5	5.34	4.46	3.97	3.65	3.43	3.26	3.13	3.02	2.93	2.86	2.8	2.65	2.5	2.34	2.25	2.2	2.11	2.08
33	7.47	5.31	4.44	3.95	3.63	3.41	3.24	3.11	3	2.91	2.84	2.78	2.63	2.48	2.32	2.23	2.18	2.09	2.06
34	7.44	5.29	4.42	3.93	3.61	3.39	3.22	3.09	2.98	2.89	2.82	2.76	2.61	2.46	2.3	2.21	2.16	2.07	2.04
35	7.42	5.27	4.4	3.91	3.59	3.37	3.2	3.07	2.96	2.88	2.8	2.74	2.6	2.44	2.28	2.19	2.14	2.05	2.02
36	7.4	5.25	4.38	3.89	3.57	3.35	3.18	3.05	2.95	2.86	2.79	2.72	2.58	2.43	2.26	2.18	2.12	2.03	2
37	7.37	5.23	4.36	3.87	3.56	3.33	3.17	3.04	2.93	2.84	2.77	2.71	2.56	2.41	2.25	2.16	2.1	2.02	1.98
38	7.35	5.21	4.34	3.86	3.54	3.32	3.15	3.02	2.92	2.83	2.75	2.69	2.55	2.4	2.23	2.14	2.09	2	1.97
39	7.33	5.19	4.33	3.84	3.53	3.3	3.14	3.01	2.9	2.81	2.74	2.68	2.54	2.38	2.22	2.13	2.07	1.98	1.95
40	7.31	5.18	4.31	3.83	3.51	3.29	3.12	2.99	2.89	2.8	2.73	2.66	2.52	2.37	2.2	2.11	2.06	1.97	1.94
50	7.17	5.06	4.2	3.72	3.41	3.19	3.02	2.89	2.78	2.7	2.63	2.56	2.42	2.27	2.1	2.01	1.95	1.86	1.82
80	6.96	4.88	4.04	3.56	3.26	3.04	2.87	2.74	2.64	2.55	2.48	2.42	2.27	2.12	1.94	1.85	1.79	1.69	1.65
100	6.9	4.82	3.98	3.51	3.21	2.99	2.82	2.69	2.59	2.5	2.43	2.37	2.22	2.07	1.89	1.8	1.74	1.63	1.6

$\alpha=0.025$

df_2	df_1																		
	1	2	3	4	5	6	7	8	9	10	11	12	15	20	30	40	50	80	100
1	648	800	864	900	922	937	948	957	963	969	973	977	985	993	1001	1006	1008	1012	1013
2	38.51	39	39.17	39.25	39.3	39.33	39.36	39.37	39.39	39.4	39.41	39.41	39.43	39.45	39.46	39.47	39.48	39.49	39.49
3	17.44	16.04	15.44	15.1	14.88	14.73	14.62	14.54	14.47	14.42	14.37	14.34	14.25	14.17	14.08	14.04	14.01	13.97	13.96
4	12.22	10.65	9.98	9.6	9.36	9.2	9.07	8.98	8.9	8.84	8.79	8.75	8.66	8.56	8.46	8.41	8.38	8.33	8.32
5	10.01	8.43	7.76	7.39	7.15	6.98	6.85	6.76	6.68	6.62	6.57	6.52	6.43	6.33	6.23	6.18	6.14	6.1	6.08
6	8.81	7.26	6.6	6.23	5.99	5.82	5.7	5.6	5.52	5.46	5.41	5.37	5.27	5.17	5.07	5.01	4.98	4.93	4.92
7	8.07	6.54	5.89	5.52	5.29	5.12	4.99	4.9	4.82	4.76	4.71	4.67	4.57	4.47	4.36	4.31	4.28	4.23	4.21
8	7.57	6.06	5.42	5.05	4.82	4.65	4.53	4.43	4.36	4.3	4.24	4.2	4.1	4	3.89	3.84	3.81	3.76	3.74
9	7.21	5.71	5.08	4.72	4.48	4.32	4.2	4.1	4.03	3.96	3.91	3.87	3.77	3.67	3.56	3.51	3.47	3.42	3.4
10	6.94	5.46	4.83	4.47	4.24	4.07	3.95	3.85	3.78	3.72	3.66	3.62	3.52	3.42	3.31	3.26	3.22	3.17	3.15
11	6.72	5.26	4.63	4.28	4.04	3.88	3.76	3.66	3.59	3.53	3.47	3.43	3.33	3.23	3.12	3.06	3.03	2.97	2.96
12	6.55	5.1	4.47	4.12	3.89	3.73	3.61	3.51	3.44	3.37	3.32	3.28	3.18	3.07	2.96	2.91	2.87	2.82	2.8
13	6.41	4.97	4.35	4	3.77	3.6	3.48	3.39	3.31	3.25	3.2	3.15	3.05	2.95	2.84	2.78	2.74	2.69	2.67
14	6.3	4.86	4.24	3.89	3.66	3.5	3.38	3.29	3.21	3.15	3.09	3.05	2.95	2.84	2.73	2.67	2.64	2.58	2.56
15	6.2	4.77	4.15	3.8	3.58	3.41	3.29	3.2	3.12	3.06	3.01	2.96	2.86	2.76	2.64	2.59	2.55	2.49	2.47
16	6.12	4.69	4.08	3.73	3.5	3.34	3.22	3.12	3.05	2.99	2.93	2.89	2.79	2.68	2.57	2.51	2.47	2.42	2.4
17	6.04	4.62	4.01	3.66	3.44	3.28	3.16	3.06	2.98	2.92	2.87	2.82	2.72	2.62	2.5	2.44	2.41	2.35	2.33
18	5.98	4.56	3.95	3.61	3.38	3.22	3.1	3.01	2.93	2.87	2.81	2.77	2.67	2.56	2.44	2.38	2.35	2.29	2.27
19	5.92	4.51	3.9	3.56	3.33	3.17	3.05	2.96	2.88	2.82	2.76	2.72	2.62	2.51	2.39	2.33	2.3	2.24	2.22
20	5.87	4.46	3.86	3.51	3.29	3.13	3.01	2.91	2.84	2.77	2.72	2.68	2.57	2.46	2.35	2.29	2.25	2.19	2.17
21	5.83	4.42	3.82	3.48	3.25	3.09	2.97	2.87	2.8	2.73	2.68	2.64	2.53	2.42	2.31	2.25	2.21	2.15	2.13
22	5.79	4.38	3.78	3.44	3.22	3.05	2.93	2.84	2.76	2.7	2.65	2.6	2.5	2.39	2.27	2.21	2.17	2.11	2.09
23	5.75	4.35	3.75	3.41	3.18	3.02	2.9	2.81	2.73	2.67	2.62	2.57	2.47	2.36	2.24	2.18	2.14	2.08	2.06

续表

df_2	df_1=1	2	3	4	5	6	7	8	9	10	11	12	15	20	30	40	50	80	100
24	5.72	4.32	3.72	3.38	3.15	2.99	2.87	2.78	2.7	2.64	2.59	2.54	2.44	2.33	2.21	2.15	2.11	2.05	2.02
25	5.69	4.29	3.69	3.35	3.13	2.97	2.85	2.75	2.68	2.61	2.56	2.51	2.41	2.3	2.18	2.12	2.08	2.02	2
26	5.66	4.27	3.67	3.33	3.1	2.94	2.82	2.73	2.65	2.59	2.54	2.49	2.39	2.28	2.16	2.09	2.05	1.99	1.97
27	5.63	4.24	3.65	3.31	3.08	2.92	2.8	2.71	2.63	2.57	2.51	2.47	2.36	2.25	2.13	2.07	2.03	1.97	1.94
28	5.61	4.22	3.63	3.29	3.06	2.9	2.78	2.69	2.61	2.55	2.49	2.45	2.34	2.23	2.11	2.05	2.01	1.94	1.92
29	5.59	4.2	3.61	3.27	3.04	2.88	2.76	2.67	2.59	2.53	2.48	2.43	2.32	2.21	2.09	2.03	1.99	1.92	1.9
30	5.57	4.18	3.59	3.25	3.03	2.87	2.75	2.65	2.57	2.51	2.46	2.41	2.31	2.2	2.07	2.01	1.97	1.9	1.88
31	5.55	4.16	3.57	3.23	3.01	2.85	2.73	2.64	2.56	2.5	2.44	2.4	2.29	2.18	2.06	1.99	1.95	1.89	1.86
32	5.53	4.15	3.56	3.22	3	2.84	2.71	2.62	2.54	2.48	2.43	2.38	2.28	2.16	2.04	1.98	1.93	1.87	1.85
33	5.51	4.13	3.54	3.2	2.98	2.82	2.7	2.61	2.53	2.47	2.41	2.37	2.26	2.15	2.03	1.96	1.92	1.85	1.83
34	5.5	4.12	3.53	3.19	2.97	2.81	2.69	2.59	2.52	2.45	2.4	2.35	2.25	2.13	2.01	1.95	1.9	1.84	1.82
35	5.48	4.11	3.52	3.18	2.96	2.8	2.68	2.58	2.5	2.44	2.39	2.34	2.23	2.12	2	1.93	1.89	1.82	1.8
36	5.47	4.09	3.5	3.17	2.94	2.78	2.66	2.57	2.49	2.43	2.37	2.33	2.22	2.11	1.99	1.92	1.88	1.81	1.79
37	5.46	4.08	3.49	3.16	2.93	2.77	2.65	2.56	2.48	2.42	2.36	2.32	2.21	2.1	1.97	1.91	1.87	1.8	1.77
38	5.45	4.07	3.48	3.15	2.92	2.76	2.64	2.55	2.47	2.41	2.35	2.31	2.2	2.09	1.96	1.9	1.85	1.79	1.76
39	5.43	4.06	3.47	3.14	2.91	2.75	2.63	2.54	2.46	2.4	2.34	2.3	2.19	2.08	1.95	1.89	1.84	1.78	1.75
40	5.42	4.05	3.46	3.13	2.9	2.74	2.62	2.53	2.45	2.39	2.33	2.29	2.18	2.07	1.94	1.88	1.83	1.76	1.74
50	5.34	3.97	3.39	3.05	2.83	2.67	2.55	2.46	2.38	2.32	2.26	2.22	2.11	1.99	1.87	1.8	1.75	1.68	1.66
80	5.22	3.86	3.28	2.95	2.73	2.57	2.45	2.35	2.28	2.21	2.16	2.11	2	1.88	1.75	1.68	1.63	1.55	1.53
100	5.18	3.83	3.25	2.92	2.7	2.54	2.42	2.32	2.24	2.18	2.12	2.08	1.97	1.85	1.71	1.64	1.59	1.51	1.48

$\alpha=0.05$

df_2	df_1																		
	1	2	3	4	5	6	7	8	9	10	11	12	15	20	30	40	50	80	100
1	161	200	216	225	230	234	237	239	241	242	243	244	246	248	250	251	252	253	253
2	18.51	19	19.16	19.25	19.3	19.33	19.35	19.37	19.38	19.4	19.4	19.41	19.43	19.45	19.46	19.47	19.48	19.48	19.49
3	10.13	9.55	9.28	9.12	9.01	8.94	8.89	8.85	8.81	8.79	8.76	8.74	8.7	8.66	8.62	8.59	8.58	8.56	8.55
4	7.71	6.94	6.59	6.39	6.26	6.16	6.09	6.04	6	5.96	5.94	5.91	5.86	5.8	5.75	5.72	5.7	5.67	5.66
5	6.61	5.79	5.41	5.19	5.05	4.95	4.88	4.82	4.77	4.74	4.7	4.68	4.62	4.56	4.5	4.46	4.44	4.41	4.41
6	5.99	5.14	4.76	4.53	4.39	4.28	4.21	4.15	4.1	4.06	4.03	4	3.94	3.87	3.81	3.77	3.75	3.72	3.71
7	5.59	4.74	4.35	4.12	3.97	3.87	3.79	3.73	3.68	3.64	3.6	3.57	3.51	3.44	3.38	3.34	3.32	3.29	3.27
8	5.32	4.46	4.07	3.84	3.69	3.58	3.5	3.44	3.39	3.35	3.31	3.28	3.22	3.15	3.08	3.04	3.02	2.99	2.97
9	5.12	4.26	3.86	3.63	3.48	3.37	3.29	3.23	3.18	3.14	3.1	3.07	3.01	2.94	2.86	2.83	2.8	2.77	2.76
10	4.96	4.1	3.71	3.48	3.33	3.22	3.14	3.07	3.02	2.98	2.94	2.91	2.85	2.77	2.7	2.66	2.64	2.6	2.59
11	4.84	3.98	3.59	3.36	3.2	3.09	3.01	2.95	2.9	2.85	2.82	2.79	2.72	2.65	2.57	2.53	2.51	2.47	2.46
12	4.75	3.89	3.49	3.26	3.11	3	2.91	2.85	2.8	2.75	2.72	2.69	2.62	2.54	2.47	2.43	2.4	2.36	2.35
13	4.67	3.81	3.41	3.18	3.03	2.92	2.83	2.77	2.71	2.67	2.63	2.6	2.53	2.46	2.38	2.34	2.31	2.27	2.26
14	4.6	3.74	3.34	3.11	2.96	2.85	2.76	2.7	2.65	2.6	2.57	2.53	2.46	2.39	2.31	2.27	2.24	2.2	2.19
15	4.54	3.68	3.29	3.06	2.9	2.79	2.71	2.64	2.59	2.54	2.51	2.48	2.4	2.33	2.25	2.2	2.18	2.14	2.12
16	4.49	3.63	3.24	3.01	2.85	2.74	2.66	2.59	2.54	2.49	2.46	2.42	2.35	2.28	2.19	2.15	2.12	2.08	2.07
17	4.45	3.59	3.2	2.96	2.81	2.7	2.61	2.55	2.49	2.45	2.41	2.38	2.31	2.23	2.15	2.1	2.08	2.03	2.02
18	4.41	3.55	3.16	2.93	2.77	2.66	2.58	2.51	2.46	2.41	2.37	2.34	2.27	2.19	2.11	2.06	2.04	1.99	1.98
19	4.38	3.52	3.13	2.9	2.74	2.63	2.54	2.48	2.42	2.38	2.34	2.31	2.23	2.16	2.07	2.03	2	1.96	1.94
20	4.35	3.49	3.1	2.87	2.71	2.6	2.51	2.45	2.39	2.35	2.31	2.28	2.2	2.12	2.04	1.99	1.97	1.92	1.91
21	4.32	3.47	3.07	2.84	2.68	2.57	2.49	2.42	2.37	2.32	2.28	2.25	2.18	2.1	2.01	1.96	1.94	1.89	1.88
22	4.3	3.44	3.05	2.82	2.66	2.55	2.46	2.4	2.34	2.3	2.26	2.23	2.15	2.07	1.98	1.94	1.91	1.86	1.85
23	4.28	3.42	3.03	2.8	2.64	2.53	2.44	2.37	2.32	2.27	2.24	2.2	2.13	2.05	1.96	1.91	1.88	1.84	1.82

续表

df_2	df_1																		
	1	2	3	4	5	6	7	8	9	10	11	12	15	20	30	40	50	80	100
24	4.26	3.4	3.01	2.78	2.62	2.51	2.42	2.36	2.3	2.25	2.22	2.18	2.11	2.03	1.94	1.89	1.86	1.82	1.8
25	4.24	3.39	2.99	2.76	2.6	2.49	2.4	2.34	2.28	2.24	2.2	2.16	2.09	2.01	1.92	1.87	1.84	1.8	1.78
26	4.23	3.37	2.98	2.74	2.59	2.47	2.39	2.32	2.27	2.22	2.18	2.15	2.07	1.99	1.9	1.85	1.82	1.78	1.76
27	4.21	3.35	2.96	2.73	2.57	2.46	2.37	2.31	2.25	2.2	2.17	2.13	2.06	1.97	1.88	1.84	1.81	1.76	1.74
28	4.2	3.34	2.95	2.71	2.56	2.45	2.36	2.29	2.24	2.19	2.15	2.12	2.04	1.96	1.87	1.82	1.79	1.74	1.73
29	4.18	3.33	2.93	2.7	2.55	2.43	2.35	2.28	2.22	2.18	2.14	2.1	2.03	1.94	1.85	1.81	1.77	1.73	1.71
30	4.17	3.32	2.92	2.69	2.53	2.42	2.33	2.27	2.21	2.16	2.13	2.09	2.01	1.93	1.84	1.79	1.76	1.71	1.7
31	4.16	3.3	2.91	2.68	2.52	2.41	2.32	2.25	2.2	2.15	2.11	2.08	2	1.92	1.83	1.78	1.75	1.7	1.68
32	4.15	3.29	2.9	2.67	2.51	2.4	2.31	2.24	2.19	2.14	2.1	2.07	1.99	1.91	1.82	1.77	1.74	1.69	1.67
33	4.14	3.28	2.89	2.66	2.5	2.39	2.3	2.23	2.18	2.13	2.09	2.06	1.98	1.9	1.81	1.76	1.72	1.67	1.66
34	4.13	3.28	2.88	2.65	2.49	2.38	2.29	2.23	2.17	2.12	2.08	2.05	1.97	1.89	1.8	1.75	1.71	1.66	1.65
35	4.12	3.27	2.87	2.64	2.49	2.37	2.29	2.22	2.16	2.11	2.07	2.04	1.96	1.88	1.79	1.74	1.7	1.65	1.63
36	4.11	3.26	2.87	2.63	2.48	2.36	2.28	2.21	2.15	2.11	2.07	2.03	1.95	1.87	1.78	1.73	1.69	1.64	1.62
37	4.11	3.25	2.86	2.63	2.47	2.36	2.27	2.2	2.14	2.1	2.06	2.02	1.95	1.86	1.77	1.72	1.68	1.63	1.62
38	4.1	3.24	2.85	2.62	2.46	2.35	2.26	2.19	2.14	2.09	2.05	2.02	1.94	1.85	1.76	1.71	1.68	1.62	1.61
39	4.09	3.24	2.85	2.61	2.46	2.34	2.26	2.19	2.13	2.08	2.04	2.01	1.93	1.85	1.75	1.7	1.67	1.62	1.6
40	4.08	3.23	2.84	2.61	2.45	2.34	2.25	2.18	2.12	2.08	2.04	2	1.92	1.84	1.74	1.69	1.66	1.61	1.59
50	4.03	3.18	2.79	2.56	2.4	2.29	2.2	2.13	2.07	2.03	1.99	1.95	1.87	1.78	1.69	1.63	1.6	1.54	1.52
80	3.96	3.11	2.72	2.49	2.33	2.21	2.13	2.06	2	1.95	1.91	1.88	1.79	1.7	1.6	1.54	1.51	1.45	1.43
100	3.94	3.09	2.7	2.46	2.31	2.19	2.1	2.03	1.97	1.93	1.89	1.85	1.77	1.68	1.57	1.52	1.48	1.41	1.39

$\alpha=0.1$

df_2	df_1																		
	1	2	3	4	5	6	7	8	9	10	11	12	15	20	30	40	50	80	100
1	40	50	54	56	57	58	59	59	60	60	60	61	61	62	62	63	63	63	63
2	8.53	9	9.16	9.24	9.29	9.33	9.35	9.37	9.38	9.39	9.4	9.41	9.42	9.44	9.46	9.47	9.47	9.48	9.48
3	5.54	5.46	5.39	5.34	5.31	5.28	5.27	5.25	5.24	5.23	5.22	5.22	5.2	5.18	5.17	5.16	5.15	5.15	5.14
4	4.54	4.32	4.19	4.11	4.05	4.01	3.98	3.95	3.94	3.92	3.91	3.9	3.87	3.84	3.82	3.8	3.8	3.78	3.78
5	4.06	3.78	3.62	3.52	3.45	3.4	3.37	3.34	3.32	3.3	3.28	3.27	3.24	3.21	3.17	3.16	3.15	3.13	3.13
6	3.78	3.46	3.29	3.18	3.11	3.05	3.01	2.98	2.96	2.94	2.92	2.9	2.87	2.84	2.8	2.78	2.77	2.75	2.75
7	3.59	3.26	3.07	2.96	2.88	2.83	2.78	2.75	2.72	2.7	2.68	2.67	2.63	2.59	2.56	2.54	2.52	2.5	2.5
8	3.46	3.11	2.92	2.81	2.73	2.67	2.62	2.59	2.56	2.54	2.52	2.5	2.46	2.42	2.38	2.36	2.35	2.33	2.32
9	3.36	3.01	2.81	2.69	2.61	2.55	2.51	2.47	2.44	2.42	2.4	2.38	2.34	2.3	2.25	2.23	2.22	2.2	2.19
10	3.29	2.92	2.73	2.61	2.52	2.46	2.41	2.38	2.35	2.32	2.3	2.28	2.24	2.2	2.16	2.13	2.12	2.09	2.09
11	3.23	2.86	2.66	2.54	2.45	2.39	2.34	2.3	2.27	2.25	2.23	2.21	2.17	2.12	2.08	2.05	2.04	2.01	2.01
12	3.18	2.81	2.61	2.48	2.39	2.33	2.28	2.24	2.21	2.19	2.17	2.15	2.1	2.06	2.01	1.99	1.97	1.95	1.94
13	3.14	2.76	2.56	2.43	2.35	2.28	2.23	2.2	2.16	2.14	2.12	2.1	2.05	2.01	1.96	1.93	1.92	1.89	1.88
14	3.1	2.73	2.52	2.39	2.31	2.24	2.19	2.15	2.12	2.1	2.07	2.05	2.01	1.96	1.91	1.89	1.87	1.84	1.83
15	3.07	2.7	2.49	2.36	2.27	2.21	2.16	2.12	2.09	2.06	2.04	2.02	1.97	1.92	1.87	1.85	1.83	1.8	1.79
16	3.05	2.67	2.46	2.33	2.24	2.18	2.13	2.09	2.06	2.03	2.01	1.99	1.94	1.89	1.84	1.81	1.79	1.77	1.76
17	3.03	2.64	2.44	2.31	2.22	2.15	2.1	2.06	2.03	2	1.98	1.96	1.91	1.86	1.81	1.78	1.76	1.74	1.73
18	3.01	2.62	2.42	2.29	2.2	2.13	2.08	2.04	2	1.98	1.95	1.93	1.89	1.84	1.78	1.75	1.74	1.71	1.7
19	2.99	2.61	2.4	2.27	2.18	2.11	2.06	2.02	1.98	1.96	1.93	1.91	1.86	1.81	1.76	1.73	1.71	1.68	1.67
20	2.97	2.59	2.38	2.25	2.16	2.09	2.04	2	1.96	1.94	1.91	1.89	1.84	1.79	1.74	1.71	1.69	1.66	1.65
21	2.96	2.57	2.36	2.23	2.14	2.08	2.02	1.98	1.95	1.92	1.9	1.87	1.83	1.78	1.72	1.69	1.67	1.64	1.63
22	2.95	2.56	2.35	2.22	2.13	2.06	2.01	1.97	1.93	1.9	1.88	1.86	1.81	1.76	1.7	1.67	1.65	1.62	1.61
23	2.94	2.55	2.34	2.21	2.11	2.05	1.99	1.95	1.92	1.89	1.87	1.84	1.8	1.74	1.69	1.66	1.64	1.61	1.59

续表

df_2	df_1																		
	1	2	3	4	5	6	7	8	9	10	11	12	15	20	30	40	50	80	100
24	2.93	2.54	2.33	2.19	2.1	2.04	1.98	1.94	1.91	1.88	1.85	1.83	1.78	1.73	1.67	1.64	1.62	1.59	1.58
25	2.92	2.53	2.32	2.18	2.09	2.02	1.97	1.93	1.89	1.87	1.84	1.82	1.77	1.72	1.66	1.63	1.61	1.58	1.56
26	2.91	2.52	2.31	2.17	2.08	2.01	1.96	1.92	1.88	1.86	1.83	1.81	1.76	1.71	1.65	1.61	1.59	1.56	1.55
27	2.9	2.51	2.3	2.17	2.07	2	1.95	1.91	1.87	1.85	1.82	1.8	1.75	1.7	1.64	1.6	1.58	1.55	1.54
28	2.89	2.5	2.29	2.16	2.06	2	1.94	1.9	1.87	1.84	1.81	1.79	1.74	1.69	1.63	1.59	1.57	1.54	1.53
29	2.89	2.5	2.28	2.15	2.06	1.99	1.93	1.89	1.86	1.83	1.8	1.78	1.73	1.68	1.62	1.58	1.56	1.53	1.52
30	2.88	2.49	2.28	2.14	2.05	1.98	1.93	1.88	1.85	1.82	1.79	1.77	1.72	1.67	1.61	1.57	1.55	1.52	1.51
31	2.87	2.48	2.27	2.14	2.04	1.97	1.92	1.88	1.84	1.81	1.79	1.77	1.71	1.66	1.6	1.56	1.54	1.51	1.5
32	2.87	2.48	2.26	2.13	2.04	1.97	1.91	1.87	1.83	1.81	1.78	1.76	1.71	1.65	1.59	1.56	1.53	1.5	1.49
33	2.86	2.47	2.26	2.12	2.03	1.96	1.91	1.86	1.83	1.8	1.77	1.75	1.7	1.64	1.58	1.55	1.53	1.49	1.48
34	2.86	2.47	2.25	2.12	2.02	1.96	1.9	1.86	1.82	1.79	1.77	1.75	1.69	1.64	1.58	1.54	1.52	1.48	1.47
35	2.85	2.46	2.25	2.11	2.02	1.95	1.9	1.85	1.82	1.79	1.76	1.74	1.69	1.63	1.57	1.53	1.51	1.48	1.47
36	2.85	2.46	2.24	2.11	2.01	1.94	1.89	1.85	1.81	1.78	1.76	1.73	1.68	1.63	1.56	1.53	1.51	1.47	1.46
37	2.85	2.45	2.24	2.1	2.01	1.94	1.89	1.84	1.81	1.78	1.75	1.73	1.68	1.62	1.56	1.52	1.5	1.46	1.45
38	2.84	2.45	2.23	2.1	2.01	1.94	1.88	1.84	1.8	1.77	1.75	1.72	1.67	1.61	1.55	1.52	1.49	1.46	1.45
39	2.84	2.44	2.23	2.09	2	1.93	1.88	1.83	1.8	1.77	1.74	1.72	1.67	1.61	1.55	1.51	1.49	1.45	1.44
40	2.84	2.44	2.23	2.09	2	1.93	1.87	1.83	1.79	1.76	1.74	1.71	1.66	1.61	1.54	1.51	1.48	1.45	1.43
50	2.81	2.41	2.2	2.06	1.97	1.9	1.84	1.8	1.76	1.73	1.7	1.68	1.63	1.57	1.5	1.46	1.44	1.4	1.39
80	2.77	2.37	2.15	2.02	1.92	1.85	1.79	1.75	1.71	1.68	1.65	1.63	1.57	1.51	1.44	1.4	1.38	1.33	1.32
100	2.76	2.36	2.14	2	1.91	1.83	1.78	1.73	1.69	1.66	1.64	1.61	1.56	1.49	1.42	1.38	1.35	1.31	1.29

α=0.975

df_2	df_1																		
	1	2	3	4	5	6	7	8	9	10	11	12	15	20	30	40	50	80	100
1	0.002	0.026	0.057	0.082	0.1	0.113	0.124	0.132	0.139	0.144	0.149	0.153	0.161	0.17	0.18	0.184	0.187	0.192	0.193
2	0.001	0.026	0.062	0.094	0.119	0.138	0.153	0.165	0.175	0.183	0.19	0.196	0.21	0.224	0.239	0.247	0.252	0.259	0.261
3	0.001	0.026	0.065	0.1	0.129	0.152	0.17	0.185	0.197	0.207	0.216	0.224	0.241	0.259	0.279	0.289	0.295	0.304	0.308
4	0.001	0.025	0.066	0.104	0.135	0.161	0.181	0.198	0.212	0.224	0.234	0.243	0.263	0.285	0.308	0.32	0.327	0.339	0.343
5	0.001	0.025	0.067	0.107	0.14	0.167	0.189	0.208	0.223	0.236	0.247	0.257	0.28	0.304	0.33	0.344	0.353	0.366	0.371
6	0.001	0.025	0.068	0.109	0.143	0.172	0.195	0.215	0.231	0.246	0.258	0.268	0.293	0.32	0.349	0.364	0.374	0.389	0.394
7	0.001	0.025	0.068	0.11	0.146	0.176	0.2	0.221	0.238	0.253	0.266	0.277	0.304	0.333	0.364	0.381	0.392	0.408	0.414
8	0.001	0.025	0.069	0.111	0.148	0.179	0.204	0.226	0.244	0.259	0.273	0.285	0.313	0.343	0.377	0.395	0.407	0.425	0.431
9	0.001	0.025	0.069	0.112	0.15	0.181	0.207	0.23	0.248	0.265	0.279	0.291	0.32	0.353	0.388	0.408	0.42	0.439	0.446
10	0.001	0.025	0.069	0.113	0.151	0.183	0.21	0.233	0.252	0.269	0.284	0.296	0.327	0.361	0.398	0.419	0.432	0.452	0.459
11	0.001	0.025	0.07	0.114	0.152	0.185	0.212	0.236	0.256	0.273	0.288	0.301	0.332	0.368	0.407	0.428	0.442	0.463	0.471
12	0.001	0.025	0.07	0.114	0.153	0.186	0.214	0.238	0.259	0.276	0.292	0.305	0.337	0.374	0.415	0.437	0.451	0.474	0.481
13	0.001	0.025	0.07	0.115	0.154	0.188	0.216	0.24	0.261	0.279	0.295	0.309	0.342	0.379	0.422	0.445	0.46	0.483	0.491
14	0.001	0.025	0.07	0.115	0.155	0.189	0.218	0.242	0.263	0.282	0.298	0.312	0.346	0.384	0.428	0.452	0.467	0.492	0.5
15	0.001	0.025	0.07	0.116	0.156	0.19	0.219	0.244	0.265	0.284	0.3	0.315	0.349	0.389	0.433	0.458	0.474	0.499	0.508
16	0.001	0.025	0.07	0.116	0.156	0.191	0.22	0.245	0.267	0.286	0.303	0.317	0.353	0.393	0.439	0.464	0.481	0.507	0.516
17	0.001	0.025	0.07	0.116	0.157	0.192	0.221	0.247	0.269	0.288	0.305	0.32	0.356	0.396	0.443	0.47	0.486	0.513	0.523
18	0.001	0.025	0.07	0.116	0.157	0.192	0.222	0.248	0.27	0.29	0.307	0.322	0.358	0.4	0.448	0.475	0.492	0.519	0.529
19	0.001	0.025	0.071	0.117	0.158	0.193	0.223	0.249	0.271	0.291	0.308	0.324	0.361	0.403	0.452	0.479	0.497	0.525	0.535
20	0.001	0.025	0.071	0.117	0.158	0.193	0.224	0.25	0.273	0.293	0.31	0.325	0.363	0.406	0.456	0.484	0.502	0.531	0.541
21	0.001	0.025	0.071	0.117	0.158	0.194	0.225	0.251	0.274	0.294	0.311	0.327	0.365	0.408	0.459	0.488	0.506	0.536	0.546
22	0.001	0.025	0.071	0.117	0.159	0.195	0.225	0.252	0.275	0.295	0.313	0.329	0.367	0.411	0.462	0.491	0.51	0.541	0.551
23	0.001	0.025	0.071	0.117	0.159	0.195	0.226	0.253	0.276	0.296	0.314	0.33	0.369	0.413	0.465	0.495	0.514	0.545	0.556

续表

df_2	df_1																		
	1	2	3	4	5	6	7	8	9	10	11	12	15	20	30	40	50	80	100
24	0.001	0.025	0.071	0.117	0.159	0.195	0.227	0.253	0.277	0.297	0.315	0.331	0.37	0.415	0.468	0.498	0.518	0.549	0.561
25	0.001	0.025	0.071	0.118	0.16	0.196	0.227	0.254	0.278	0.298	0.316	0.332	0.372	0.417	0.471	0.501	0.521	0.553	0.565
26	0.001	0.025	0.071	0.118	0.16	0.196	0.228	0.255	0.278	0.299	0.317	0.334	0.373	0.419	0.473	0.504	0.524	0.557	0.569
27	0.001	0.025	0.071	0.118	0.16	0.197	0.228	0.255	0.279	0.3	0.318	0.335	0.375	0.421	0.476	0.507	0.528	0.561	0.573
28	0.001	0.025	0.071	0.118	0.16	0.197	0.228	0.256	0.28	0.301	0.319	0.336	0.376	0.423	0.478	0.51	0.53	0.564	0.576
29	0.001	0.025	0.071	0.118	0.16	0.197	0.229	0.256	0.28	0.301	0.32	0.337	0.377	0.424	0.48	0.512	0.533	0.568	0.58
30	0.001	0.025	0.071	0.118	0.161	0.197	0.229	0.257	0.281	0.302	0.321	0.337	0.378	0.426	0.482	0.515	0.536	0.571	0.583
31	0.001	0.025	0.071	0.118	0.161	0.198	0.23	0.257	0.281	0.303	0.321	0.338	0.379	0.427	0.484	0.517	0.538	0.574	0.586
32	0.001	0.025	0.071	0.118	0.161	0.198	0.23	0.258	0.282	0.303	0.322	0.339	0.38	0.429	0.486	0.519	0.541	0.577	0.589
33	0.001	0.025	0.071	0.118	0.161	0.198	0.23	0.258	0.282	0.304	0.323	0.34	0.381	0.43	0.488	0.521	0.543	0.579	0.592
34	0.001	0.025	0.071	0.119	0.161	0.198	0.231	0.258	0.283	0.304	0.323	0.341	0.382	0.431	0.489	0.523	0.545	0.582	0.595
35	0.001	0.025	0.071	0.119	0.161	0.199	0.231	0.259	0.283	0.305	0.324	0.341	0.383	0.432	0.491	0.525	0.547	0.584	0.598
36	0.001	0.025	0.071	0.119	0.161	0.199	0.231	0.259	0.284	0.305	0.325	0.342	0.384	0.433	0.492	0.527	0.549	0.587	0.6
37	0.001	0.025	0.071	0.119	0.162	0.199	0.231	0.26	0.284	0.306	0.325	0.342	0.385	0.434	0.494	0.529	0.551	0.589	0.603
38	0.001	0.025	0.071	0.119	0.162	0.199	0.232	0.26	0.285	0.306	0.326	0.343	0.385	0.435	0.495	0.53	0.553	0.591	0.605
39	0.001	0.025	0.071	0.119	0.162	0.199	0.232	0.26	0.285	0.307	0.326	0.344	0.386	0.436	0.497	0.532	0.555	0.594	0.607
40	0.001	0.025	0.071	0.119	0.162	0.2	0.232	0.26	0.285	0.307	0.327	0.344	0.387	0.437	0.498	0.533	0.557	0.596	0.61
50	0.001	0.025	0.071	0.119	0.163	0.201	0.234	0.263	0.288	0.31	0.33	0.348	0.392	0.445	0.508	0.546	0.571	0.613	0.628
80	0.001	0.025	0.072	0.12	0.164	0.203	0.237	0.266	0.292	0.316	0.336	0.355	0.401	0.457	0.525	0.567	0.595	0.643	0.661
100	0.001	0.025	0.072	0.12	0.164	0.203	0.238	0.267	0.294	0.317	0.338	0.357	0.404	0.461	0.531	0.575	0.604	0.655	0.674

$\alpha=0.95$

df_2	df_1																		
	1	2	3	4	5	6	7	8	9	10	11	12	15	20	30	40	50	80	100
1	0.006	0.054	0.099	0.13	0.151	0.167	0.179	0.188	0.195	0.201	0.206	0.211	0.22	0.23	0.24	0.245	0.248	0.253	0.254
2	0.005	0.053	0.105	0.144	0.173	0.194	0.211	0.224	0.235	0.244	0.251	0.257	0.272	0.286	0.302	0.309	0.314	0.321	0.324
3	0.005	0.052	0.108	0.152	0.185	0.21	0.23	0.246	0.259	0.27	0.279	0.287	0.304	0.323	0.342	0.352	0.358	0.368	0.371
4	0.004	0.052	0.11	0.157	0.193	0.221	0.243	0.261	0.275	0.288	0.298	0.307	0.327	0.349	0.372	0.384	0.391	0.402	0.406
5	0.004	0.052	0.111	0.16	0.198	0.228	0.252	0.271	0.287	0.301	0.312	0.322	0.345	0.369	0.395	0.408	0.417	0.429	0.434
6	0.004	0.052	0.112	0.162	0.202	0.233	0.259	0.279	0.296	0.311	0.323	0.334	0.358	0.385	0.413	0.428	0.437	0.452	0.456
7	0.004	0.052	0.113	0.164	0.205	0.238	0.264	0.286	0.304	0.319	0.332	0.343	0.369	0.398	0.428	0.445	0.455	0.47	0.476
8	0.004	0.052	0.113	0.166	0.208	0.241	0.268	0.291	0.31	0.326	0.339	0.351	0.379	0.409	0.441	0.459	0.47	0.486	0.492
9	0.004	0.052	0.113	0.167	0.21	0.244	0.272	0.295	0.315	0.331	0.345	0.358	0.386	0.418	0.452	0.471	0.482	0.5	0.506
10	0.004	0.052	0.114	0.168	0.211	0.246	0.275	0.299	0.319	0.336	0.35	0.363	0.393	0.426	0.462	0.481	0.494	0.512	0.519
11	0.004	0.052	0.114	0.168	0.213	0.248	0.278	0.302	0.322	0.34	0.355	0.368	0.399	0.433	0.47	0.491	0.504	0.523	0.53
12	0.004	0.052	0.114	0.169	0.214	0.25	0.28	0.305	0.325	0.343	0.359	0.372	0.404	0.439	0.478	0.499	0.512	0.533	0.54
13	0.004	0.051	0.115	0.17	0.215	0.251	0.282	0.307	0.328	0.346	0.362	0.376	0.408	0.445	0.485	0.507	0.52	0.542	0.55
14	0.004	0.051	0.115	0.17	0.216	0.253	0.283	0.309	0.331	0.349	0.365	0.379	0.412	0.449	0.491	0.513	0.528	0.55	0.558
15	0.004	0.051	0.115	0.171	0.217	0.254	0.285	0.311	0.333	0.351	0.368	0.382	0.416	0.454	0.496	0.52	0.534	0.558	0.566
16	0.004	0.051	0.115	0.171	0.217	0.255	0.286	0.312	0.335	0.354	0.37	0.385	0.419	0.458	0.501	0.525	0.54	0.564	0.573
17	0.004	0.051	0.115	0.171	0.218	0.256	0.287	0.314	0.336	0.356	0.372	0.387	0.422	0.462	0.506	0.53	0.546	0.571	0.579
18	0.004	0.051	0.115	0.172	0.218	0.257	0.288	0.315	0.338	0.357	0.374	0.389	0.425	0.465	0.51	0.535	0.551	0.577	0.586
19	0.004	0.051	0.115	0.172	0.219	0.257	0.289	0.316	0.339	0.359	0.376	0.391	0.427	0.468	0.514	0.54	0.556	0.582	0.591
20	0.004	0.051	0.115	0.172	0.219	0.258	0.29	0.317	0.341	0.36	0.378	0.393	0.43	0.471	0.518	0.544	0.56	0.587	0.597
21	0.004	0.051	0.116	0.173	0.22	0.259	0.291	0.318	0.342	0.362	0.379	0.395	0.432	0.473	0.521	0.548	0.565	0.592	0.601
22	0.004	0.051	0.116	0.173	0.22	0.259	0.292	0.319	0.343	0.363	0.381	0.396	0.434	0.476	0.524	0.551	0.569	0.596	0.606
23	0.004	0.051	0.116	0.173	0.221	0.26	0.293	0.32	0.344	0.364	0.382	0.398	0.435	0.478	0.527	0.555	0.572	0.601	0.611

续表

df_2	df_1																		
	1	2	3	4	5	6	7	8	9	10	11	12	15	20	30	40	50	80	100
24	0.004	0.051	0.116	0.173	0.221	0.26	0.293	0.321	0.345	0.365	0.383	0.399	0.437	0.48	0.53	0.558	0.576	0.605	0.615
25	0.004	0.051	0.116	0.173	0.221	0.261	0.294	0.322	0.346	0.366	0.384	0.4	0.439	0.482	0.532	0.561	0.579	0.608	0.619
26	0.004	0.051	0.116	0.174	0.221	0.261	0.294	0.322	0.346	0.367	0.385	0.402	0.44	0.484	0.535	0.564	0.582	0.612	0.622
27	0.004	0.051	0.116	0.174	0.222	0.262	0.295	0.323	0.347	0.368	0.386	0.403	0.441	0.486	0.537	0.566	0.585	0.615	0.626
28	0.004	0.051	0.116	0.174	0.222	0.262	0.295	0.324	0.348	0.369	0.387	0.404	0.443	0.487	0.539	0.569	0.588	0.618	0.629
29	0.004	0.051	0.116	0.174	0.222	0.262	0.296	0.324	0.349	0.37	0.388	0.405	0.444	0.489	0.541	0.571	0.59	0.621	0.633
30	0.004	0.051	0.116	0.174	0.222	0.263	0.296	0.325	0.349	0.37	0.389	0.405	0.445	0.49	0.543	0.573	0.593	0.624	0.636
31	0.004	0.051	0.116	0.174	0.223	0.263	0.297	0.325	0.35	0.371	0.39	0.406	0.446	0.492	0.545	0.575	0.595	0.627	0.639
32	0.004	0.051	0.116	0.174	0.223	0.263	0.297	0.326	0.35	0.372	0.391	0.407	0.447	0.493	0.547	0.577	0.597	0.63	0.641
33	0.004	0.051	0.116	0.174	0.223	0.263	0.297	0.326	0.351	0.372	0.391	0.408	0.448	0.494	0.548	0.579	0.599	0.632	0.644
34	0.004	0.051	0.116	0.174	0.223	0.264	0.298	0.327	0.351	0.373	0.392	0.409	0.449	0.496	0.55	0.581	0.602	0.635	0.647
35	0.004	0.051	0.116	0.175	0.223	0.264	0.298	0.327	0.352	0.373	0.392	0.409	0.45	0.497	0.552	0.583	0.603	0.637	0.649
36	0.004	0.051	0.116	0.175	0.223	0.264	0.298	0.327	0.352	0.374	0.393	0.41	0.451	0.498	0.553	0.585	0.605	0.639	0.651
37	0.004	0.051	0.116	0.175	0.224	0.264	0.299	0.328	0.353	0.374	0.394	0.411	0.452	0.499	0.554	0.586	0.607	0.641	0.654
38	0.004	0.051	0.116	0.175	0.224	0.265	0.299	0.328	0.353	0.375	0.394	0.411	0.452	0.5	0.556	0.588	0.609	0.643	0.656
39	0.004	0.051	0.116	0.175	0.224	0.265	0.299	0.328	0.353	0.375	0.395	0.412	0.453	0.501	0.557	0.589	0.611	0.645	0.658
40	0.004	0.051	0.116	0.175	0.224	0.265	0.299	0.329	0.354	0.376	0.395	0.412	0.454	0.502	0.558	0.591	0.612	0.647	0.66
50	0.004	0.051	0.117	0.175	0.225	0.266	0.301	0.331	0.357	0.379	0.399	0.416	0.459	0.509	0.568	0.602	0.625	0.663	0.677
80	0.004	0.051	0.117	0.176	0.227	0.269	0.304	0.335	0.361	0.385	0.405	0.423	0.468	0.52	0.584	0.622	0.647	0.691	0.707
100	0.004	0.051	0.117	0.177	0.227	0.269	0.305	0.336	0.363	0.386	0.407	0.426	0.471	0.525	0.59	0.629	0.656	0.701	0.719

附录 5　标准正态分布表

z	0	1	2	3	4	5	6	7	8	9
−3	0.0013	0.001	0.0007	0.0005	0.0003	0.0002	0.0002	0.0001	0.0001	0
−2.9	0.0019	0.0018	0.0018	0.0017	0.0016	0.0016	0.0015	0.0015	0.0014	0.0014
−2.8	0.0026	0.0025	0.0024	0.0023	0.0023	0.0022	0.0021	0.0021	0.002	0.0019
−2.7	0.0035	0.0034	0.0033	0.0032	0.0031	0.003	0.0029	0.0028	0.0027	0.0026
−2.6	0.0047	0.0045	0.0044	0.0043	0.0041	0.004	0.0039	0.0038	0.0037	0.0036
−2.5	0.0062	0.006	0.0059	0.0057	0.0055	0.0054	0.0052	0.0051	0.0049	0.0048
−2.4	0.0082	0.008	0.0078	0.0075	0.0073	0.0071	0.0069	0.0068	0.0066	0.0064
−2.3	0.0107	0.0104	0.0102	0.0099	0.0096	0.0094	0.0091	0.0089	0.0087	0.0084
−2.2	0.0139	0.0136	0.0132	0.0129	0.0125	0.0122	0.0119	0.0116	0.0113	0.011
−2.1	0.0179	0.0174	0.017	0.0166	0.0162	0.0158	0.0154	0.015	0.0146	0.0143
−2	0.0228	0.0222	0.0217	0.0212	0.0207	0.0202	0.0197	0.0192	0.0188	0.0183
−1.9	0.0287	0.0281	0.0274	0.0268	0.0262	0.0256	0.025	0.0244	0.0239	0.0233
−1.8	0.0359	0.0351	0.0344	0.0336	0.0329	0.0322	0.0314	0.0307	0.0301	0.0294
−1.7	0.0446	0.0436	0.0427	0.0418	0.0409	0.0401	0.0392	0.0384	0.0375	0.0367
−1.6	0.0548	0.0537	0.0526	0.0516	0.0505	0.0495	0.0485	0.0475	0.0465	0.0455
−1.5	0.0668	0.0655	0.0643	0.063	0.0618	0.0606	0.0594	0.0582	0.0571	0.0559
−1.4	0.0808	0.0793	0.0778	0.0764	0.0749	0.0735	0.0721	0.0708	0.0694	0.0681
−1.3	0.0968	0.0951	0.0934	0.0918	0.0901	0.0885	0.0869	0.0853	0.0838	0.0823
−1.2	0.1151	0.1131	0.1112	0.1093	0.1075	0.1056	0.1038	0.102	0.1003	0.0985
−1.1	0.1357	0.1335	0.1314	0.1292	0.1271	0.1251	0.123	0.121	0.119	0.117
−1	0.1587	0.1562	0.1539	0.1515	0.1492	0.1469	0.1446	0.1423	0.1401	0.1379
−0.9	0.1841	0.1814	0.1788	0.1762	0.1736	0.1711	0.1685	0.166	0.1635	0.1611
−0.8	0.2119	0.209	0.2061	0.2033	0.2005	0.1977	0.1949	0.1922	0.1894	0.1867
−0.7	0.242	0.2389	0.2358	0.2327	0.2296	0.2266	0.2236	0.2206	0.2177	0.2148
−0.6	0.2743	0.2709	0.2676	0.2643	0.2611	0.2578	0.2546	0.2514	0.2483	0.2451
−0.5	0.3085	0.305	0.3015	0.2981	0.2946	0.2912	0.2877	0.2843	0.281	0.2776
−0.4	0.3446	0.3409	0.3372	0.3336	0.33	0.3264	0.3228	0.3192	0.3156	0.3121
−0.3	0.3821	0.3783	0.3745	0.3707	0.3669	0.3632	0.3594	0.3557	0.352	0.3483
−0.2	0.4207	0.4168	0.4129	0.409	0.4052	0.4013	0.3974	0.3936	0.3897	0.3859
−0.1	0.4602	0.4562	0.4522	0.4483	0.4443	0.4404	0.4364	0.4325	0.4286	0.4247
0	0.5	0.496	0.492	0.488	0.484	0.4801	0.4761	0.4721	0.4681	0.4641
0	0.5	0.504	0.508	0.512	0.516	0.5199	0.5239	0.5279	0.5319	0.5359
0.1	0.5398	0.5438	0.5478	0.5517	0.5557	0.5596	0.5636	0.5675	0.5714	0.5753
0.2	0.5793	0.5832	0.5871	0.591	0.5948	0.5987	0.6026	0.6064	0.6103	0.6141
0.3	0.6179	0.6217	0.6255	0.6293	0.6331	0.6368	0.6406	0.6443	0.648	0.6517
0.4	0.6554	0.6591	0.6628	0.6664	0.67	0.6736	0.6772	0.6808	0.6844	0.6879
0.5	0.6915	0.695	0.6985	0.7019	0.7054	0.7088	0.7123	0.7157	0.719	0.7224

续表

z	0	1	2	3	4	5	6	7	8	9
0.6	0.7257	0.7291	0.7324	0.7357	0.7389	0.7422	0.7454	0.7486	0.7517	0.7549
0.7	0.758	0.7611	0.7642	0.7673	0.7704	0.7734	0.7764	0.7794	0.7823	0.7852
0.8	0.7881	0.791	0.7939	0.7967	0.7995	0.8023	0.8051	0.8078	0.8106	0.8133
0.9	0.8159	0.8186	0.8212	0.8238	0.8264	0.8289	0.8315	0.834	0.8365	0.8389
1	0.8413	0.8438	0.8461	0.8485	0.8508	0.8531	0.8554	0.8577	0.8599	0.8621
1.1	0.8643	0.8665	0.8686	0.8708	0.8729	0.8749	0.877	0.879	0.881	0.883
1.2	0.8849	0.8869	0.8888	0.8907	0.8925	0.8944	0.8962	0.898	0.8997	0.9015
1.3	0.9032	0.9049	0.9066	0.9082	0.9099	0.9115	0.9131	0.9147	0.9162	0.9177
1.4	0.9192	0.9207	0.9222	0.9236	0.9251	0.9265	0.9279	0.9292	0.9306	0.9319
1.5	0.9332	0.9345	0.9357	0.937	0.9382	0.9394	0.9406	0.9418	0.9429	0.9441
1.6	0.9452	0.9463	0.9474	0.9484	0.9495	0.9505	0.9515	0.9525	0.9535	0.9545
1.7	0.9554	0.9564	0.9573	0.9582	0.9591	0.9599	0.9608	0.9616	0.9625	0.9633
1.8	0.9641	0.9649	0.9656	0.9664	0.9671	0.9678	0.9686	0.9693	0.9699	0.9706
1.9	0.9713	0.9719	0.9726	0.9732	0.9738	0.9744	0.975	0.9756	0.9761	0.9767
2	0.9772	0.9778	0.9783	0.9788	0.9793	0.9798	0.9803	0.9808	0.9812	0.9817
2.1	0.9821	0.9826	0.983	0.9834	0.9838	0.9842	0.9846	0.985	0.9854	0.9857
2.2	0.9861	0.9864	0.9868	0.9871	0.9875	0.9878	0.9881	0.9884	0.9887	0.989
2.3	0.9893	0.9896	0.9898	0.9901	0.9904	0.9906	0.9909	0.9911	0.9913	0.9916
2.4	0.9918	0.992	0.9922	0.9925	0.9927	0.9929	0.9931	0.9932	0.9934	0.9936
2.5	0.9938	0.994	0.9941	0.9943	0.9945	0.9946	0.9948	0.9949	0.9951	0.9952
2.6	0.9953	0.9955	0.9956	0.9957	0.9959	0.996	0.9961	0.9962	0.9963	0.9964
2.7	0.9965	0.9966	0.9967	0.9968	0.9969	0.997	0.9971	0.9972	0.9973	0.9974
2.8	0.9974	0.9975	0.9976	0.9977	0.9977	0.9978	0.9979	0.9979	0.998	0.9981
2.9	0.9981	0.9982	0.9982	0.9983	0.9984	0.9984	0.9985	0.9985	0.9986	0.9986
3	0.9987	0.999	0.9993	0.9995	0.9997	0.9998	0.9998	0.9999	0.9999	1

附录 6　秩和检验临界值表

n_1	n_2	α=0.025		α=0.05		n_1	n_2	α=0.025		α=0.05	
		T_1	T_2	T_1	T_2			T_1	T_2	T_1	T_2
2	4			3	11	3	5	6	21	7	20
	5			3	13		6	7	23	8	22
	6	3	15	4	14		7	8	25	9	24
	7	3	17	4	16		8	8	28	9	27
	8	3	19	4	18		9	9	30	10	29
	9	3	21	4	20		10	9	33	11	31
	10	4	22	5	21	4	4	11	25	12	24
3	3			6	15		5	12	28	13	27
	4	6	18	7	17		6	12	32	14	30

续表

n_1	n_2	α=0.025		α=0.05		n_1	n_2	α=0.025		α=0.05	
		T_1	T_2	T_1	T_2			T_1	T_2	T_1	T_2
4	7	13	35	15	33	6	9	31	65	33	63
	8	14	38	16	36		10	33	69	35	67
	9	15	41	17	39	7	7	37	68	39	66
	10	16	44	18	42		8	39	73	41	71
5	5	18	37	19	36		9	41	78	43	76
	6	19	41	20	40		10	43	83	46	80
	7	20	45	22	43	8	8	49	87	52	84
	8	21	49	23	47		9	51	93	54	90
	9	22	53	25	50		10	54	98	57	95
	10	24	56	26	54	9	9	63	108	66	105
6	6	26	52	28	50		10	66	114	69	111
	7	28	56	30	54	10	10	79	131	83	127
	8	29	61	32	58						

附录 7　格鲁布斯检验临界值表 $\lambda(\alpha, n)$

n	显著性水平 α			n	显著性水平 α		
	0.05	0.025	0.01		0.05	0.025	0.01
3	1.153	1.155	1.155	21	2.58	2.733	2.912
4	1.463	1.481	1.492	22	2.603	2.758	2.939
5	1.672	1.715	1.749	23	2.624	2.781	2.963
6	1.822	1.887	1.944	24	2.644	2.802	2.987
7	1.938	2.02	2.097	25	2.663	2.882	3.009
8	2.032	2.126	2.221	26	2.681	2.841	3.029
9	2.11	2.215	2.323	27	2.698	2.859	3.049
10	2.176	2.29	2.41	28	2.714	2.876	3.068
11	2.234	2.355	2.485	29	2.73	2.893	3.085
12	2.285	2.412	2.55	30	2.745	2.908	3.103
13	2.331	2.462	2.607	40	2.856	3.036	3.24
14	2.371	2.507	2.659	50	2.956	3.128	3.128
15	2.409	2.549	2.705	60	3.025	3.199	3.199
16	2.443	2.585	2.747	70	3.082	3.257	3.257
17	2.475	2.62	2.785	80	3.13	3.305	3.305
18	2.504	2.651	2.821	90	3.171	3.347	3.347
19	2.532	2.681	2.854	100	3.207	3.383	3.383
20	2.557	2.709	2.884				

附录 8　狄克逊检验临界值表 D

n	显著性水平 α			D 计算公式	
	0.05	0.025	0.01	高端异常值	低端异常值
3	0.886	0.941	0.988		
4	0.679	0.765	0.889		
5	0.557	0.642	0.78	$D=\dfrac{x_n-x_{n-1}}{x_n-x_1}$	$D=\dfrac{x_2-x_1}{x_n-x_1}$
6	0.482	0.56	0.698		
7	0.434	0.507	0.637		
8	0.479	0.554	0.683		
9	0.441	0.512	0.635	$D=\dfrac{x_n-x_{n-1}}{x_n-x_2}$	$D=\dfrac{x_2-x_1}{x_{n-1}-x_1}$
10	0.409	0.477	0.597		
11	0.517	0.576	0.679		
12	0.49	0.546	0.642	$D=\dfrac{x_n-x_{n-2}}{x_n-x_2}$	$D=\dfrac{x_3-x_1}{x_{n-1}-x_1}$
13	0.467	0.521	0.615		
14	0.492	0.546	0.641		
15	0.472	0.525	0.616		
16	0.454	0.507	0.595		
17	0.438	0.49	0.577		
18	0.424	0.475	0.561		
19	0.412	0.462	0.547		
20	0.401	0.45	0.535		
21	0.391	0.44	0.524		
22	0.382	0.43	0.514	$D=\dfrac{x_n-x_{n-2}}{x_n-x_3}$	$D=\dfrac{x_3-x_1}{x_{n-2}-x_1}$
23	0.374	0.421	0.505		
24	0.367	0.413	0.497		
25	0.36	0.406	0.489		
26	0.354	0.399	0.486		
27	0.348	0.393	0.475		
28	0.342	0.387	0.469		
29	0.337	0.381	0.463		
30	0.332	0.376	0.457		

附录 9　相关系数 R 临界值表

$n-m-1$	α=0.01				α=0.05			
	m				m			
	1	2	3	4	1	2	3	4
1	0.9999	0.9999	1	1	0.9969	0.9987	0.9992	0.9994
2	0.99	0.995	0.9967	0.9975	0.95	0.9747	0.983	0.9873
3	0.9587	0.9765	0.9834	0.9872	0.8783	0.9297	0.9501	0.9612

续表

n−m−1	α=0.01				α=0.05			
	m				m			
	1	2	3	4	1	2	3	4
4	0.9172	0.9487	0.9623	0.9701	0.8114	0.8811	0.912	0.9299
5	0.8745	0.9173	0.9373	0.9493	0.7545	0.8356	0.8743	0.8978
6	0.8343	0.8858	0.9112	0.9269	0.7067	0.7947	0.8391	0.8668
7	0.7977	0.8554	0.8852	0.9042	0.6664	0.7584	0.8067	0.8378
8	0.7646	0.8269	0.8603	0.882	0.6319	0.726	0.7771	0.8108
9	0.7348	0.8004	0.8365	0.8606	0.6021	0.6972	0.7502	0.7858
10	0.7079	0.7758	0.8141	0.8401	0.576	0.6714	0.7257	0.7628
11	0.6835	0.7531	0.7931	0.8206	0.5529	0.6481	0.7032	0.7414
12	0.6614	0.732	0.7734	0.8021	0.5324	0.6269	0.6826	0.7216
13	0.6411	0.7125	0.7548	0.7846	0.514	0.6077	0.6636	0.7032
14	0.6226	0.6943	0.7375	0.7681	0.4973	0.5901	0.6461	0.6861
15	0.6055	0.6774	0.7211	0.7524	0.4821	0.5738	0.6298	0.6701
16	0.5897	0.6616	0.7057	0.7376	0.4683	0.5589	0.6147	0.6551
17	0.5751	0.6468	0.6912	0.7235	0.4555	0.545	0.6006	0.641
18	0.5614	0.6329	0.6775	0.7102	0.4438	0.5321	0.5873	0.6278
19	0.5487	0.6198	0.6646	0.6975	0.4329	0.5201	0.5749	0.6154
20	0.5368	0.6075	0.6523	0.6854	0.4227	0.5088	0.5633	0.6036
40	0.3932	0.4535	0.4944	0.5262	0.3044	0.373	0.419	0.4547
50	0.3542	0.4102	0.4486	0.4789	0.2732	0.336	0.3787	0.4121
60	0.3248	0.3772	0.4135	0.4423	0.25	0.3083	0.3481	0.3796
70	0.3017	0.3511	0.3856	0.413	0.2319	0.2864	0.3239	0.3537
80	0.283	0.3298	0.3626	0.3889	0.2172	0.2686	0.3042	0.3325
90	0.2673	0.3119	0.3433	0.3685	0.205	0.2538	0.2876	0.3147
100	0.254	0.2966	0.3267	0.351	0.1946	0.2412	0.2735	0.2995
150	0.2083	0.244	0.2695	0.2901	0.1593	0.1979	0.2249	0.2468
200	0.1809	0.2121	0.2345	0.2528	0.1381	0.1718	0.1955	0.2147
500	0.1149	0.1351	0.1497	0.1617	0.0875	0.1091	0.1245	0.137
1000	0.0813	0.0957	0.1062	0.1148	0.0619	0.0773	0.0882	0.0971

附录 10　Duncan 法 SSR

自由度	显著性	检验极差的平均数个数						
		2	3	4	5	6	7	8
4	0.05	3.93	4.01	4.02	4.02	4.02	4.02	4.02
4	0.01	6.51	6.8	6.9	7	7.1	7.1	7.2
5	0.05	3.64	3.74	3.79	3.83	3.83	3.83	3.83

续表

自由度	显著性	检验极差的平均数个数						
		2	3	4	5	6	7	8
5	0.01	5.7	5.96	6.11	6.18	6.26	6.33	6.4
6	0.05	3.46	3.58	3.64	3.68	3.68	3.68	3.68
6	0.01	5.24	5.51	5.65	5.73	5.81	5.88	5.95
7	0.05	3.35	3.47	3.54	3.58	3.6	3.61	3.61
7	0.01	4.95	5.22	5.37	5.45	5.53	5.61	5.69
8	0.05	3.26	3.39	3.47	3.52	3.55	3.56	3.56
8	0.01	4.74	5	5.14	5.23	5.32	5.4	5.47
9	0.05	3.2	3.34	3.41	3.47	3.5	3.51	3.52
9	0.01	4.6	4.86	4.99	5.08	5.17	5.25	5.32
10	0.05	3.15	3.3	3.37	3.43	3.46	3.47	3.47
10	0.01	4.48	4.73	4.88	4.96	5.06	5.13	5.2
11	0.05	3.11	3.27	3.35	3.39	3.43	3.44	3.45
11	0.01	4.39	4.63	4.77	4.86	4.94	5.01	5.06
12	0.05	3.08	3.23	3.33	3.36	3.4	3.42	3.44
12	0.01	4.32	4.55	4.68	4.76	4.84	4.92	4.96
13	0.05	3.06	3.21	3.3	3.35	3.38	3.41	3.42
13	0.01	4.26	4.48	4.62	4.69	4.74	4.84	4.88
14	0.05	3.03	3.18	3.27	3.33	3.37	3.39	3.41
14	0.01	4.21	4.42	4.55	4.63	4.7	4.78	4.83
15	0.05	3.01	3.16	3.25	3.31	3.36	3.38	3.4
15	0.01	4.17	4.37	4.5	4.58	4.64	4.72	4.77

附录 11　*Q* 法 SSR

自由度	显著性	检验极差的平均数个数						
		2	3	4	5	6	7	8
4	0.05	3.93	5	5.76	6.31	6.73	7.06	7.35
4	0.01	6.51	8.12	9.17	9.96	10.6	11.1	11.5
5	0.05	3.61	4.54	5.18	5.64	5.99	6.28	6.52
5	0.01	5.7	6.97	7.8	8.42	8.91	9.32	9.67
6	0.05	3.46	4.34	4.9	5.31	5.63	5.89	6.12
6	0.01	5.24	6.33	7.03	7.56	7.97	8.32	8.61
7	0.05	3.34	4.16	4.68	5.06	5.35	5.59	5.8
7	0.01	4.95	5.92	6.54	7.01	7.37	7.68	7.94
8	0.05	3.26	4.04	4.53	4.89	5.17	5.4	5.6
8	0.01	4.74	5.63	6.2	6.63	6.96	7.24	7.47
9	0.05	3.2	3.95	4.42	4.76	5.02	5.24	5.43

续表

自由度	显著性	检验极差的平均数个数						
		2	3	4	5	6	7	8
9	0.01	4.6	5.43	5.96	6.35	6.66	6.91	7.13
10	0.05	3.15	3.88	4.33	4.66	4.91	5.12	5.3
10	0.01	4.48	5.27	5.77	6.14	6.43	6.67	6.87
11	0.05	3.11	3.82	4.26	4.58	4.82	5.03	5.2
11	0.01	4.39	5.14	5.62	5.97	6.25	6.48	6.67
12	0.05	3.08	3.77	4.2	4.51	4.75	4.95	5.12
12	0.01	4.32	5.04	5.5	5.84	6.1	6.32	6.51
13	0.05	3.06	3.73	4.15	4.46	4.69	4.88	5.05
13	0.01	4.26	4.96	5.4	5.73	5.98	6.19	6.37
14	0.05	3.03	3.7	4.11	4.41	4.64	4.83	4.99
14	0.01	4.21	4.89	5.32	5.63	5.88	6.08	6.26
15	0.05	3.01	3.67	4.08	4.37	4.59	4.78	4.94
15	0.01	4.17	4.83	5.25	5.56	5.8	5.99	6.16

附录 12　常用平滑系数矩阵

5 点 2 次

B=1/35

31	9	−3	−5	3
9	13	12	6	−5
−3	12	17	12	−3
−5	6	12	13	9
3	−5	−3	9	31

5 点 3 次

B=1/70

69	4	−6	4	−1
4	54	24	−16	4
−6	24	34	24	−6
4	−16	24	54	4
−1	4	−6	4	69

7 点 2 次

B=1/42

32	15	3	−4	−6	−3	5
15	12	9	6	3	0	−3
3	9	12	12	9	3	−6
−4	6	12	14	12	6	−4
−6	3	9	12	12	9	3
−3	0	3	6	9	12	15
5	−3	−6	−4	3	15	32

7 点 3 次

$B=1/42$

39	8	–4	–4	1	4	–2
8	19	16	6	–4	–7	4
–4	16	19	12	2	–4	1
–4	6	12	14	12	6	–4
1	–4	2	12	19	16	–4
4	–7	–4	6	16	19	8
–2	4	1	–4	–4	8	39

7 点 4 次

$B=1/462$

456	25	–35	10	20	–19	5
25	356	155	–60	–65	70	–19
–35	155	212	150	25	–65	20
10	–60	150	262	150	–60	10
20	–65	25	150	212	155	–35
–19	70	–65	–60	155	356	25
5	–19	20	10	–35	25	456

附录 13 常用求导系数矩阵

5 点 2 次

$D=1/70$

–6	24	34	24	–6
–14	–7	0	7	14
10	–5	–10	–5	10

5 点 3 次

$D=1/420$

–36	144	204	144	–36
35	–280	0	280	–35
60	–30	–60	–30	60
–35	70	0	–70	35

7 点 2 次

$D=1/84$

–8	12	24	28	24	12	–8
–9	–6	–3	0	3	6	9
5	0	–3	–4	–3	0	5

7 点 3 次

$D=1/252$

–24	36	72	84	72	36	–24
22	–67	–58	0	58	67	–22
15	0	–9	–12	–9	0	15
–7	7	7	0	–7	–7	7

7 点 4 次

D=1/5544							
	120	−720	1800	3144	1800	−720	120
	484	−1474	−1276	0	1276	1474	−484
	−273	1407	−399	−1470	−399	1407	−273
	−154	154	154	0	−154	−154	154
	63	−147	21	126	21	−147	63

附录 14　常用正交试验设计表

（1）$L_4(2^3)$

试验号	列号			试验号	列号		
	1	2	3		1	2	3
1	1	1	1	3	2	1	2
2	1	2	2	4	2	2	1

注：任意两列的交互作用是第三列。

（2）$L_8(2^7)$

试验号	列号						
	1	2	3	4	5	6	7
1	1	1	1	1	1	1	1
2	1	1	1	2	2	2	2
3	1	2	2	1	1	2	2
4	1	2	2	2	2	1	1
5	2	1	2	1	2	1	2
6	2	1	2	2	1	2	1
7	2	2	1	1	2	2	1
8	2	2	1	2	1	1	2

$L_8(2^7)$两列间的交互作用表

试验号	列号						
	1	2	3	4	5	6	7
1	（1）	3	2	5	4	7	6
2		（2）	1	6	7	4	5
3			（3）	7	6	5	4
4				（4）	1	2	3
5					（5）	3	2
6						（6）	1
7							（7）

$L_8(2^7)$表头设计

因素数	列号						
	1	2	3	4	5	6	7
3	A	B	$A\times B$	C	$A\times C$	$B\times C$	
4	A	B	$A\times B$ $C\times D$	C	$A\times C$ $B\times D$	$B\times C$ $A\times D$	D
4	A	B $C\times D$	$A\times B$	C $B\times D$	$A\times C$	D $B\times C$	$A\times D$
5	A $D\times E$	B $C\times D$	$A\times B$ $C\times E$	C $B\times D$	$A\times C$ $B\times E$	D $A\times E$ $B\times C$	E $A\times D$

（3）$L_8(4\times 2^4)$

试验号	列号				
	1	2	3	4	5
1	1	1	1	1	1
2	1	2	2	2	2
3	2	1	1	2	2
4	2	2	2	1	1
5	3	1	2	1	2
6	3	2	1	2	1
7	4	1	2	2	1
8	4	2	1	1	2

（4）$L_9(3^4)$

试验号	列号			
	1	2	3	4
1	1	1	1	1
2	1	2	2	2
3	1	3	3	3
4	2	1	2	3
5	2	2	3	1
6	2	3	1	2
7	3	1	3	2
8	3	2	1	3
9	3	3	2	1

注：任意两列的交互作用是另外两列。

（5）$L_{12}(2^{11})$

试验号	列号										
	1	2	3	4	5	6	7	8	9	10	11
1	1	1	1	1	1	1	1	1	1	1	1
2	1	1	1	1	1	2	2	2	2	2	2
3	1	1	2	2	2	1	1	1	2	2	2
4	1	2	1	2	2	1	2	2	1	1	2
5	1	2	2	1	2	2	1	2	1	2	1
6	1	2	2	2	1	2	2	1	2	1	1
7	2	1	2	2	1	1	2	2	1	2	1
8	2	1	2	1	2	2	2	1	1	1	2
9	2	1	1	2	2	2	1	2	2	1	1
10	2	2	2	1	1	1	1	2	2	1	2
11	2	2	1	2	1	2	1	1	1	2	2
12	2	2	1	1	2	1	2	1	2	2	1

（6）$L_{16}(2^{15})$

试验号	列号														
	1	2	3	4	5	6	7	8	9	10	11	12	13	14	15
1	1	1	1	1	1	1	1	1	1	1	1	1	1	1	1
2	1	1	1	1	1	1	1	2	2	2	2	2	2	2	2
3	1	1	1	2	2	2	2	1	1	1	1	2	2	2	2
4	1	1	1	2	2	2	2	2	2	2	2	1	1	1	1
5	1	2	2	1	1	2	2	1	1	2	2	1	1	2	2
6	1	2	2	1	1	2	2	2	2	1	1	2	2	1	1
7	1	2	2	2	2	1	1	1	1	2	2	2	2	1	1
8	1	2	2	2	2	1	1	2	2	1	1	1	1	2	2
9	2	1	2	1	2	1	2	1	2	1	2	1	2	1	2
10	2	1	2	1	2	1	2	2	1	2	1	2	1	2	1
11	2	1	2	2	1	2	1	1	2	1	2	2	1	2	1
12	2	1	2	2	1	2	1	2	1	2	1	1	2	1	2
13	2	2	1	1	2	2	1	1	2	2	1	1	2	2	1
14	2	2	1	1	2	2	1	2	1	1	2	2	1	1	2
15	2	2	1	2	1	1	2	1	2	2	1	2	1	1	2
16	2	2	1	2	1	1	2	2	1	1	2	1	2	2	1

$L_{16}(2^{15})$二列之间的交互作用

列号	1	2	3	4	5	6	7	8	9	10	11	12	13	14	15
	(1)	3	2	5	4	7	6	9	8	11	10	13	12	15	14
		(2)	1	6	7	4	5	10	11	8	9	14	15	12	13
			(3)	7	6	5	4	11	10	9	8	15	14	13	12
				(4)	1	2	3	12	13	14	15	8	9	10	11
					(5)	3	2	13	12	15	14	9	8	11	10
						(6)	1	14	15	12	13	10	11	8	9
							(7)	15	14	13	12	11	10	9	8
								(8)	1	2	3	4	5	6	7
									(9)	3	2	5	4	7	6
										(10)	1	6	7	4	5
											(11)	7	6	5	4
												(12)	1	2	3
													(13)	3	2
														(14)	1

$L_{16}(2^{15})$表头设计

因素数	列号														
	1	2	3	4	5	6	7	8	9	10	11	12	13	14	15
4	*A*	*B*	*A*×*B*	*C*	*A*×*C*	*B*×*C*		*D*	*A*×*D*	*B*×*D*		*C*×*D*			
5	*A*	*B*	*A*×*B*	*C*	*A*×*C*	*B*×*C*	*D*×*E*	*D*	*A*×*D*	*B*×*D*	*C*×*E*	*C*×*D*	*B*×*E*	*A*×*E*	*E*
6	*A*	*B*	*A*×*B* *D*×*E*	*C*	*A*×*C* *D*×*F*	*B*×*C* *E*×*F*		*D*	*A*×*D* *B*×*E* *C*×*F*	*B*×*D* *A*×*E*	*E*	*C*×*D* *A*×*F*	*F*		*C*×*E* *B*×*F*
7	*A*	*B*	*A*×*B* *D*×*E* *F*×*G*	*C*	*A*×*C* *D*×*F* *E*×*G*	*B*×*C* *E*×*F* *D*×*G*		*D*	*A*×*D* *B*×*E* *C*×*F*	*B*×*D* *A*×*E* *C*×*G*	*E*	*C*×*D* *A*×*F* *B*×*G*	*F*	*G*	*C*×*E* *B*×*F* *A*×*G*
8	*A*	*B*	*A*×*B* *D*×*E* *F*×*G* *C*×*H*	*C*	*A*×*C* *D*×*F* *E*×*G* *B*×*H*	*B*×*C* *E*×*F* *D*×*G* *A*×*H*	*H*	*D*	*A*×*D* *B*×*E* *C*×*F* *G*×*H*	*B*×*D* *A*×*E* *C*×*G* *F*×*H*	*E*	*C*×*D* *A*×*F* *B*×*G* *E*×*H*	*F*	*G*	*C*×*E* *B*×*F* *A*×*G* *D*×*H*

（7）$L_{16}(4\times2^{12})$

试验号	列号												
	1	2	3	4	5	6	7	8	9	10	11	12	13
1	1	1	1	1	1	1	1	1	1	1	1	1	1
2	1	1	1	1	1	2	2	2	2	2	2	2	2
3	1	2	2	2	2	1	1	1	1	2	2	2	2
4	1	2	2	2	2	2	2	2	2	1	1	1	1
5	2	1	1	2	2	1	1	2	2	1	1	2	2
6	2	1	1	2	2	2	2	1	1	2	2	1	1

续表

试验号	列号												
	1	2	3	4	5	6	7	8	9	10	11	12	13
7	2	2	2	1	1	1	1	2	2	2	2	1	1
8	2	2	2	1	1	2	2	1	1	1	1	2	2
9	3	1	2	1	2	1	2	1	2	1	2	1	2
10	3	1	2	1	2	2	1	2	1	2	1	2	1
11	3	2	1	2	1	1	2	1	2	2	1	2	1
12	3	2	1	2	1	2	1	2	1	1	2	1	2
13	4	1	2	2	1	1	2	2	1	1	2	2	1
14	4	1	2	2	1	2	1	1	2	2	1	1	2
15	4	2	1	1	2	1	2	2	1	2	1	1	2
16	4	2	1	1	2	2	1	1	2	1	2	2	1

$L_{16}(4\times2^{12})$表头设计

因素数	1	2	3	4	5	6	7	8	9	10	11	12	13
3	A	B	$(A\times B)_1$	$(A\times B)_2$	$(A\times B)_3$	C	$(A\times C)_1$	$(A\times C)_2$	$(A\times C)_3$	$B\times C$			
4	A	B	$(A\times B)_1$ $C\times D$	$(A\times B)_2$	$(A\times B)_3$	C	$(A\times C)_1$ $B\times D$	$(A\times C)_2$	$(A\times C)_3$	$B\times C$ $(A\times D)_1$	D	$(A\times D)_3$	$(A\times D)_2$
5	A	B	$(A\times B)_1$ $C\times D$	$(A\times B)_2$ $C\times E$	$(A\times B)_3$	C	$(A\times C)_1$ $B\times D$	$(A\times C)_2$ $B\times E$	$(A\times C)_3$	$B\times C$ $(A\times D)_1$ $(A\times E)_2$	D $(A\times E)_2$	E $(A\times D)_3$	$(A\times E)_1$ $(A\times D)_2$

（8）$L_{16}(4^2\times2^9)$

试验号	列号										
	1	2	3	4	5	6	7	8	9	10	11
1	1	1	1	1	1	1	1	1	1	1	1
2	1	2	1	1	1	2	2	2	2	2	2
3	1	3	2	2	2	1	1	1	2	2	2
4	1	4	2	2	2	2	2	2	1	1	1
5	2	1	1	2	2	1	2	2	1	2	2
6	2	2	1	2	2	2	1	1	2	1	1
7	2	3	2	1	1	1	2	2	2	1	1
8	2	4	2	1	1	2	1	1	1	2	2
9	3	1	2	1	2	2	1	2	2	1	2
10	3	2	2	1	2	1	2	1	1	2	1
11	3	3	1	2	1	2	1	2	1	2	1
12	3	4	1	2	1	1	2	1	2	1	2
13	4	1	2	2	1	2	2	1	2	2	1
14	4	2	2	2	1	1	1	2	1	1	2
15	4	3	1	1	2	2	2	1	1	1	2
16	4	4	1	1	2	1	1	2	2	2	1

（9）$L_{16}(4^3\times2^6)$

试验号	列号								
	1	2	3	4	5	6	7	8	9
1	1	1	1	1	1	1	1	1	1
2	1	2	2	1	1	2	2	2	2
3	1	3	3	2	2	1	1	2	2
4	1	4	4	2	2	2	2	1	1
5	2	1	2	2	2	1	2	1	2
6	2	2	1	2	2	2	1	2	1
7	2	3	4	1	1	1	2	2	1
8	2	4	3	1	1	2	1	1	2
9	3	1	3	1	2	2	2	2	1
10	3	2	4	1	2	1	1	1	2
11	3	3	1	2	1	2	2	1	2
12	3	4	2	2	1	1	1	2	1
13	4	1	4	2	1	2	1	2	2
14	4	2	3	2	1	1	2	1	1
15	4	3	2	1	2	2	1	1	1
16	4	4	1	1	2	1	2	2	2

（10）$L_{16}(4^4\times2^3)$

试验号	列号						
	1	2	3	4	5	6	7
1	1	1	1	1	1	1	1
2	1	2	2	2	1	2	2
3	1	3	3	3	2	1	2
4	1	4	4	4	2	2	1
5	2	1	2	3	2	2	1
6	2	2	1	4	2	1	2
7	2	3	4	1	1	2	2
8	2	4	3	2	1	1	1
9	3	1	3	4	1	2	2
10	3	2	4	3	1	1	1
11	3	3	1	2	2	2	1
12	3	4	2	1	2	1	2
13	4	1	4	2	2	1	2
14	4	2	3	1	2	2	1
15	4	3	2	4	1	1	1
16	4	4	1	3	1	2	2

（11）$L_{16}(4^5)$

试验号	列号				
	1	2	3	4	5
1	1	1	1	1	1
2	1	2	2	2	2
3	1	3	3	3	3
4	1	4	4	4	4
5	2	1	2	3	4
6	2	2	1	4	3
7	2	3	4	1	2
8	2	4	3	2	1
9	3	1	3	4	2
10	3	2	4	3	1
11	3	3	1	2	4
12	3	4	2	1	3
13	4	1	4	2	3
14	4	2	3	1	4
15	4	3	2	4	1
16	4	4	1	3	2

（12）$L_{16}(8\times2^8)$

试验号	列号								
	1	2	3	4	5	6	7	8	9
1	1	1	1	1	1	1	1	1	1
2	1	2	2	2	2	2	2	2	2
3	2	1	1	1	1	2	2	2	2
4	2	2	2	2	2	1	1	1	1
5	3	1	1	2	2	1	1	2	2
6	3	2	2	1	1	2	2	1	1
7	4	1	1	2	2	2	2	1	1
8	4	2	2	1	1	1	1	2	2
9	5	1	2	1	2	1	2	1	2
10	5	2	1	2	1	2	1	2	1
11	6	1	2	1	2	2	1	2	1
12	6	2	1	2	1	1	2	1	2
13	7	1	2	2	1	1	2	2	1
14	7	2	1	1	2	2	1	1	2
15	8	1	2	2	1	2	1	1	2
16	8	2	1	1	2	1	2	2	1

（13）$L_{18}(2\times3^7)$

试验号	列号							
	1	2	3	4	5	6	7	8
1	1	1	1	1	1	1	1	1
2	1	1	2	2	2	2	2	2
3	1	1	3	3	3	3	3	3
4	1	2	1	1	2	2	3	3
5	1	2	2	2	3	3	1	1
6	1	2	3	3	1	1	2	2
7	1	3	1	2	1	3	2	3
8	1	3	2	3	2	1	3	1
9	1	3	3	1	3	2	1	2
10	2	1	1	3	3	2	2	1
11	2	1	2	1	1	3	3	2
12	2	1	3	2	2	1	1	3
13	2	2	1	2	3	1	3	2
14	2	2	2	3	1	2	1	3
15	2	2	3	1	2	3	2	1
16	2	3	1	3	2	3	1	2
17	2	3	2	1	3	1	2	3
18	2	3	3	2	1	2	3	1

（14）$L_{18}(3^7)$

试验号	列号						
	1	2	3	4	5	6	7
1	1	1	1	1	1	1	1
2	1	2	2	2	2	2	2
3	1	3	3	3	3	3	3
4	2	1	1	2	2	3	3
5	2	2	2	3	3	1	1
6	2	3	3	1	1	2	2
7	3	1	2	1	3	2	3
8	3	2	3	2	1	3	1
9	3	3	1	3	2	1	2
10	1	1	3	3	2	2	1
11	1	2	1	1	3	3	2
12	1	3	2	2	1	1	3
13	2	1	2	3	1	3	2
14	2	2	3	1	2	1	3
15	2	3	1	2	3	2	1
16	3	1	3	2	3	1	2
17	3	2	1	3	1	2	3
18	3	3	2	1	2	3	1

（15）$L_{25}(5^6)$

试验号	列号					
	1	2	3	4	5	6
1	1	1	1	1	1	1
2	1	2	2	2	2	2
3	1	3	3	3	3	3
4	1	4	4	4	4	4
5	1	5	5	5	5	5
6	2	1	2	3	4	5
7	2	2	3	4	5	1
8	2	3	4	5	1	2
9	2	4	5	1	2	3
10	2	5	1	2	3	4
11	3	1	3	5	2	4
12	3	2	4	1	3	5
13	3	3	5	2	4	1
14	3	4	1	3	5	2
15	3	5	2	4	1	3
16	4	1	4	2	5	3
17	4	2	5	3	1	4
18	4	3	1	4	2	5
19	4	4	2	5	3	1
20	4	5	3	1	4	2
21	5	1	5	4	3	2
22	5	2	1	5	4	3
23	5	3	2	1	5	4
24	5	4	3	2	1	5
25	5	5	4	3	2	1

（16）$L_{27}(3^{13})$

试验号	列号												
	1	2	3	4	5	6	7	8	9	10	11	12	13
1	1	1	1	1	1	1	1	1	1	1	1	1	1
2	1	1	1	1	2	2	2	2	2	2	2	2	2
3	1	1	1	1	3	3	3	3	3	3	3	3	3
4	1	2	2	2	1	1	1	2	2	2	3	3	3
5	1	2	2	2	2	2	2	3	3	3	1	1	1
6	1	2	2	2	3	3	3	1	1	1	2	2	2
7	1	3	3	3	1	1	1	3	3	3	2	2	2
8	1	3	3	3	2	2	2	1	1	1	3	3	3

续表

试验号	列号												
	1	2	3	4	5	6	7	8	9	10	11	12	13
9	1	3	3	3	3	3	3	2	2	2	1	1	1
10	2	1	2	3	1	2	3	1	2	3	1	2	3
11	2	1	2	3	2	3	1	2	3	1	2	3	1
12	2	1	2	3	3	1	2	3	1	2	3	1	2
13	2	2	3	1	1	2	3	2	3	1	3	1	2
14	2	2	3	1	2	3	1	3	1	2	1	2	3
15	2	2	3	1	3	1	2	1	2	3	2	3	1
16	2	3	1	2	1	2	3	3	1	2	2	3	1
17	2	3	1	2	2	3	1	1	2	3	3	1	2
18	2	3	1	2	3	1	2	2	3	1	1	2	3
19	3	1	3	2	1	3	2	1	3	2	1	3	2
20	3	1	3	2	2	1	3	2	1	3	2	1	3
21	3	1	3	2	3	2	1	3	2	1	3	2	1
22	3	2	1	3	1	3	2	2	1	3	3	2	1
23	3	2	1	3	2	1	3	3	2	1	1	3	2
24	3	2	1	3	3	2	1	1	3	2	2	1	3
25	3	3	2	1	1	3	2	3	2	1	2	1	3
26	3	3	2	1	2	1	3	1	3	2	3	2	1
27	3	3	2	1	3	2	1	2	1	3	1	3	2

$L_{27}(3^{13})$表头设计

因素数	列号												
	1	2	3	4	5	6	7	8	9	10	11	12	13
3	A	B	$(A\times B)_1$	$(A\times B)_2$	C	$(A\times C)_1$	$(A\times C)_2$	$(B\times C)_1$			$(B\times C)_2$		
4	A	B	$(A\times B)_1$ $(C\times D)_2$	$(A\times B)_2$	C	$(A\times C)_1$ $(B\times D)_2$	$(A\times C)_2$	$(B\times C)_1$ $(A\times D)_2$	D	$(A\times D)_1$	$(B\times C)_2$	$(B\times D)_1$	$(C\times D)_1$

$L_{27}(3^{13})$二列之间的交互作用

列号	列号												
	1	2	3	4	5	6	7	8	9	10	11	12	13
（1）	（1）	3、4	2、4	2、3	6、7	5、7	5、6	9、10	8、10	8、9	12、13	11、13	11、12
（2）		（2）	1、4	1、3	8、11	9、12	10、13	5、11	6、12	7、13	5、8	6、9	7、10
（3）			（3）	1、2	9、13	10、11	8、12	7、12	5、13	6、11	6、10	7、8	5、9
（4）				（4）	10、12	8、13	9、11	6、13	7、11	5、12	7、9	5、10	6、8
（5）					（5）	1、7	1、6	2、11	3、13	4、12	2、8	4、10	3、9
（6）						（6）	1、5	4、13	2、12	3、11	3、10	2、9	4、8

续表

列号	列号												
	1	2	3	4	5	6	7	8	9	10	11	12	13
（7）							（7）	3、12	4、11	2、13	4、9	3、8	2、10
（8）								（8）	1、10	1、9	2、5	3、7	4、6
（9）									（9）	1、8	4、7	2、6	3、5
（10）										（10）	3、6	4、5	2、7
（11）											（11）	1、13	1、12
（12）												（12）	1、11

附录 15　常用均匀试验设计表

引用自 http：//www.math.hkbu.edu.hk/UniformDesign（表头为因素数）

（1）U_5

序号	2	3	4
1	1 2	5 3 3	3 3 1 5
2	2 5	4 4 5	4 5 3 1
3	4 1	3 1 1	1 4 4 4
4	5 4	2 5 2	5 2 5 3
5	3 3	1 2 4	2 1 2 2

（2）U_6

序号	2	3	4	5
1	5 5	2 4 6	5 4 6 2	3 1 6 5 4
2	4 1	3 6 2	4 6 4 6	5 2 2 2 5
3	2 2	6 5 4	3 1 3 1	6 5 3 6 3
4	3 6	1 2 3	6 3 1 4	4 4 5 1 1
5	1 4	5 3 1	1 5 2 3	2 6 4 3 6
6	6 3	4 1 5	2 2 5 5	1 3 1 4 2

（3）U_7

序号	2	3	4	5	6
1	4 4	7 4 3	7 3 5 4	2 3 6 5 1	7 5 4 7 5 6
2	3 7	1 5 4	5 1 2 2	1 5 1 4 5	1 1 3 6 3 4
3	5 1	6 1 5	4 7 7 3	5 6 5 7 6	3 3 6 1 4 7
4	2 2	2 2 2	3 4 1 5	3 1 4 2 7	6 2 2 2 6 2
5	1 5	4 3 7	1 5 4 1	6 2 2 6 3	4 6 1 3 1 5
6	7 3	5 6 1	2 2 6 6	7 4 7 3 4	2 7 5 4 7 3
7	6 6	3 7 6	6 6 3 7	4 7 3 1 2	5 4 7 5 2 1

（4）U_8

序号	2		3			4				5					6						7						
1	3	4	5	8	3	4	1	7	6	1	5	3	4	8	4	6	7	3	7	1	7	7	1	4	2	5	2
2	5	1	4	1	6	2	3	1	5	3	8	4	7	2	8	2	5	7	6	3	8	5	6	5	5	8	8
3	4	8	1	3	4	7	6	8	4	8	6	1	5	5	3	4	2	6	1	2	3	4	3	8	8	7	3
4	8	3	2	7	7	3	7	5	8	2	3	8	6	4	1	1	4	1	5	5	5	2	8	3	6	4	1
5	6	5	7	2	2	8	4	3	7	7	4	6	3	1	5	5	1	5	8	8	4	6	2	2	7	2	7
6	1	6	8	6	5	1	5	6	2	6	2	5	8	7	7	8	3	2	3	4	2	3	5	1	1	6	5
7	2	2	6	4	8	6	2	4	1	4	1	2	2	3	2	7	6	8	4	6	1	8	7	6	4	3	4
8	7	7	3	5	1	5	8	2	3	5	7	7	1	6	6	3	8	4	2	7	6	1	4	7	3	1	6

（5）U_9

序号	2		3			4				5					6						7							8							
1	5	5	3	9	6	4	1	7	5	2	6	7	9	3	4	6	1	9	5	7	6	8	6	2	7	7	1	2	5	9	1	6	8	6	6
2	1	4	9	4	7	1	3	4	3	5	7	1	4	2	6	5	2	3	7	1	7	9	5	9	3	2	6	8	1	6	5	5	9	2	2
3	7	8	7	1	4	9	9	5	4	9	4	2	8	6	2	8	6	7	8	3	8	4	8	6	9	5	8	5	9	8	9	7	4	4	3
4	2	7	2	2	8	6	6	6	9	1	3	3	2	5	8	2	5	6	9	8	5	2	4	1	6	1	7	1	3	5	7	1	3	3	7
5	3	2	1	6	3	5	7	2	1	3	9	4	7	8	3	3	9	1	6	6	3	7	1	5	5	8	9	9	6	7	4	2	1	8	5
6	9	6	8	8	2	2	8	8	7	7	1	5	6	1	1	1	3	5	2	4	1	5	3	7	8	3	2	6	8	3	2	4	5	1	9
7	8	3	4	3	1	3	5	1	6	6	5	6	1	9	5	7	7	4	1	9	2	6	9	3	1	4	5	3	7	2	6	3	7	7	1
8	6	1	5	5	5	8	2	3	8	8	8	8	3	4	7	4	8	8	3	2	4	1	7	8	4	9	4	7	4	4	8	8	6	9	8
9	4	9	6	7	9	7	4	9	2	4	2	9	5	7	9	9	4	2	4	5	9	3	2	4	2	6	3	4	2	1	3	9	2	5	4

（6）U_{10}-1

序号	2		3			4				5					6						7						
1	2	9	6	7	1	1	4	3	5	4	6	6	10	1	6	7	1	7	1	7	4	6	3	2	6	1	10
2	8	10	2	8	8	5	6	7	1	6	2	8	1	4	4	1	4	5	10	8	6	3	10	1	5	6	1
3	10	6	5	3	10	8	2	2	2	1	1	4	7	6	7	2	8	1	2	5	8	7	4	3	1	9	4
4	4	7	1	5	4	4	7	1	9	3	5	2	3	9	1	5	2	2	7	4	7	4	6	10	7	10	9
5	1	3	7	1	7	6	3	10	6	5	10	7	6	10	9	3	3	9	5	2	2	5	7	9	2	2	3
6	5	1	9	6	9	7	10	4	7	10	7	5	2	7	2	4	9	8	4	9	1	8	8	4	9	8	6
7	9	2	4	10	6	10	8	5	4	2	8	9	4	3	8	6	10	6	9	3	3	1	1	6	3	7	7
8	7	4	10	4	5	9	5	8	10	7	9	1	8	5	3	9	6	4	3	1	9	9	9	7	4	4	8
9	6	8	8	9	3	2	9	9	3	8	4	10	9	8	10	8	5	3	6	10	10	2	5	5	10	3	5
10	3	5	3	2	2	3	1	6	8	9	3	3	5	2	5	10	7	10	8	6	5	10	2	8	8	5	2

U_{10}-2

序号	8								9								
1	3	9	4	3	8	3	9	4	9	3	7	3	10	3	5	3	3
2	10	5	3	2	3	4	5	10	7	5	2	9	4	1	8	2	7
3	1	6	8	8	2	1	6	7	3	8	10	6	3	7	6	1	2
4	7	10	9	5	10	6	3	8	5	4	8	5	2	2	2	8	10
5	6	1	10	4	4	5	8	1	2	10	6	4	9	4	10	6	8
6	9	7	6	10	5	10	10	6	4	6	3	10	8	5	1	7	1
7	4	2	2	7	9	7	7	9	1	1	1	2	5	8	4	5	6
8	2	4	7	1	6	9	1	5	8	7	4	1	1	6	7	10	4
9	8	3	5	9	7	2	2	3	10	9	5	7	6	10	3	4	9
10	5	8	1	6	1	8	4	2	6	2	9	8	7	9	9	9	5

（7）U_{12}-1

序号	2		3			4				5					6						7						
1	4	8	3	2	11	11	8	2	10	12	5	9	10	6	8	4	12	4	11	5	4	3	2	3	5	2	9
2	10	11	1	6	4	9	7	12	8	6	1	5	8	1	3	3	2	6	2	4	11	6	10	2	9	9	10
3	9	5	9	7	12	8	2	3	2	8	9	3	12	4	1	11	9	3	5	7	8	1	5	7	12	6	11
4	8	9	11	11	3	10	12	6	4	9	2	11	4	8	4	5	10	10	7	1	5	12	7	10	4	8	12
5	5	4	10	1	5	1	10	4	7	7	8	6	1	12	7	10	1	12	8	6	9	10	3	5	3	12	7
6	3	2	2	10	8	2	5	11	3	2	12	4	5	7	10	2	8	11	4	8	2	7	6	1	1	7	3
7	6	12	6	12	10	4	6	1	5	4	4	2	2	5	9	8	5	1	3	2	1	9	12	8	8	4	8
8	7	1	5	4	7	7	4	5	12	1	7	10	6	3	12	6	3	5	6	12	12	8	1	9	7	5	2
9	1	6	12	5	9	6	9	8	1	11	6	1	7	10	6	9	11	8	1	11	6	2	11	6	6	11	1
10	11	3	4	8	1	3	1	7	9	10	11	8	3	2	5	1	6	2	9	10	10	4	9	11	2	3	6
11	2	10	7	3	2	5	11	10	11	3	3	7	11	11	2	7	4	9	12	9	7	11	8	4	11	1	4
12	12	7	8	9	6	12	3	9	6	5	10	12	9	9	11	12	7	7	10	3	3	5	4	12	10	10	5

U_{12}-2

序号	8								9									10									
1	11	3	9	7	11	1	3	7	2	6	3	5	2	11	1	9	6	8	7	12	1	10	3	4	9	10	5
2	7	2	12	2	2	6	7	3	12	7	4	9	10	3	2	3	5	5	4	2	4	1	6	6	3	11	2
3	1	6	6	12	5	5	1	4	8	12	1	2	6	7	5	5	12	4	11	9	9	2	8	1	8	9	9
4	6	11	2	4	9	3	5	2	3	5	8	11	3	2	6	4	11	7	12	8	7	11	9	7	1	3	1
5	5	1	3	10	10	10	6	9	7	11	10	12	7	8	4	10	2	6	1	1	8	12	7	5	12	6	10
6	3	4	4	5	4	2	11	10	5	1	11	4	12	6	3	7	9	10	2	10	10	4	2	8	2	7	8
7	10	7	5	1	6	9	2	12	11	9	12	6	1	4	10	8	8	9	10	4	3	3	5	9	11	1	7
8	8	10	11	11	8	4	9	11	9	3	5	10	9	10	9	11	10	12	5	7	2	6	12	3	5	4	11

续表

序号	8								9									10									
9	4	12	10	6	3	11	4	8	1	10	7	7	11	9	11	1	7	2	3	11	6	5	10	11	10	5	4
10	9	5	7	8	7	12	12	1	4	8	6	1	8	1	8	12	4	1	9	6	5	9	4	12	4	8	12
11	12	9	1	9	1	7	8	6	10	4	9	3	5	12	7	2	3	3	6	5	12	7	1	2	6	2	3
12	2	8	8	3	12	8	10	5	6	2	2	8	4	5	12	6	1	11	8	3	11	8	11	10	7	12	6

U_{12}-3

序号	11										
1	6	6	5	4	1	10	11	11	11	10	5
2	4	7	8	9	11	11	2	2	6	12	4
3	2	8	10	5	2	1	4	9	5	4	3
4	3	2	2	12	10	2	9	10	7	7	7
5	9	12	6	7	12	6	8	7	12	1	1
6	7	3	9	10	3	8	10	3	1	2	6
7	5	5	1	6	5	5	3	1	10	3	11
8	11	9	12	11	4	4	7	6	9	11	10
9	8	1	11	2	9	12	5	8	8	5	9
10	10	10	3	8	6	9	1	12	2	6	8
11	12	4	4	1	7	3	6	4	3	9	2
12	1	11	7	3	8	7	12	5	4	8	12

（8）U_{15}-1

序号	2		3			4				5					6						7						
1	10	1	2	14	5	9	1	4	10	2	10	1	13	8	1	8	9	1	7	14	8	6	14	1	11	13	4
2	15	9	5	7	15	11	14	5	5	13	8	15	12	10	2	7	4	13	13	6	10	10	11	4	14	10	15
3	14	3	10	6	4	10	7	10	1	4	15	6	4	9	6	10	13	5	15	4	4	15	1	5	9	7	5
4	9	12	15	4	11	3	12	3	2	6	4	5	9	15	10	15	15	7	6	7	9	7	2	13	8	1	14
5	6	15	8	9	1	13	10	2	13	14	2	2	7	11	8	3	11	14	5	3	1	11	4	10	12	12	10
6	2	13	4	3	2	5	4	8	15	3	1	9	11	5	11	5	6	2	10	1	13	12	8	7	13	3	1
7	12	6	14	11	3	2	2	12	6	1	6	12	6	12	14	6	12	4	2	10	14	9	5	2	1	6	9
8	13	14	7	2	13	12	5	14	11	12	14	4	10	6	9	11	5	12	3	15	12	14	9	14	6	14	7
9	11	11	9	15	10	1	8	6	12	7	7	3	1	3	15	9	1	10	8	5	2	2	10	3	7	2	8
10	5	4	13	8	8	7	6	1	7	11	11	8	2	14	7	14	3	3	11	11	7	13	15	9	4	4	12
11	1	7	1	5	9	4	15	9	9	8	13	11	15	13	5	1	2	6	4	8	3	8	12	12	2	9	2
12	8	5	3	10	12	14	3	7	3	15	9	10	5	4	13	12	10	15	12	9	5	5	7	6	3	15	13
13	3	2	11	1	6	6	9	15	4	5	12	14	8	2	4	4	14	11	9	12	15	3	13	11	10	8	11
14	4	10	6	12	7	15	11	11	8	9	3	13	3	7	3	13	8	9	1	2	6	4	6	15	15	5	6
15	7	8	12	13	14	8	13	13	14	10	5	7	14	1	12	2	7	8	14	13	11	1	3	8	5	11	3

U$_{15}$-2

序号	8								9									10									
1	13	5	4	10	9	15	12	3	10	13	1	7	1	11	9	7	14	10	9	4	4	2	8	1	15	6	12
2	3	7	5	4	7	1	6	15	14	2	8	11	4	15	12	4	8	9	6	13	13	1	7	13	2	8	3
3	8	1	10	5	5	12	1	5	5	4	3	13	12	9	6	2	12	13	15	10	2	7	5	8	11	11	1
4	4	15	2	6	13	10	8	4	13	6	15	8	13	12	1	9	6	7	5	9	5	11	2	2	5	1	4
5	7	3	1	15	4	6	10	10	1	5	2	9	7	3	14	10	5	3	11	14	7	3	3	5	7	14	10
6	5	8	14	14	10	7	3	1	8	1	9	3	9	1	3	8	15	1	8	12	3	13	9	14	10	4	11
7	12	6	15	7	1	9	9	13	4	3	11	5	2	10	8	14	2	4	14	1	10	15	6	7	1	7	8
8	15	4	8	1	15	8	5	9	6	14	14	4	10	8	15	3	7	2	4	3	12	8	10	3	9	12	2
9	9	9	9	13	14	11	15	14	3	9	7	2	14	14	11	11	11	6	3	8	1	6	15	9	3	10	15
10	11	12	3	9	11	4	2	12	2	11	12	10	3	5	2	5	10	8	7	6	15	12	1	11	12	13	13
11	2	2	12	8	12	3	13	7	7	15	6	15	8	13	4	12	4	11	2	15	9	14	13	6	14	9	7
12	14	14	11	12	6	2	7	6	12	8	5	1	5	7	5	1	3	15	1	2	8	5	4	12	8	3	9
13	10	10	6	3	3	5	14	2	9	10	10	12	15	2	10	6	1	5	13	7	11	4	14	10	13	2	5
14	6	13	13	2	8	14	11	11	11	7	13	14	6	6	13	13	13	14	12	11	14	9	11	4	6	5	14
15	1	11	7	11	2	13	4	8	15	12	4	6	11	4	7	15	9	12	10	5	6	10	12	15	4	15	6

U$_{15}$-3

序号	11											12											
1	14	13	14	10	13	4	11	13	7	6	10	5	9	6	14	4	13	15	14	11	2	6	8
2	2	2	13	14	6	10	3	11	10	5	7	13	15	7	10	1	7	5	6	15	13	5	6
3	13	11	2	15	8	7	1	8	5	14	5	12	2	12	3	2	8	14	4	7	4	12	9
4	10	8	12	13	9	12	14	6	14	12	15	7	12	5	2	14	5	2	3	10	3	7	11
5	4	9	15	6	2	8	8	1	2	15	9	10	7	4	15	8	1	10	1	9	9	15	2
6	8	5	8	9	15	15	7	14	1	11	2	1	10	10	5	7	11	9	7	12	15	14	15
7	11	7	11	5	12	5	4	2	13	4	3	8	8	14	13	6	14	4	2	3	8	2	13
8	7	12	10	1	7	11	15	9	4	1	4	4	3	2	9	3	4	3	12	6	10	11	12
9	9	10	1	7	3	9	6	15	15	3	11	15	5	8	7	11	3	11	11	13	7	1	14
10	12	1	9	2	5	2	5	10	6	10	14	11	6	9	1	9	15	1	15	8	11	8	1
11	6	4	4	12	10	3	9	4	3	2	12	3	13	11	4	5	2	8	10	2	6	4	3
12	3	14	6	4	14	13	2	5	8	8	13	14	11	1	8	10	12	7	9	1	1	13	7
13	15	3	5	8	1	14	12	3	9	7	6	2	1	15	11	13	9	6	8	14	5	9	4
14	5	15	7	11	4	1	10	7	12	9	1	6	4	3	6	12	10	13	5	4	14	3	5
15	1	6	3	3	11	6	13	12	11	13	8	9	14	13	12	15	6	12	13	5	12	10	10

U$_{15}$-4

序号	13													14													
1	7	13	15	8	12	1	14	5	2	10	11	8	13	7	11	12	2	8	6	5	5	4	13	4	14	2	13
2	6	3	13	11	4	14	5	12	8	13	13	11	11	3	1	2	9	13	9	11	4	5	11	8	4	1	5
3	11	4	10	4	14	13	12	4	10	6	3	13	10	14	12	9	10	3	4	3	6	9	8	14	1	3	4
4	5	7	6	7	2	4	1	3	15	4	7	9	14	4	2	13	14	7	10	4	13	15	6	7	12	5	6
5	4	14	9	5	15	9	2	14	12	11	8	10	3	12	7	3	3	4	8	12	11	13	3	5	5	4	14
6	15	1	11	6	8	6	3	2	7	9	10	1	2	8	10	1	13	2	14	6	3	12	10	9	11	14	11
7	12	9	12	15	9	5	9	10	13	1	12	15	6	2	8	14	8	9	1	15	2	14	7	12	6	11	12
8	10	5	4	3	3	3	13	13	3	8	9	12	4	5	14	6	5	6	13	14	15	7	15	15	9	7	7
9	3	2	5	13	11	2	11	9	11	14	5	3	8	6	4	8	6	1	3	7	14	3	9	1	2	15	8
10	14	8	7	14	10	10	4	15	1	7	4	6	15	15	6	7	11	10	5	13	9	11	14	3	15	10	3
11	13	11	3	2	7	11	10	8	14	12	14	4	12	1	13	5	4	12	7	1	8	10	1	6	8	13	2
12	2	6	2	9	13	12	7	6	4	2	15	7	5	13	3	11	7	15	12	2	10	8	12	11	7	12	15
13	8	15	8	12	1	15	15	7	9	5	6	5	1	11	5	10	1	5	11	9	1	1	4	10	10	9	1
14	1	10	14	1	5	7	8	11	6	3	2	2	9	10	15	15	15	11	15	10	7	6	5	2	3	8	9
15	9	12	1	10	6	8	6	1	5	15	1	14	7	9	9	4	12	14	2	8	12	2	2	13	13	6	10

（9）U$_{16}$-1

序号	2		3			4				5					6						7						
1	2	3	1	12	7	8	16	8	14	8	2	12	12	3	12	2	11	7	15	13	6	6	6	16	8	1	13
2	9	5	5	9	1	5	6	1	12	1	10	13	6	13	14	10	8	2	4	15	15	2	4	13	10	10	5
3	15	14	3	4	4	3	13	10	10	4	1	6	7	10	5	13	10	8	3	1	1	8	10	14	5	14	7
4	1	10	11	2	2	1	10	4	6	6	7	10	16	15	3	8	16	5	7	11	9	10	1	11	14	13	15
5	16	7	4	14	15	13	2	6	11	10	13	16	13	11	1	1	9	12	6	5	16	9	9	1	12	2	10
6	6	13	13	7	6	4	8	7	1	16	4	14	9	7	13	11	1	6	9	4	4	5	3	2	1	9	9
7	7	1	2	6	12	12	12	12	2	9	14	5	8	16	15	14	15	10	13	6	14	13	7	9	3	16	12
8	13	11	14	13	3	6	15	15	4	5	8	15	3	5	2	15	7	3	14	9	2	12	5	8	11	7	1
9	3	15	15	3	14	15	9	14	13	12	3	8	2	14	4	6	2	9	12	16	5	14	14	3	9	11	14
10	10	16	10	11	13	11	11	5	16	14	16	11	4	9	11	7	14	13	1	8	13	7	16	6	7	12	2
11	5	8	16	10	9	7	1	11	7	15	9	1	11	12	10	16	3	11	5	12	8	11	13	12	2	3	3
12	14	2	8	8	16	10	7	16	9	13	11	7	15	4	6	12	12	16	10	14	10	16	2	5	6	4	6
13	11	4	9	5	8	14	14	2	8	2	5	3	14	8	8	9	5	14	16	2	3	4	15	10	13	5	11
14	8	12	7	16	5	16	5	9	5	11	6	4	5	1	16	4	6	15	8	10	7	3	8	4	15	15	4
15	12	9	6	1	10	9	3	3	3	3	15	9	10	2	7	3	4	4	2	7	11	1	11	7	4	6	16
16	4	6	12	15	11	2	4	13	15	7	12	2	1	6	9	5	13	1	11	3	12	15	12	15	16	8	8

U_{16}-2

序号	8								9									10									
1	1	5	11	4	13	3	9	6	13	8	3	10	11	1	2	4	6	11	7	7	14	15	8	14	5	2	2
2	13	16	6	2	11	7	14	8	9	5	2	14	4	7	10	16	14	6	5	9	9	2	6	1	16	8	1
3	7	7	4	11	15	1	12	13	1	10	8	11	7	14	3	12	16	14	3	14	4	4	12	13	11	4	8
4	9	14	9	12	16	13	2	5	7	4	13	12	10	16	9	1	4	5	9	6	5	9	16	5	13	1	15
5	10	3	8	3	6	5	1	14	14	9	15	9	13	12	16	13	12	15	15	5	7	6	14	6	2	9	3
6	6	1	16	15	10	8	3	9	12	11	11	3	6	4	13	3	15	4	6	15	8	10	7	15	1	10	16
7	2	15	7	13	3	9	8	15	2	7	4	5	5	10	15	5	3	8	11	3	6	8	1	16	14	13	6
8	3	11	2	5	9	16	4	11	15	16	7	13	8	6	12	10	1	10	16	11	10	16	13	11	15	11	12
9	16	4	3	9	12	10	6	2	11	3	10	4	15	9	5	15	2	9	12	12	12	5	2	3	3	3	11
10	15	13	12	8	2	2	5	10	3	2	9	15	14	3	14	8	9	3	13	1	16	3	10	12	9	6	10
11	11	9	1	16	5	4	10	4	4	12	12	7	1	2	8	14	5	12	8	8	1	1	5	10	6	16	13
12	8	8	14	1	4	14	7	3	10	14	14	16	3	11	4	6	8	13	10	16	15	11	9	4	12	15	7
13	5	2	5	7	1	12	13	7	6	6	16	1	9	5	1	9	11	2	14	13	2	13	4	8	8	5	4
14	12	10	15	6	14	11	11	16	5	15	5	8	16	8	6	2	13	1	1	10	13	7	15	9	7	14	5
15	14	6	10	14	7	15	15	12	16	1	6	6	2	13	7	7	10	16	2	4	11	12	3	7	10	7	14
16	4	12	13	10	8	6	16	1	8	13	1	2	12	15	11	11	7	7	4	2	3	14	11	2	4	12	9

U_{16}-3

序号	11											12											
1	10	6	5	2	2	10	3	10	2	7	16	11	16	1	10	10	11	1	12	14	8	11	14
2	9	16	6	13	16	8	13	5	1	6	6	13	5	3	9	15	12	9	2	3	12	2	10
3	3	9	12	4	14	2	4	7	4	12	4	3	4	10	12	4	10	7	16	10	4	1	12
4	16	4	2	15	13	1	9	8	9	10	13	15	9	15	15	16	2	6	10	11	2	8	8
5	14	12	10	5	3	3	14	11	11	5	3	2	14	12	8	11	4	8	3	15	10	3	2
6	5	8	14	8	15	11	16	15	13	8	15	12	15	11	13	3	13	11	4	6	5	12	4
7	11	1	16	10	8	6	12	13	3	16	9	4	11	14	3	14	14	10	13	9	13	14	11
8	15	11	13	6	10	14	8	1	5	2	12	5	7	9	14	8	3	3	5	4	15	13	15
9	13	7	15	14	4	9	5	4	16	9	5	6	6	4	2	6	9	5	1	12	3	15	6
10	2	13	11	16	1	16	10	9	8	11	11	14	2	13	5	2	7	13	6	13	11	10	13
11	4	10	1	11	5	5	6	16	6	1	8	1	10	2	7	1	1	12	11	1	7	9	9
12	12	14	4	3	11	13	7	14	14	14	7	9	13	8	1	12	8	16	7	5	1	5	16
13	1	2	7	1	9	7	11	6	15	3	10	8	1	16	6	9	15	2	9	2	6	7	3
14	7	15	8	9	7	4	1	3	12	15	14	7	8	5	16	7	16	15	8	16	16	6	7
15	6	5	3	7	6	12	15	2	7	13	2	16	12	7	4	5	6	4	14	7	14	4	5
16	8	3	9	12	12	15	2	12	10	4	1	10	3	6	11	13	5	14	15	8	9	16	1

U_{16}-4

序号	13													14													
1	6	12	4	5	13	4	4	5	4	12	5	13	14	4	16	8	16	10	10	10	13	6	15	1	11	9	1
2	5	10	14	12	2	3	14	3	13	2	8	11	10	13	7	3	10	3	14	9	4	9	16	7	15	2	13
3	8	2	12	11	9	15	1	1	10	16	4	6	9	2	3	10	9	12	15	7	14	10	3	13	14	13	12
4	16	1	10	9	8	1	5	7	6	6	11	16	2	15	9	6	14	16	9	13	1	2	2	10	8	14	8
5	12	6	7	16	15	9	16	2	1	9	13	8	11	10	15	5	7	11	16	2	9	7	6	15	5	1	4
6	15	16	15	6	7	14	11	8	5	5	6	4	13	5	12	12	3	14	13	11	2	12	8	3	3	8	14
7	14	15	2	10	11	2	12	12	12	15	9	5	7	1	8	2	4	4	8	12	16	3	10	11	2	5	10
8	1	11	9	8	16	10	9	6	16	7	1	3	1	7	1	4	11	13	1	1	7	11	14	8	1	11	9
9	10	8	11	3	14	6	3	16	14	1	12	7	12	3	11	11	13	2	3	6	3	13	4	12	10	4	6
10	11	13	6	1	1	13	6	4	11	10	15	9	4	14	13	7	8	1	7	4	15	16	7	4	7	15	11
11	3	14	16	14	10	11	7	15	7	11	14	15	8	9	4	1	2	9	6	14	8	14	1	5	12	7	2
12	4	3	1	4	12	16	13	10	9	4	10	12	6	6	5	16	5	5	11	3	5	1	9	6	9	16	3
13	2	4	8	7	4	5	10	9	8	14	16	1	16	16	10	15	1	15	5	5	12	8	12	9	16	6	7
14	7	9	3	15	3	8	2	11	2	3	7	2	5	11	2	13	15	8	4	8	10	4	5	2	6	3	15
15	13	5	5	13	5	12	8	13	15	8	3	14	15	12	6	14	12	6	12	15	11	15	13	14	4	10	5
16	9	7	13	2	6	7	15	14	3	13	2	10	3	8	14	9	6	7	2	16	6	5	11	16	13	12	16

U_{16}-5

序号	15														
1	2	13	12	6	3	6	14	8	5	13	3	1	4	11	9
2	12	16	5	7	1	5	6	5	9	2	14	13	2	9	5
3	10	10	2	15	13	1	9	9	10	16	9	3	16	12	3
4	13	3	14	12	12	4	12	10	3	5	15	4	6	6	11
5	16	11	8	5	16	12	11	1	1	9	4	11	10	7	1
6	11	14	16	13	5	11	2	3	7	12	10	8	12	2	13
7	8	5	11	1	8	10	3	15	6	15	16	10	7	15	2
8	7	1	7	3	9	3	5	2	8	4	2	6	11	13	16
9	15	9	9	16	7	13	1	14	14	6	1	5	3	10	8
10	3	15	6	2	14	14	7	12	11	7	13	2	9	5	12
11	6	2	10	10	2	16	15	4	15	8	12	7	15	8	4
12	5	8	4	14	10	15	10	7	4	10	11	15	1	14	15
13	4	6	13	9	15	2	4	6	16	11	6	14	5	4	7
14	9	12	15	8	11	9	16	13	12	1	7	16	14	16	10
15	14	4	1	4	4	8	13	11	13	14	8	12	8	3	14
16	1	7	3	11	6	7	8	16	2	3	5	9	13	1	6

（10）U_{18}-1

序号	2		3			4				5					6						7						
1	1	11	15	17	7	10	14	12	12	17	3	11	5	6	17	2	8	10	16	13	17	10	13	15	14	7	17
2	18	8	11	10	5	18	8	13	8	2	2	14	12	14	3	4	16	3	12	8	6	11	12	1	13	14	3
3	12	18	6	5	6	17	17	8	14	9	18	1	11	9	4	3	4	16	6	11	14	5	9	4	17	16	12
4	4	7	13	12	1	12	10	18	16	14	13	5	2	3	7	14	5	4	18	9	18	3	7	9	7	12	1
5	6	2	12	4	12	15	12	15	2	15	6	2	13	13	6	15	18	9	5	14	9	13	11	17	4	4	2
6	17	16	17	14	14	9	11	6	9	5	7	9	8	1	9	8	1	1	10	15	3	9	2	5	1	10	6
7	7	9	16	2	4	2	16	16	10	12	15	13	14	2	2	11	12	13	15	17	10	2	16	3	3	8	15
8	15	13	5	11	18	4	9	4	1	11	1	7	18	8	18	12	11	2	7	4	7	1	3	11	15	5	8
9	11	1	8	9	13	3	13	5	17	8	5	18	10	4	1	10	7	7	1	5	2	14	18	10	16	11	11
10	8	15	1	13	8	6	18	11	4	7	4	4	3	16	10	9	17	17	17	6	12	8	1	18	11	13	14
11	3	17	2	3	15	8	4	17	5	4	17	16	4	7	11	5	10	5	3	18	1	6	8	13	6	2	13
12	10	12	14	6	17	11	1	7	3	1	12	6	6	11	15	13	6	18	9	16	4	4	14	16	9	17	7
13	16	3	7	15	3	5	2	14	15	10	10	12	1	12	16	7	15	14	2	10	15	16	15	12	2	15	9
14	2	4	9	1	9	13	15	2	6	13	8	15	7	18	12	16	2	12	4	7	8	12	5	8	5	18	18
15	14	5	4	18	11	1	5	9	7	16	11	17	16	10	5	17	9	15	11	3	11	17	6	14	18	9	4
16	13	10	3	7	2	16	3	3	11	18	16	8	9	15	14	6	3	8	14	2	5	18	10	6	10	6	16
17	9	6	18	8	10	7	7	1	13	3	9	3	15	5	13	18	14	6	13	12	13	7	17	7	12	1	5
18	5	14	10	16	16	14	6	10	18	6	14	10	17	17	8	1	13	11	8	1	16	15	4	2	8	3	10

U_{18}-2

序号	8								9									10									
1	10	3	15	3	2	15	10	14	8	8	1	14	2	2	6	15	9	12	11	18	18	10	16	12	15	9	16
2	12	5	5	8	18	17	5	8	5	4	13	2	9	17	4	16	11	18	8	1	2	8	11	7	16	7	5
3	13	14	7	1	8	9	18	17	15	3	3	3	17	9	7	11	5	17	16	14	14	13	5	11	8	2	6
4	17	10	4	10	3	6	2	15	9	17	12	5	1	12	17	12	6	11	18	3	12	9	2	4	5	12	15
5	6	17	12	9	1	5	15	7	1	11	17	4	4	8	8	8	16	3	17	12	11	6	12	17	14	13	3
6	11	15	6	15	16	3	11	3	14	16	5	18	6	18	9	10	13	6	9	17	1	7	1	14	1	10	10
7	4	9	17	11	17	12	14	16	12	15	16	7	13	3	10	17	3	9	13	15	8	18	6	6	18	18	9
8	2	4	3	4	10	2	12	10	18	7	18	12	11	16	16	7	8	15	6	10	10	17	13	18	3	6	14
9	9	7	2	17	4	13	16	5	7	9	2	6	14	15	12	4	18	14	14	7	5	1	15	10	4	16	7
10	16	2	13	13	14	7	17	11	11	1	6	11	5	10	15	18	15	10	4	16	9	5	14	3	6	3	2
11	15	16	16	16	9	14	4	9	4	5	10	9	16	1	18	9	14	13	3	6	6	15	3	13	13	11	1
12	14	8	18	7	6	1	8	4	17	10	11	16	12	5	2	13	17	2	10	5	17	16	9	5	2	8	4
13	5	1	8	12	7	10	1	2	16	13	7	1	8	4	14	2	10	16	7	11	16	4	7	1	11	15	13
14	8	6	11	18	11	4	6	18	3	18	4	10	10	7	1	6	7	5	15	9	3	14	17	2	12	4	12
15	18	11	10	5	12	16	13	1	10	14	15	13	18	11	5	1	12	7	5	2	15	11	18	15	9	17	8
16	3	12	14	2	15	8	3	6	6	2	14	17	7	6	11	3	4	4	2	8	13	2	4	9	17	5	11
17	7	18	1	6	13	11	7	13	2	12	8	15	15	13	13	14	2	8	12	4	7	3	8	16	10	1	18
18	1	13	9	14	5	18	9	12	13	6	9	8	3	14	3	5	1	1	1	13	4	12	10	8	7	14	17

U18-3

序号	11											12											
1	3	9	7	9	12	6	18	2	5	5	1	13	8	16	18	13	1	4	10	5	11	4	14
2	14	17	12	8	15	12	6	16	1	10	3	7	18	9	12	14	7	1	16	10	3	8	1
3	6	5	6	11	13	3	3	17	13	13	15	2	13	14	2	16	11	9	3	2	8	5	7
4	4	10	9	5	17	15	1	12	18	4	10	1	2	6	14	8	13	10	17	12	6	2	13
5	12	14	5	12	4	17	5	6	12	2	5	15	5	10	1	15	8	18	15	13	12	9	17
6	17	8	1	15	9	8	8	11	17	17	2	10	11	2	17	17	18	14	11	17	9	13	6
7	11	12	15	2	8	5	15	18	15	6	6	6	4	15	4	2	3	6	12	15	10	14	5
8	9	2	13	16	16	14	16	4	14	11	7	5	6	7	16	3	9	17	6	4	13	7	2
9	1	16	3	17	6	11	14	15	10	8	13	12	7	5	3	5	16	3	14	3	2	11	10
10	18	7	18	10	14	9	13	9	11	1	18	11	10	13	8	6	5	16	4	18	1	1	9
11	8	1	10	14	2	1	10	13	2	3	8	9	1	1	9	18	4	8	1	8	18	10	11
12	15	11	14	18	7	4	2	1	6	9	11	17	14	3	5	9	12	5	8	14	15	3	4
13	5	13	16	13	11	18	11	10	4	18	14	18	3	17	10	12	14	12	7	7	4	15	3
14	7	18	11	7	1	7	9	3	16	12	17	4	15	4	6	10	2	15	9	6	5	16	15
15	10	3	2	1	10	13	7	5	3	7	16	14	12	11	13	7	6	11	18	1	16	18	8
16	13	15	4	4	18	2	12	7	8	16	9	16	16	8	15	1	10	7	2	11	7	12	18
17	16	6	8	6	3	16	17	14	7	14	12	8	17	18	7	4	17	13	13	9	17	6	12
18	2	4	17	3	5	10	4	8	9	15	4	3	9	12	11	11	15	2	5	16	14	17	16

U18-4

序号	13													14													
1	10	13	14	10	4	16	13	14	15	4	13	18	16	3	3	7	2	3	15	14	7	6	4	10	15	7	13
2	2	11	1	9	9	5	7	10	16	2	11	1	1	10	10	9	15	8	17	15	16	11	2	17	2	15	4
3	18	1	2	18	8	18	5	13	8	9	10	6	11	15	12	5	4	12	14	3	4	17	8	13	16	12	5
4	16	10	13	8	13	14	6	9	1	18	7	17	2	18	6	3	6	16	11	18	18	13	11	8	9	2	11
5	15	6	6	12	16	6	9	7	12	1	1	15	15	7	8	13	10	17	5	6	2	12	1	18	11	1	12
6	4	9	10	14	5	13	1	1	17	15	5	10	14	13	4	12	18	10	2	11	13	15	6	4	17	11	16
7	12	14	9	3	14	11	2	6	5	5	15	4	17	16	17	1	12	5	6	10	8	8	3	2	10	4	2
8	11	15	7	13	2	12	12	15	4	12	2	3	4	14	9	8	14	9	16	5	3	1	13	6	3	5	17
9	1	12	17	17	18	7	14	12	2	8	9	8	13	17	1	18	11	1	8	2	11	5	9	12	7	17	10
10	6	3	16	11	15	15	11	5	13	11	18	5	5	9	5	15	7	18	18	9	9	7	16	1	12	13	1
11	3	5	4	5	1	8	10	8	3	13	16	16	12	8	11	2	5	7	3	8	15	2	15	16	13	14	14
12	8	16	8	15	12	3	4	18	11	16	17	14	9	1	2	4	17	13	7	12	5	9	18	14	6	9	6
13	17	18	18	4	3	4	8	4	14	10	8	7	10	6	13	10	13	2	9	17	1	14	14	5	14	18	9
14	9	2	12	7	10	1	18	11	10	17	6	2	18	11	18	17	8	6	13	13	10	18	17	15	8	8	18
15	5	17	3	6	11	17	17	3	9	7	4	13	8	2	16	6	9	15	10	1	12	10	5	3	5	16	15
16	7	4	15	2	7	9	3	17	7	3	3	11	6	12	14	14	1	14	1	16	6	3	7	9	1	10	8
17	14	8	5	1	17	10	16	16	18	14	12	9	7	5	7	11	3	4	4	4	14	16	12	7	4	6	3
18	13	7	11	16	6	2	15	2	6	6	14	12	3	4	15	16	16	11	12	7	17	4	10	11	18	3	7

U_{18}-5

序号	15														
1	18	10	8	18	11	9	8	6	2	18	1	12	14	7	18
2	9	5	17	11	16	1	5	1	6	13	8	1	8	15	11
3	12	2	6	7	7	13	4	15	11	14	17	2	15	4	12
4	8	4	13	14	1	14	16	4	10	9	9	16	1	3	14
5	10	17	3	12	2	2	7	12	5	4	18	13	9	12	15
6	11	15	1	8	18	17	10	2	15	11	7	17	17	11	10
7	5	18	12	1	3	4	11	8	8	10	3	5	16	2	8
8	16	16	11	16	17	12	6	11	12	1	10	6	4	1	7
9	3	6	5	3	10	8	2	7	16	2	4	9	2	10	16
10	14	7	15	2	6	16	3	9	4	5	11	14	13	17	6
11	17	11	9	6	4	7	14	3	14	17	16	8	3	14	5
12	6	8	2	9	12	11	17	5	1	3	13	3	11	5	2
13	13	13	18	10	8	10	18	18	17	7	6	4	12	13	17
14	15	3	7	5	15	3	15	16	7	8	5	15	7	8	4
15	2	14	16	4	14	15	12	14	3	16	14	10	5	9	13
16	1	1	10	17	13	6	13	10	13	6	15	11	18	18	9
17	4	9	4	15	5	18	9	17	9	12	2	7	6	16	3
18	7	12	14	13	9	5	1	13	18	15	12	18	10	6	1

序号	16															
1	10	9	3	7	14	17	18	10	5	18	15	11	3	16	15	12
2	5	3	2	6	9	16	1	2	8	12	10	8	16	2	6	6
3	3	12	17	17	10	9	4	14	4	9	16	5	2	1	9	13
4	8	6	14	14	3	13	15	3	15	13	4	13	4	7	5	15
5	12	16	9	15	2	12	2	7	2	11	2	7	9	13	18	4
6	4	10	5	3	5	3	5	13	7	7	3	16	8	15	4	14
7	6	14	12	12	17	11	6	12	17	17	14	14	13	12	3	3
8	2	5	7	10	11	2	12	15	13	15	5	2	6	8	16	2
9	16	7	6	13	16	14	3	18	12	5	7	12	11	4	14	16
10	1	15	18	9	12	18	13	9	9	1	1	15	18	10	12	10
11	15	2	15	8	1	6	9	17	3	14	13	18	15	9	11	8
12	13	17	11	4	15	5	11	5	6	16	6	4	14	5	7	17
13	11	18	4	11	8	4	10	4	16	6	17	17	5	3	13	7
14	7	4	13	5	6	10	8	8	14	3	18	3	12	14	17	18
15	17	8	16	1	13	7	7	1	11	8	8	10	1	18	10	1
16	9	1	8	16	18	1	16	6	1	2	11	9	10	11	1	9
17	14	13	10	2	4	15	17	16	10	4	12	6	7	6	2	5
18	18	11	1	18	7	8	14	11	18	10	9	1	17	17	8	11

U_{18}-6

序号	17																
1	15	6	1	16	7	9	7	3	2	5	4	10	12	14	3	18	9
2	11	1	2	6	3	5	12	15	7	3	11	5	5	10	16	6	16
3	10	16	12	14	18	11	6	16	4	2	16	13	13	6	13	13	14
4	4	3	10	15	1	8	4	18	16	17	5	11	14	3	9	8	11
5	16	4	11	3	12	15	5	14	14	4	7	16	2	12	6	10	4
6	7	13	14	18	9	2	2	12	1	11	9	2	4	13	11	5	3
7	2	18	6	4	5	14	10	8	3	10	8	18	18	15	10	4	13
8	1	10	9	12	11	10	18	11	17	1	18	7	8	18	1	2	10
9	9	5	13	5	16	4	3	4	12	13	13	6	17	17	8	12	17
10	6	7	15	7	4	16	13	10	6	8	14	3	15	4	4	15	1
11	13	14	3	8	17	3	16	13	10	14	6	12	16	8	2	7	2
12	5	2	7	17	15	13	15	5	9	16	12	15	6	11	15	14	5
13	3	15	5	2	14	6	8	7	15	6	3	4	7	5	12	16	7
14	12	12	18	9	8	18	17	17	11	12	1	8	9	16	17	17	12
15	18	17	8	13	6	12	11	6	13	18	10	1	3	7	5	11	18
16	17	9	4	1	10	17	1	9	8	15	17	9	10	1	14	1	8
17	8	8	17	10	13	7	14	2	5	9	2	14	1	2	7	3	15
18	14	11	16	11	2	1	9	1	18	7	15	17	11	9	18	9	6

（11）U_{20}-1

序号	2		3			4				5					6						7						
1	16	15	15	1	9	7	11	1	15	20	16	11	9	10	20	6	11	11	11	1	4	10	14	13	17	19	18
2	18	19	8	20	12	15	2	8	18	17	13	16	14	15	3	12	3	1	10	10	8	20	6	14	10	1	13
3	12	1	9	5	6	2	13	16	6	16	3	17	7	3	2	16	18	10	5	15	15	19	13	17	13	12	1
4	19	3	7	2	17	16	16	2	8	8	5	14	1	14	7	17	5	19	7	2	3	15	17	19	8	6	7
5	1	9	5	7	11	10	8	6	1	2	6	10	13	6	5	18	10	4	16	12	20	7	12	11	11	4	20
6	10	7	3	3	4	8	1	13	9	14	2	12	17	18	16	19	7	7	9	19	6	13	10	4	18	3	4
7	9	20	14	14	10	14	12	20	10	5	1	7	8	12	11	1	6	5	6	6	2	3	5	6	12	8	16
8	4	13	10	13	14	11	14	5	20	7	14	3	2	4	19	11	9	17	2	13	12	8	19	5	9	18	3
9	2	18	6	12	1	13	20	9	4	1	12	13	5	9	12	20	17	15	13	7	7	5	16	1	15	13	12
10	14	10	18	11	18	4	3	3	5	15	18	2	12	13	13	4	4	9	20	14	17	4	9	18	6	17	14
11	6	16	2	17	8	20	10	11	7	3	15	5	18	16	6	5	15	8	1	9	11	16	2	3	7	14	19
12	15	5	19	16	5	18	17	14	17	13	17	19	3	7	18	8	16	2	14	16	14	1	15	9	5	2	9
13	5	6	4	15	19	3	18	7	11	18	7	4	4	17	10	13	14	20	18	18	10	2	7	15	20	15	5
14	20	12	17	8	2	5	9	19	19	6	19	15	16	2	17	15	2	12	17	8	16	17	18	7	19	9	15
15	11	14	1	9	15	17	5	18	3	12	9	6	10	1	8	10	19	6	19	3	13	9	1	20	16	5	11
16	13	17	20	4	13	12	4	15	12	4	10	18	11	20	1	7	8	16	15	5	1	18	11	8	3	16	10
17	8	4	11	19	3	6	15	12	2	11	4	1	15	8	9	9	1	14	4	17	9	12	20	16	1	11	17
18	7	11	13	10	7	1	6	10	16	19	11	8	19	5	15	3	20	18	8	11	18	11	8	2	2	7	6
19	3	2	12	6	20	19	7	4	13	10	20	9	6	19	4	2	12	13	12	20	5	6	3	12	4	10	2
20	17	8	16	18	16	9	19	17	14	9	8	20	20	11	14	14	13	3	3	4	19	14	4	10	14	20	8

U_{20}-2

序号	8								9									10									
1	14	17	11	18	11	2	5	3	12	17	8	14	5	2	6	4	4	12	10	18	13	9	5	1	1	2	8
2	5	5	10	5	12	18	16	19	8	6	4	7	8	19	18	6	5	1	16	1	20	10	10	12	11	5	16
3	9	14	18	19	20	13	11	18	15	19	13	18	13	7	17	7	18	4	4	12	11	15	19	8	6	3	19
4	12	7	20	11	7	19	2	6	2	5	12	4	11	8	4	3	17	14	5	11	19	5	7	3	9	17	17
5	10	18	5	8	3	9	1	17	4	15	1	11	1	12	9	9	20	6	13	15	17	2	18	4	13	8	4
6	18	19	19	6	14	7	15	8	13	3	7	10	19	16	14	16	19	2	6	13	9	8	1	17	19	11	6
7	8	3	17	2	2	4	9	10	6	10	9	2	4	3	19	14	14	7	1	4	15	13	4	11	15	20	9
8	6	9	1	20	6	8	14	7	17	12	2	6	17	4	13	1	10	19	7	9	18	18	14	13	4	7	5
9	19	8	12	15	5	6	7	20	16	4	14	9	2	6	2	15	7	10	8	3	7	20	13	2	20	9	14
10	1	1	9	17	13	11	3	12	11	2	19	15	3	13	16	2	11	16	17	16	12	14	11	9	18	18	1
11	13	15	6	1	8	12	20	13	3	18	20	8	18	9	15	12	6	8	20	10	1	6	15	10	17	1	10
12	17	13	8	16	1	17	17	9	10	20	5	3	12	14	3	18	9	20	2	20	3	11	16	6	12	13	11
13	11	4	13	14	18	10	19	1	20	7	3	20	9	10	5	13	13	9	19	19	16	19	8	20	8	12	12

续表

序号	8								9									10									
14	16	10	15	3	16	16	4	14	5	1	6	17	14	5	11	10	2	18	18	5	10	1	2	7	5	10	13
15	4	12	7	4	19	5	6	5	7	13	10	16	20	18	1	5	12	15	14	14	4	16	3	15	14	6	18
16	15	6	2	10	17	3	13	16	19	16	17	5	7	20	10	11	16	3	12	8	2	17	6	5	7	15	3
17	3	11	16	12	9	1	18	15	18	14	11	12	10	11	20	20	1	13	3	6	6	4	9	19	10	4	2
18	7	20	3	13	15	20	8	11	14	9	16	1	15	15	7	8	3	5	9	17	5	3	12	14	3	19	15
19	2	16	14	9	4	15	12	2	1	11	15	19	6	17	12	17	8	17	11	7	14	7	17	18	16	14	20
20	20	2	4	7	10	14	10	4	9	8	18	13	16	1	8	19	15	11	15	2	8	12	20	16	2	16	7

U_{20}-3

序号	11											12											
1	12	18	20	10	15	20	14	12	7	5	2	1	12	15	8	2	14	11	1	11	20	4	14
2	11	4	4	15	4	17	17	18	14	3	11	6	15	9	19	7	18	16	5	18	6	8	6
3	10	16	1	12	14	12	1	1	16	10	19	9	14	2	15	15	12	7	17	16	16	1	16
4	8	8	11	1	20	15	5	9	5	2	16	7	1	14	6	10	16	8	18	7	1	7	4
5	16	1	14	9	17	9	12	14	13	20	18	2	10	11	17	13	17	4	12	5	8	20	19
6	2	14	7	7	3	4	13	5	10	4	17	4	19	5	12	3	5	2	16	13	3	12	10
7	6	20	5	13	2	10	6	11	3	19	7	14	2	7	20	8	4	6	4	8	17	13	15
8	18	13	15	19	8	8	4	7	12	1	4	12	9	6	1	5	20	18	19	9	13	10	18
9	1	12	8	20	18	14	11	16	18	12	5	18	6	18	13	17	19	1	7	14	14	9	9
10	9	10	17	18	6	6	15	17	4	13	20	17	4	1	9	1	13	10	10	17	10	19	3
11	20	6	6	17	11	19	8	6	6	15	15	10	8	20	10	12	6	19	3	15	2	16	17
12	4	15	16	4	10	18	3	19	11	17	12	15	18	4	7	19	15	13	6	4	4	14	13
13	19	19	10	3	7	11	19	13	20	8	14	19	17	13	5	9	1	9	11	19	9	6	20
14	15	9	18	6	1	16	10	3	17	14	8	20	20	12	14	11	11	20	13	6	19	11	1
15	17	11	2	8	16	5	9	20	1	7	9	3	7	3	11	14	2	17	9	1	12	5	7
16	14	17	12	16	19	2	18	4	9	16	10	11	13	16	18	20	3	12	20	12	11	18	5
17	7	7	3	2	12	7	16	8	15	18	3	16	5	17	16	4	9	14	15	3	5	3	12
18	5	5	19	14	13	1	7	10	19	6	13	8	16	19	3	6	10	5	8	2	15	17	8
19	3	2	13	11	9	13	20	2	2	9	6	5	3	10	4	18	8	15	14	20	18	15	11
20	13	3	9	5	5	3	2	15	8	11	1	13	11	8	2	16	7	3	2	10	7	2	2

U_{20}-4

序号	13													14													
1	16	19	8	15	13	12	3	17	14	17	18	19	10	19	3	15	5	3	5	4	12	14	12	15	12	7	19
2	3	11	10	13	16	3	11	13	20	2	17	6	1	3	14	16	17	16	18	15	6	1	13	12	11	9	20
3	9	10	14	9	18	1	16	9	7	20	1	20	12	10	20	1	1	6	19	12	10	17	8	11	19	3	10
4	20	2	16	5	20	6	6	19	10	9	11	11	5	8	5	11	11	1	20	6	2	9	11	13	1	17	2

续表

序号	13													14													
5	13	15	2	2	4	7	13	11	2	19	15	8	6	15	4	2	6	15	17	11	18	7	14	5	6	14	17
6	19	8	3	11	17	15	19	7	17	14	14	10	20	14	2	17	18	14	14	9	5	16	5	2	16	11	5
7	2	1	7	3	12	11	15	3	13	16	7	2	9	9	8	19	16	5	1	13	20	8	18	9	20	13	9
8	6	17	11	4	14	9	5	4	3	3	12	15	19	18	13	4	12	4	3	16	7	6	3	6	8	8	3
9	17	18	20	16	8	5	18	5	12	5	10	5	8	16	10	6	15	7	12	14	4	19	20	20	10	19	14
10	7	7	5	14	7	10	20	18	4	6	8	18	3	11	1	8	20	11	9	20	13	4	7	17	3	1	11
11	4	6	18	17	3	8	7	12	18	18	9	12	18	6	9	5	8	17	2	7	3	10	2	18	18	10	16
12	5	16	1	18	19	19	8	8	11	8	5	13	7	7	11	13	13	10	16	2	19	20	1	7	4	6	15
13	1	20	12	8	1	17	17	20	9	11	13	9	14	4	17	3	19	13	6	5	15	15	15	14	7	12	4
14	10	14	4	7	9	4	2	16	16	7	3	3	16	17	12	12	9	18	15	18	17	12	16	16	15	4	1
15	8	9	17	10	10	18	1	6	5	15	19	4	4	1	15	9	10	2	10	19	14	13	6	1	14	16	18
16	15	13	13	6	5	14	9	2	19	12	4	17	2	20	19	10	14	20	8	1	11	5	10	8	17	20	12
17	14	12	15	20	15	13	12	15	1	13	6	1	17	5	6	14	2	19	4	17	9	18	9	10	5	18	8
18	12	3	6	19	6	2	10	1	8	10	20	14	15	2	7	7	4	9	11	3	8	3	19	3	13	5	6
19	11	5	19	1	11	20	14	14	15	4	16	16	13	13	16	18	3	8	13	8	16	2	4	19	9	15	7
20	18	4	9	12	2	16	4	10	6	1	2	7	11	12	18	20	7	12	7	10	1	11	17	4	2	2	13

U_{20}-5

序号	15															16															
1	2	3	13	19	4	1	7	10	13	3	13	14	14	10	3	4	18	14	19	8	14	8	19	4	12	18	9	12	18	16	16
2	3	16	8	15	18	2	12	17	1	14	17	10	5	14	12	17	5	8	4	17	16	5	9	3	18	19	10	7	3	15	10
3	8	7	9	9	1	9	18	14	9	2	6	19	6	17	20	3	3	15	17	15	11	7	3	11	14	4	17	17	4	10	3
4	12	2	4	2	12	19	11	20	15	10	18	15	15	18	9	16	11	20	13	7	8	16	17	20	20	20	14	13	8	7	7
5	1	15	7	3	11	17	4	3	14	4	5	8	4	9	13	18	20	6	20	11	6	12	2	9	7	16	20	3	11	12	6
6	9	8	1	8	16	7	3	9	6	20	8	3	11	19	2	10	6	10	1	9	1	15	20	12	10	5	19	9	1	20	15
7	4	9	17	5	17	12	19	7	17	19	16	13	12	8	18	9	12	2	15	18	15	4	16	19	2	7	13	6	7	11	18
8	6	6	5	18	7	16	16	16	18	15	7	5	10	2	8	8	19	9	8	14	19	11	15	14	9	14	1	16	2	1	4
9	13	4	10	1	6	3	14	5	2	12	4	7	19	7	14	5	8	17	5	20	12	19	14	7	8	11	16	1	19	5	9
10	10	19	14	4	2	18	8	13	3	18	12	17	9	4	6	20	16	19	7	16	5	6	13	8	5	1	8	19	12	14	12
11	18	14	6	17	3	14	5	8	12	17	15	9	18	15	19	1	2	1	11	2	7	13	12	1	1	15	11	20	9	9	11
12	19	17	12	6	19	13	17	15	11	1	9	6	20	11	4	11	13	18	12	6	13	18	5	2	3	8	3	8	6	17	2
13	11	20	15	11	5	6	15	1	20	9	14	1	8	20	10	14	7	3	14	12	2	3	18	6	13	9	6	10	17	3	1
14	14	18	2	14	15	5	9	12	19	7	3	16	13	5	16	2	17	5	3	4	10	10	11	17	19	3	7	5	15	13	5
15	7	12	20	10	10	8	2	19	8	6	19	4	17	3	15	19	1	12	18	5	18	14	10	13	11	2	5	2	10	4	14
16	16	11	3	13	9	11	20	6	5	5	20	12	3	6	1	7	14	16	9	3	3	2	6	10	15	12	12	4	5	2	20
17	20	1	11	12	20	10	1	2	10	13	11	20	7	1	11	13	15	4	6	10	17	17	4	5	16	6	15	18	14	6	17
18	15	5	16	20	14	20	10	11	4	8	10	2	1	12	17	6	10	7	16	19	4	20	7	15	17	13	4	14	13	19	13
19	17	10	18	7	8	4	6	18	16	16	1	11	2	13	7	15	9	11	10	1	20	1	8	16	6	10	18	15	20	18	8
20	5	13	19	16	13	15	13	4	7	11	2	18	16	16	5	12	4	13	2	13	9	9	1	18	4	17	2	11	16	8	19

U_{20}-6

序号	17																
1	6	7	2	11	5	1	11	7	18	8	1	18	11	10	14	19	1
2	14	5	16	2	7	8	8	8	5	2	12	3	17	2	18	11	6
3	15	3	6	14	11	12	3	20	7	7	6	20	3	16	20	8	11
4	12	9	7	16	9	6	20	2	1	19	9	16	19	8	2	7	12
5	9	8	14	6	14	19	4	5	4	10	2	9	1	7	3	18	14
6	3	17	3	3	6	5	6	16	12	4	14	13	7	6	4	9	16
7	10	4	8	5	4	18	9	18	14	20	20	8	18	15	8	17	10
8	1	13	5	4	18	10	15	9	8	17	3	7	14	19	19	10	17
9	16	6	4	19	17	15	14	3	16	3	13	5	10	12	6	13	18
10	5	18	18	15	16	11	5	6	10	6	17	17	20	18	9	16	9
11	17	20	10	12	12	2	17	15	2	9	19	2	8	11	15	20	13
12	2	2	15	17	19	7	19	19	11	14	11	10	5	3	10	14	4
13	13	10	12	9	15	3	1	14	20	13	10	1	12	20	1	6	3
14	4	15	11	18	2	16	12	13	3	5	4	4	9	14	7	3	5
15	7	16	9	13	10	13	7	1	17	18	15	6	2	1	17	5	8
16	19	14	13	20	1	9	2	12	13	16	5	11	15	5	13	15	19
17	8	11	19	10	13	20	18	17	19	1	8	14	16	9	16	4	15
18	20	12	1	7	20	17	10	11	6	11	18	15	13	4	11	1	2
19	18	19	17	1	8	14	16	10	15	15	7	19	4	13	5	12	7
20	11	1	20	8	3	4	13	4	9	12	16	12	6	17	12	2	20

U_{20}-7

序号	18																	
1	1	13	9	10	4	8	14	20	17	10	17	11	6	2	15	19	1	6
2	5	19	3	6	20	18	15	11	15	1	10	17	13	8	20	7	10	13
3	2	1	12	9	12	5	9	19	3	3	4	9	20	9	10	2	20	10
4	6	17	13	4	3	11	6	15	8	19	15	16	17	18	9	16	14	17
5	7	3	20	14	18	6	1	8	12	8	16	15	3	5	11	13	13	20
6	19	8	15	18	15	2	11	16	18	17	12	12	14	13	18	4	5	16
7	12	7	8	17	17	16	20	17	4	14	8	20	7	11	5	20	16	12
8	11	10	14	19	5	17	2	5	16	4	9	3	15	15	16	18	17	9
9	10	6	2	1	11	4	4	6	6	13	5	14	11	14	19	17	3	4
10	8	14	18	20	6	7	17	10	9	7	2	18	8	20	8	5	9	1
11	18	5	11	2	2	20	18	9	5	5	20	10	4	12	13	8	8	15
12	13	20	7	15	7	1	19	7	7	11	7	2	19	1	12	11	12	19
13	17	11	1	8	1	9	7	1	20	12	11	19	9	6	7	1	19	11
14	16	15	19	3	13	15	8	14	10	16	1	6	5	3	17	10	15	5
15	9	4	4	16	8	19	5	13	11	15	18	8	18	4	6	6	7	2

续表

序号	18																	
16	20	18	17	11	14	14	10	3	1	6	13	13	16	7	4	15	2	7
17	3	12	6	13	16	12	12	2	2	20	14	4	2	17	14	3	11	8
18	15	16	5	12	10	10	3	18	13	2	6	7	1	16	3	9	4	18
19	14	9	10	5	19	3	13	12	14	9	19	1	12	19	1	12	18	3
20	4	2	16	7	9	13	16	4	19	18	3	5	10	10	2	14	6	14

U_{20}-8

序号	19																		
1	1	20	20	1	11	3	12	20	10	11	5	1	7	6	11	10	11	20	6
2	4	10	7	3	1	7	6	2	17	8	9	15	11	5	19	14	4	8	19
3	8	2	15	16	14	1	17	3	11	7	2	7	14	17	15	3	14	10	15
4	20	3	9	7	19	8	9	13	18	12	11	5	17	4	2	18	15	16	14
5	19	7	18	20	2	9	10	10	5	2	6	14	9	1	9	13	18	5	5
6	6	17	6	15	17	10	18	7	1	10	13	19	2	10	12	16	16	17	18
7	7	5	16	11	7	6	7	16	4	15	14	6	3	18	6	15	6	2	16
8	5	14	11	4	6	16	19	8	13	6	18	4	16	15	8	17	17	3	7
9	11	1	2	12	8	17	2	6	15	1	10	2	1	13	13	11	9	18	4
10	9	12	3	6	20	13	4	17	8	3	1	18	10	16	1	8	12	4	13
11	18	18	10	18	15	4	8	15	14	4	19	11	12	19	20	12	2	15	9
12	13	15	8	8	5	5	11	5	20	18	8	13	4	20	4	2	19	12	8
13	2	6	14	14	16	14	16	14	19	9	16	16	6	7	3	5	5	9	3
14	14	11	17	5	9	20	13	11	3	5	12	12	20	12	7	1	3	19	20
15	12	19	5	19	10	15	15	12	16	19	7	3	13	2	10	7	7	1	17
16	16	13	19	9	18	19	5	4	9	13	20	8	5	3	18	6	13	6	11
17	10	16	13	13	13	12	1	1	6	16	3	9	18	9	5	20	1	11	2
18	3	9	1	17	4	11	3	19	7	14	15	10	19	8	16	4	20	13	10
19	17	8	12	10	3	18	20	18	12	17	4	20	8	14	17	19	8	14	12
20	15	4	4	2	12	2	14	9	2	20	17	17	15	11	14	9	10	7	1